미용학 개론

Introduction to Cosmetolology

김 수 진

- 서경대학교 대학원 미용경영학 석사
- 미용 기능장, SB 국제미용대회 주최이사
- SB 미용전문학원 원장
- 서울전문학교 미용예술학과 학고장
- 삼육보건대학, 서정대학교 외래교수
- 저서 : 미용사 일반 필기, 네일 미용사 필기(아티오), 임상헤어(훈민사), 응용커트, 속눈썹 미용사(서우 출판사) 외 다수

안 경 민

- 이화여자 대학교 불어불문학과
- 중앙대학교 사회개발대학원 보건학 석사
- 원광대학교 대학원 뷰티디자인과 미용학 박사
- 한국미용학회 연구윤리위원, 헤어분과 이사
- 미용산업 문화학회 부회장
- 삼육보건대학교 뷰티헤어과 학과장

오 경 헌

- 서경대학교 대학원 미용예술학 석사
- 서경대학교 대학원 미용예술학 박사
- 한성대학교 한디원 미용학과 학고장
- 한성대학교 뷰티디자인학과 특임교수
- L.A. county hill salon 교육실장
- look in hair 1,2,3호점 원장

현 지 원

- 영국 Vidal Sassoon Academy Classic Diploma Course 수료
- 영국 Sassoon Academy T.D.T.C (Teachers and Directors Training Course) 수료
- 건국대학교 이학박사
- 연성대학교 디자인학부 뷰티스타일리스트과 교수
- 한국미용학회 이사 및 인체예술학회 이사

미용학 개론

2020년 1월 5일 개정초판 인쇄
2020년 1월 10일 개정초판 발행

펴낸이	이부섭
펴낸곳	아티오
지은이	김수진, 안경민, 오경헌, 현지원
표 지	이효정
편 집	이효정
전 화	031-983-4092
팩 스	031-983-4093
등 록	2013년 2월 22일
주 소	경기도 김포시 김포한강11로 322(운양동, 더파크뷰테라스) 551호
홈페이지	http://www.atio.co.kr

* atio는 Art Studio의 줄임말로 혼을 깃들은 예술적인 감각으로 도서를 만들어 독자에게 최상의 지식을 드리고자 하는 마음을 담고 있습니다.

이 도서의 국립중앙도서관 출판예정도서목록(CIP)은 서지정보유통지원시스템 홈페이지(http://seoji.nl.go.kr)와 국가자료공동목록시스템 (http://www.nl.go.kr/kolisnet)에서 이용하실 수 있습니다.(CIP제어번호: CIP2019044225)

머리말

 미용(美容)이라는 말이 자연스럽게 나와 함께 공존한다면 난 미용사일 것이다. 미(美)를 알아가는 첫걸음에 용모가 우선시 된다면 그 또한 미용사의 길이 조금은 밝을 것이다. 그렇다. 우린 미용사가 되는 길에서 미용이란 어떤 것인지를 알아가는 첫 번째로 미용학 개론을 접하게 된다.
 우리의 신체를 가지고 어떠한 것을 아름답게 표현해 낼 수 있으며 그것들로 사회에 어떠한 보탬을 주고 보람을 갖게 될 것인지를 알아가는 과정이 될 것이다.

 본 교재는 미용을 배우고자 하는 모든 미래의 미용사들에게 다양한 각도의 미용과 미용지식의 필요성을 알려주고자 하였으며 앞으로 더 발전적인 미용을 기대하는 마음으로 미용에 대한 생각의 장을 마련하고자 노력하였다.

 미용이 무엇인지를, 미용을 통해 무엇을 얻을 것인지를, 미용이 내 삶에 어떠한 자리매김을 할 것인지를 본서를 통해 조금이나마 알아가는 과정이 되었으면 하는 마음이다. 미용학 개론이라는 교재가 미용인들에게 다가가게 해주신 아티오 사장님과 관련분들에게 깊은 감사의 말씀을 드립니다.

차례

■ 머리말 • 3

제1장_ 미용의 개요

Section 01 미용의 정의
1. 미용 총론 • 8

Section 02 미용업
1. 미용업 • 11
2. 미용업의 종류 • 11

제2장_ 미용의 역사

Section 01 미용의 역사
1. 미용의 역사(한국) • 14
2. 미용의 역사(외국) • 16

제3장_ 헤어

Section 01 커트
1. 두상의 위치 • 20
2. 커팅 도구 • 21
3. 헤어 커팅 • 24

Section 02 드라이 및 아이론
1. 헤어 드라이어(Hair cryer) • 29
2. 마셀 웨이브(헤어 아이론) • 29

Section 03 염색
1. 헤어 컬러링 • 31
2. 색채의 원리 • 35

Section 04 퍼머넌트 웨이브
1. 퍼머넌트 웨이빙 • 36
2. 와인딩(모발DMF 로드에 마는 기술) • 39

Section 05 헤어 세팅의 구성
1. 헤어 세팅 • 41
2. 뱅과 엔드 플러프 • 52

Section 06 헤어 디자인과 가발
1. 헤어 디자인 • 53

제4장_ 피부

Section 01 피부미용학 개론
1. 피부 미용의 개념과 역사 • 58
2. 피부 분석 및 피부 유형별 관리 • 62
3. 피부 유형 분석 • 69
4. 클렌징(Cleansing) • 74
5. 매뉴얼 테크닉 및 팩과 마스크 • 78
6. 팩과 마스크 • 81

Section 02 피부학
1. 피부의 구조 및 생리 기능 • 89
2. 피부의 부속 기관 • 102
3. 피부 질환과 여드름 • 108
4. 피부 질환 • 110

Section 03 피부 노화와 색소, 면역 및 광선
1. 피부 노화 • 115
2. 피부의 색소와 면역 • 117
3. 피부와 광선(자외선, 적외선) • 121

Section 04 피부 미용기기학
1. 기초 과학의 이해 • 123
2. 피부 분석기기 • 125
3. 안면 미용기기 • 127
4. 전신 미용기기와 광선을 이용한 기기 및 열 관리기 • 128

Section 05 피부의 영양과 호르몬
1. 피부의 영양과 호르몬 • 130

제5장_ 네일 아트

Section 01 네일 미용의 역사
1. 한국 네일 미용의 역사 • 134
2. 외국 네일 미용의 역사 • 135

Section 02 네일 미용 개론
1. 네일 미용의 안전관리 • 140
2. 네일 미용인의 자세 • 143

Section 03 네일의 구조와 이해
1. 네일의 구조 • 145
2. 네일의 이해 • 147
3. 네일의 병변 • 150

Section 04 네일 도구 및 재료
1. 네일 기기 및 기구 • 153
2. 네일 재료 및 도구 • 155
3. 인조 네일의 재료와 도구 • 161
4. 파일의 사용법 • 165
5. 네일의 기본 시술 용어 • 166

Section 05 네일 미용 기술
1. 손톱 및 발톱 관리 • 167
2. 매니큐어 컬러링 • 171
3. 패디큐어 • 176
4. 인조 네일 • 179

제6장_ 메이크업

Section 01 메이크업
1. 메이크업(화장) • 190

Section 02 메이크업의 목적에 따른 분류 • 194

Section 03 얼굴 특성에 따른 메이크업
1. 피부색에 따른 메이크업 • 195
2. 얼굴형에 따른 메이크업 • 196

제7장_ 모발 및 두피 관리

Section 01 모발
1. 모발 • 200
2. 모발 관리 • 202

Section 02 두피 관리
1. 모발 질환에 의한 두피 관리 • 203
2. 두피 관리 • 204

Section 03 제모 관리
1. 제모 • 205
2. 제모시 유의사항 • 209

제8장_ 미용 이론

Section 01 공중보건학
1. 공중 보건 • 212
2. 환경 위생 Ⅰ • 214
3. 환경 위생 Ⅱ • 221
4. 식품 위생과 영양 • 226
5. 인구와 가족 계획 및 모자 보건 • 229
6. 공해와 산업 보건 • 230
7. 질병 및 기생충 질환(숙주) • 232

Section 02 소독 및 감염병학
1. 미생물의 증식 환경 • 236
2. 소독의 정의 • 240
3. 소독약 및 대상별 소독법과 소독액 농도 표시법 • 241
4. 물리적 소독 • 242
5. 화학적 소독 • 244
6. 감염병 관리 • 248

Section 03 해부생리학
1. 인체의 구성 • 253
2. 골격계 • 262
3. 근육계 • 268
4. 신경계 • 275
5. 순환계 • 281
6. 소화기계 • 283

Section 04 화장품학
1. 화장품 • 286
2. 화장품의 분류 • 289
3. 화장품의 성분과 종류 • 300
4. 기능성 화장품 • 302
5. 오일 • 304

Section 05 미용 법규
1. 공중위생법의 정의 및 위생교육 • 307
2. 영업 신고 및 개설 • 309
3. 위생관리 의무 및 기준 • 309
4. 공중위생 감시원 출입 및 검사, 영업소 폐쇄 • 311
5. 미용사 면허와 업무 • 312
6. 벌칙과 과태료 및 행정 처분 • 314
7. 행정 처분 기준 • 316

제9장_ 미용 경영

Section 01 미용과 성공
1. 미용인의 성공 자세 • 322
2. 성공의 차이 • 323
3. 미용인의 성공 경영 • 323
4. 성공 경영을 위한 자기 관리 • 324

Section 02 미용 고객 상담과 서비스
1. 미용 고객과 상담 • 326
2. 미용 상담과 절차 • 327
3. 유형별 고객 분류에 따른 상담 • 328

Section 03 미용 서비스와 고객만족
1. 미용실의 서비스 • 330
2. 고객 만족 • 331

Section 04 미용과 경영
1. 미용 기업 • 332
2. 일반적 경영 • 333
3. 미용 경영의 정의 • 334
4. 미용 기업의 경영적인 변수 요인 • 334
5. 미용의 경영 환경 • 335
6. 미용 경영 필요 환경 • 335
7. 미용 경영자적 위치 • 336
8. 경영자의 역할 • 336

Section 05 미용 경영 관리 부문
1. 미용실 경영 계획 • 337
2. 미용 경영 조직 • 337
3. 미용 경영 지휘 • 339
4. 미용 경영 통제 • 339

Section 06 미용 경영 업무 부문
1. 미용 인적 자원 관리 • 340
2. 미용 마케팅 관리 • 341
3. 미용 재무 관리 • 342
4. 미용 생산 관리 • 343

Section 07 미용 인테리어
1. 인테리어의 특징 • 344
2. 대상에 대한 인테리어 • 344
3. 분위기를 이용한 인테리어 • 345
4. 쾌적한 인테리어 • 345
5. 작업 공간 인테리어 • 345

Section 08 미용 창업
1. 창업의 의의와 창업의 3요소 • 347
2. 상권 분소 • 348
3. 사업 계획 전략 • 349

■ 참고문헌 • 351

제1장

미용의 개요

| SECTION 01 | 미용의 정의 |
| SECTION 02 | 미용업 |

Section 01
미용의 정의

1 미용 총론

1-1 미용의 의의와 정의

미용이란 손님의 외모를 아름답게 하기 위해 용모에 물리적, 화학적 기교를 행하는 것으로 미용이론의 체계가 우리나라에서 확립된 것은 해방 이후이다.

미용기술이란 자연상태의 모발 및 얼굴 등을 기계, 기구, 화장품 등을 사용하여 보건위생에 맞게 손질하면서 합리적, 능률적인 방법으로 사람의 용모를 아름답게 하는 것이다.

미용의 필요성

미용은 의복을 통한 아름다움 외에 여성의 용모를 아름답게 꾸미는 것으로 미를 추구하는 여성에게는 필수조건에 해당한다.

미용의 목적

인간의 심리적 욕구를 만족시켜주며 인간의 생활의욕을 높이고 인간의 미적인 욕구를 충족시켜 준다. 또한 노화에 대해 미적인 예방으로 외관상 아름다움을 유지시켜 준다.

1-2 미용의 특수성

미용은 그림, 조각, 건축과 같은 조형예술이면서 동시에 조건들에 제한을 받는 부용예술이라는 점이 미용의 특수성이다. 또한 정적예술, 조형예술, 부용예술의 특성을 가지고 있으며 사상을 표현하는 자유예술은 아니다.

제한을 받는 조건

의사 표현의 제한, 소재 선정의 제한(신체의 일부), 시간적인 제한, 소재에 따른 미적 효과를 고려해야 한다.

🌸 미용의 과정

미용의 과정은 소재 → 구상 → 제작 → 보정이다.

소재	손님의 이미지를 파악하는 것
구상	소재(손님)의 특성에 맞는 작업 계획
제작	직접적인 미용 기술
보정	마무리 과정으로 보완과 수정

🌸 미용 시술시 고려할 사항

미용의 시술 시 연령, 계절, 직업에 따라서도 달라진다. 또한 때, 장소, 목적에 따라서도 시술시 고려되어야 한다.

연령	계절	직업	경우(때, 장소, 목적-T.P.O)

1-3 미용사의 기본 소양

미용사가 가져야하는 사명과 교양 및 준수사항이다.

🌸 미용사의 사명

개성미 연출	손님의 요구에 최선의 노력을 통한 개성미를 연출해 내는 것
건전한 풍속 지도	높은 미용식견에 따른 질적 향상과 건전한 풍속을 조장
공중위생(위생적)	전염병이나 실내의 채광과 조명, 환기, 작업대의 소독상태 등에 안전을 기할 것

🌸 미용사의 준수사항

미용사는 손님의 의견과 심리가 존중된 상담을 하며 청결과 구강위생, 깨끗한 이미지의 위생복을 착용하고 적당량의 휴식으로 자신의 건강도 돌보아야 한다.

🌸 미용사의 교양

미용사는 서비스를 제공하는 직업으로서 위생에 대한 지식 습득으로 청결함을 유지해야 하며 정서적인 감성으로 미학, 예술학, 색채학 등의 학문을 익혀 예술작품을 선보이고 신뢰성 있는 인격으로 다양한 사람들과의 폭넓은 대화를 갖기 위해 필요지식을 습득해야 한다.

1-4 미용의 작업 자세

미용 기술을 시술할 때 장시간의 작업으로 인한 작업자세는 미용사의 피로도 및 일의 능률과 관계가 있다. 미용 시술은 대체로 앉아서 하는 작업보다는 서서하는 작업이 대부분이다.
안정된 자세와 작업 대상의 높이, 힘의 안배, 명시거리 등이 고려되어야 하며 샴푸시 작업 자세와 앉아서 작업할 경우의 자세도 충분히 고려되어야 한다.

서있는 상태의 작업 자세	• 다리의 위치는 어깨넓이 정도 유지 • 작업 대상의 위치는 심장의 높이 정도 • 명시거리는 안구에서 25cm 거리 유지
샴푸시 작업 자세	• 발을 15cm(6인치) 정도 벌린다. • 시술자는 등을 곧게 펴고 샴푸한다(구부린 자세는 허리의 통증을 유발)
세팅시 작업 자세	• 헤어세팅 작업시 두부의 네이프 부분 시술은 시술자가 무릎을 굽히고 시술한다(손님의 고개를 앞으로 숙이지 않는다).
얼굴 및 매니큐어시 작업 자세	• 미용사용 의자에 앉는 것이 등이 굽는 것을 방지하고 피로를 막는다. • 어깨를 구부정하게 수그리지 않으며 신발이 바닥에 수평하게 닿도록 한다.

미용업

1 미용업

미용업은 손님의 얼굴, 머리, 피부 등을 손질하여 손님의 외모를 꾸미는 영업이다.

2 미용업의 종류

구분	의미
미용업(일반)	파마, 머리카락 자르기, 머리카락 모양내기, 머리피부 손질, 머리카락 염색, 머리감기, 의료기기나 의약품을 사용하지 아니하는 눈썹 손질을 하는 영업
미용업(피부)	의료기기나 의약품을 사용하지 아니하는 피부상태 분석, 피부관리, 제모, 눈썹손질을 하는 영업
미용업(손톱·발톱)	손톱과 발톱을 손질, 화장하는 영업
미용업(화장·분장)	얼굴 등 신체의 화장, 분장 및 의료기기나 의약품을 사용하지 아니하는 눈썹 손질을 하는 영업
미용업(종합)	미용업(일반), 미용업(피부), 미용업(손톱·발톱), 미용업(화장·분장)의 업무를 모두 하는 영업

제2장

미용의 역사

SECTION 01 미용의 역사

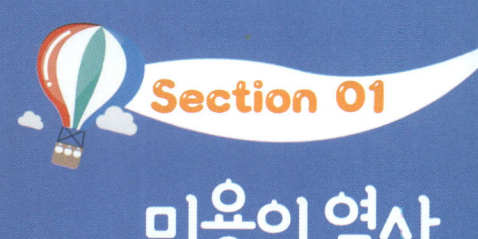

미용의 역사

1. 미용의 역사(한국)

1-1 한국의 미용(고대)

한국의 고대 미용은 중국의 당나라의 영향을 많이 받았다.

🍀 삼한시대

마한 진한 변한의 삼한시대로 머리형태로 귀천의 차이가 났으며 수장들은 관모를 썼고 일반인은 상투를 틀었다. 포로들은 머리를 깎아 표시하고 노예로 삼았으며 변진인은 문신을 통해 신분과 계급을 표시하였다고 고려도경에 전해진다. 낙랑고분에서는 미용용품인 거울 및 채화칠갑이 출토되었다.

🍀 삼국 시대

고구려, 백제, 신라의 삼국으로 나누어진 시대로 머리형태가 다양하다.

고구려	머리형태에 따라 종류가 다양했다. • 얹은머리 : 땋은 머리로 머리둘레를 감싼 후 앞머리 부분에서 마무리한 머리 • 쪽진머리 : 두상의 뒤쪽을 낮게 틀어 올려 비녀로 꽂은 머리 • 민더리 : 쪽지지 않은 머리 • 중발머리 : 두상의 뒤쪽 머리를 낮게 묶은 머리 • 쌍상투머리 : 양쪽 앞부분을 틀어 올린 머리 • 풍기명(식)머리 : 양쪽 귀옆에 모발의 일부가 늘어뜨려진 머리
백제	쌍상투머리와 댕기머리를 하였다. • 기혼(쌍상투머리) • 미혼(댕기머리)
신라	화려한 치장과 머리형에 의해 신분에 의한 귀천으로 지위가 표시되었다. • 백분과 연지, 눈썹먹을 사용하였다(백분, 연지는 B.C 1,120년부터 사용). • 가체(가짜머리)를 사용하였다. • 남성화장이 성행하고 향수와 향료도 제조되었다.

통일신라 시대

화장품 제조 기술이 발달되었고 귀걸이와 전대모빗을 사용하였다. 남자들도 귀걸이와 목걸이를 사용하였으며 치장에 화려했던 시대라고 할 수 있다.

고려 시대

면약과 염색	• 면약(안면용 화장품) 사용과 최초로 모발 염색이 행해졌다.
거울, 화장품 용기	• 우리나라 최초로 수은제 거울과 유병이 만들어졌으며, 화장품 용기로 청자상감보자합 같은 것을 만들어 썼다.
계층 화장	• 분대 화장(짙은 화장)과 비분대 화장(옅은 화장)이 있었으며 짙은 화장은 기생 중심으로 행하여졌고 여염집 여자들은 옅은 화장을 하였다.
개체변발(치발)	• 한동안 일부 계층에서 시행되었던 남성의 머리모양이다. • 몽고의 풍습에서 전래된 것으로 정수리 부분의 머리카락만 남기고 변두리는 삭발한 후 정수리 부분의 머리를 땋아 늘어뜨린 형이다.

조선 시대(이조 시대)

이조 중엽 (조선 중엽)	• 분화장을 처음 하기 시작했다. • 참기름을 밑화장용으로 사용했다. • 이마와 양쪽 볼에 곤지, 연지를 했다. • 머리 형태는 큰머리(가체를 얹은머리), 조짐머리(땋은 머리를 간단히 틀어올린 머리), 둘레머리, 쪽진머리가 있었다. • 비녀가 유일한 장식품으로 사용되었다.
이조 말기	• 서양 문물의 급격한 유입과 일본 침입에 의해 자래의 미용은 사라지기 시작했으며 다양한 머리 형태가 등장하기에 이르렀다.
비녀의 모양에 따라	• 용잠 : 비녀 장식의 모양이 용머리 형태 • 봉잠 : 비녀 장식의 모양이 봉황 형태 • 석류잠 : 석류 모양을 장식으로 새긴 것 • 호도잠 : 호도 모양을 장식으로 새긴 것 • 국잠 : 국화 모양을 장식으로 한 것 • 각잠 : 비녀 자체에 모양을 조각한 것
재료에 따라	• 금잠 : 금으로 비녀를 만든 것 • 옥잠 : 옥으로 비녀를 만든 것 • 산호잠 : 산호로 비녀를 만든 것

1-2 한국의 미용(현대)

한국의 현대 미용은 구미와 일본의 영향을 많이 받으면서 현대에 이르렀다.

서기 1920년	• 이숙종 여사의 높은머리(다까머리) • 김활란 여사의 단발머리
1933년	• 오엽주 여사(최초로 화신 백화점 내에 화신 미용실을 개설)
광복 후	• 김상진 선생(현대 미용학원) • 권정희 선생(최초로 정화 고등기술학교를 설립 • 임형선 선생(예림 고등기술학교 개설) • 1948년 미용사 자격증 시행으로 미용실의 보급이 이루어지고 1960년대부터 미용실의 양적인 확대가 이루어지기 시작했다. • 1980년대 이후 미용시장의 활성화가 본격화되고 1990년 후반부터 대학에서 미용과가 개설되었다. • 2000년 이후 미용실의 브랜드화가 본격적으로 이루어졌으며 미용산업의 발달로 인해 2008년 피부미용, 2014년 네일미용, 2016년 메이크업 미용이 미용사(종합)에서 각각의 자격증으로 나누어졌다.

2 미용의 역사(외국)

2-1 외국의 미용(고대)

이집트	• 고대 미용의 발상지이다(BC 1500년경). • 일광 방지와 신분 표시로 가발을 사용했다. • 식물성 염모제(헤너)를 사용했다. • 알칼리성 토양과 태양열을 이용한 웨이브를 형성(퍼머넌트의 기원) • 아이섀도우를 사용하기 시작했다.
중국	• 십미도(10가지 눈썹 모양)를 현종이 소개 • 수하미인도에서 홍장(백분위에 바름) 사용 • 연지(양볼에) 바름, 액황(이마에 바름) • 희종·소종(서기 874~890년) 때 입술 화장이 붉은 것을 미인이라 함 • 기원전 2200년경 한나라 시대에 분 사용
그리스	• 결발술(머리땋음)이 크게 번성함
로마	• 향수를 제조하고 향료 발달 • 원형 목욕탕으로 유명 • 헤어다이, 브리치 유행
프랑스	• 현대 미용의 발상지 • 캐더린 오프 메디사 여왕이 프랑스 근대 미용의 기틀을 마련함 • 샴페인(최초의 남성 결발사)

2-2 외국의 미용(근대)

- 1875년 : 프랑스 마셀 그라또우가 마셀웨이브를 창안하였으며 아이론을 발명하여 헤어스타일의 대혁명을 일으켰다.
- 1905년 : 영국 찰스네슬러가 스파이럴식 퍼머넌트 웨이브를 창안하였다.
- 1925년 : 독일 조셉메이어가 크로크놀식 웨이브를 창안하였다.
- 1936년 : 영국 스피크먼에 의해 콜드웨이브가 시작되었다.
- 1950년 후반 : 파운데이션을 이용한 메이크업이 시작되었다.
- 1960년 이후 : 인조네일이 유행과 함께 네일 시장이 발달되었다.

::퍼머넌트 웨이브 기법::

스파이럴식	• 긴 머리에 사용 • 나선 형태의 세로로 마는 기법 • 두피에서 모발 끝을 향해 시술
크로크놀식	• 짧은 머리에 사용 • 일반적인 펌 말기로 가로로 마는 형식 • 모발 끝에서 두피 쪽으로 만다.

제3장

헤어

SECTION 01	커트
SECTION 02	드라이 및 아이론
SECTION 03	염색
SECTION 04	퍼머넌트 웨이브
SECTION 05	헤어 세팅의 구성
SECTION 06	헤어 디자인과 가발

Section 01

커트

1 두상의 위치

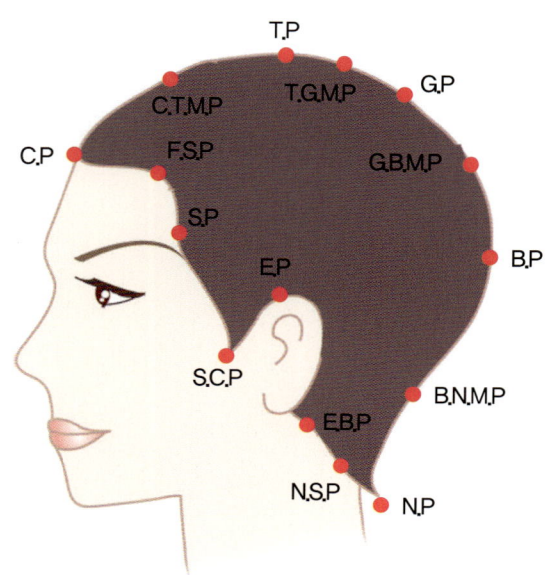

::두상의 포인트점::

- C.P : 센터 포인트
- G.P : 골덴 포인트
- N.P : 네이프 포인트
- E.P : 이어 포인트
- S.C.P : 사이드 코너 포인트
- T.P : 탑 포인트
- B.P : 백 포인트
- S.P : 사이드 포인트
- F.S.P : 프론트 사이드 포인트
- N.S.P : 네이프 사이드 포인트

::두상 부위의 선::

- 정중선 : C.P에서 T.P와 B.P를 지나 N.P로 연결되는 두상의 전체를 수직으로 나누는 선
- 측중선 : T.P에서 E.P로 수직으로 내린 선
- 측두선 : F.S.P에서 측중선까지의 선

- 페이스 라인 : S.C.P에서 S.C.P를 연결하는 전면부에 생기는 선
- 네이프 백 라인(목뒤선) : 좌우 N.S.P의 연결선
- 네이프 사이드 라인(목옆선) : E.P에서 N.S.P의 연결선

 커팅 도구

2-1 빗(Comb)

커트용 빗의 종류에는 정발용, 결발용이 있다.

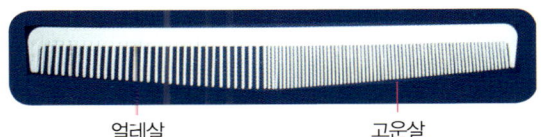
얼레살   고운살

빗의 기능
- 모발을 정돈하고 커트시 정확하게 다듬는 역할을 한다.
- 퍼머넌트 웨이브와 아이론의 사용 목적으로 이용되며 사용되는 빗은 레드테일빗(꼬리빗)이다.
- 비듬제거와 트리트먼트에 이용된다.
- 샴푸와 린스, 모발 염색(다이)에 이용된다.
- 모발의 장식용으로도 이용된다.

빗의 구비 조건
- 빗몸은 안정성이 있어야 하며 비뚤어지지 않는 일직선이어야 한다.
- 빗살 끝이 가늘고 빗살 전체가 균등해야 하며 빗살 사이 간격이 균일해야 한다.
- 빗살 끝이 너무 뾰족하거나 무디지 않아야 한다.
- 빗살 뿌리는 두발이 걸리지 않고 손질하기 쉬운 형태의 둥그스름한 것이 좋다.

빗 손질법
- 빗살에 먼지, 때가 심할 경우 비눗물에 담갔다가 브러시로 세척한다.
- 빗의 소독은 석탄산수, 크레졸수, 포르말린수, 자외선, 역성비누액에 담그어 소독한다.
- 자비 소독과 증기 소독은 빗의 변형을 가져오므로 피해야 하며 소독액에 장시간 담그어 두어도 안된다.

2-2 가위(Scissors)

가위는 커팅에서 중요한 도구이며 두발의 커트와 셰이핑(shaping)하는 커트 가위(cutting scissors), 길이 감소 없이 숱만 제거하는 틴닝 가위(thinning) 등

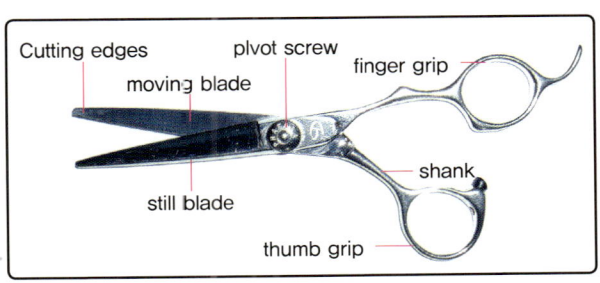

이 있다. 가위의 구조는 가위끝과 날끝, 동인, 정인, 선회축나사, 다리, 약지환, 소지걸이, 엄지환 등으로 되어있다.

🍀 가위의 선택과 손질법

- 협신에서 가위날 끝으로 갈수록 안쪽으로 끝부분이 약간 구부러진 것이 좋다.
- 양날이 동일하게 견고해야 좋다.
- 날의 두께가 얇고 양다리가 강한 것이 좋다.
- 가위를 사용한 후에는 마른 수건으로 수분을 없애고, 기름칠을 해서 녹이 생기지 않도록 한다.
- 가위의 소독에는 자외선, 석탄산수, 크레졸수, 포르말린수, 에탄올 등이 이용된다.

🍀 재질에 따른 가위

재질에 따라 전강 가위와 착강 가위가 있다.

전강 가위	전체가 특수강으로 만들어진 가위
착강 가위	날만 특수강이고 협신부는 연강으로 부분 수정을 할 때 조정하기가 쉬운 가위

🍀 형태에 따른 가위

커팅 가위	• 가장 일반적인 것으로 모발 커트용 가위 • 4.5~5.5인치(Inch) 범위가 일반적이며 그 이하는 정밀한 커트에 사용되는 미니 가위(mini scissors), 6.5인치 이상은 장 가위로 불린다.
R형 가위	• 날 부분이 R 모양으로 구부려져 둥글려서 커트하는 경우에 알맞다. • 스트록 커트에 사용되며 부분 수정과 커트라인 정돈에 쓰인다.
틴닝 가위	• 숱을 감소시키는 것이 주된 용도인 가위이다. • 발의 개수나 형태에 따라 모발 감소와 형태가 달라진다. • 발수가 많고, 홈이 깊고, 발의 넓이가 넓을수록 모발이 많이 잘린다.
기타	• 가윗날의 등에 빗이 부착되어 두발을 빗 부분으로 잡고 가위 부분을 이용하여 자르는 빗 겸용가위

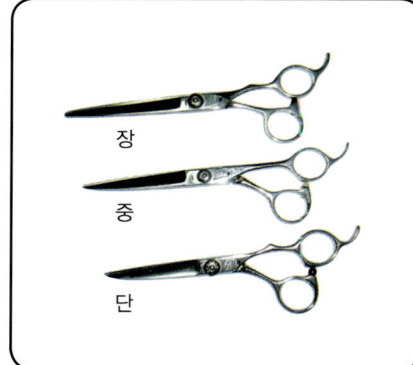

장
중
단

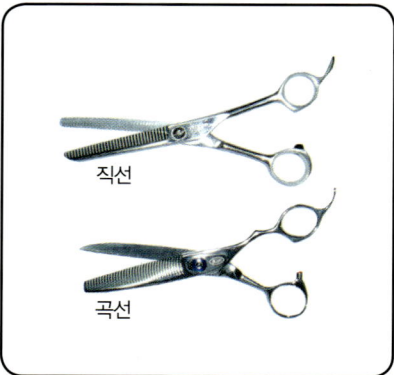

직선
곡선

2-3 레이저(Razor)

헤어커트시 사용되는 레이저는 일상용 레이저(Ordinary razor)와 한면이나 양면인 셰이핑 레이저(Shaping razor)가 있으며 레이저의 사용은 모발을 붓끝처럼 만드는 작업에 쓰인다.

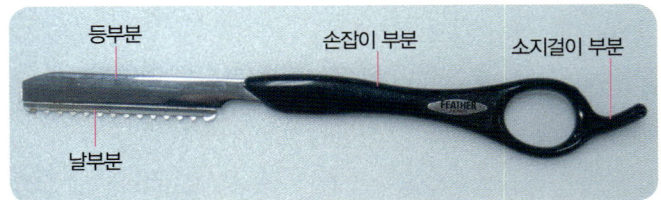

종류	사용자	보호 장치	작업 속도	위험 정도
오디너리(일상용)	숙련자	없음	빠름	위험
셰이핑	초보자	있음	느림	안전

🍀 레이저의 칼날 선에 의한 분류

- 일직선상 레이저 : 사용상 보통이며 칼날 교체용의 형태로 이용한다.
- 내곡선상 레이저 : 사용상 나쁘며 힘의 분배가 균일하지 않다.
- 외곡선상 레이저 : 사용상 좋으며 가장 이상적인 형태이다.

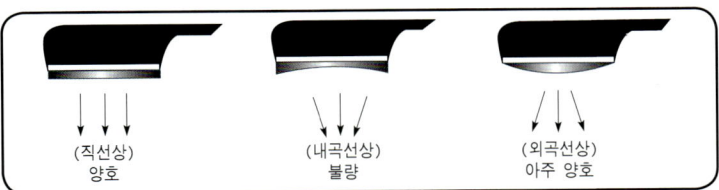

🍀 레이저의 선택과 손질

- 칼등과 칼날이 서로 평행해야 하고 미용사의 시술에 편안함을 주는 것을 선택한다.
- 석탄산수, 크레졸수, 에탄올 등으로 소독 후 소독장에 보관한다.

3 헤어 커팅

헤어스타일을 만드는 과정에서 가장 기초가 되는 부분이다.

3-1 커트 시 주의 사항

커트 시 주의 사항은 자세를 바르게 취해야 하며 대부분은 젖은 상태의 머리로 커트를 한다. 커트 시 가이드라인을 정확하게 잡아주고 슬라이스의 폭은 1~1.5cm 직선으로 뜬다.

3-2 커트의 종류

커트의 종류에는 웨트 커트와 드라이 커트가 있다. 웨트 커트는 모발에 물을 적셔서 하는 커트이며 레이저 사용 시 모발의 보호를 위해 반드시 필요하다. 드라이 커트는 물을 적시지 않고 하는 커트로 심한 곱슬 머리의 기본 형태를 갖추어야 할 때, 퍼머넌트 웨이브나 컬이 완성된 상태에서 수정을 할 때 사용하게 된다.

3-3 퍼머넌트 전, 후 커트

퍼머넌트 시술 전에 커트를 하는 것을 프레 커트라고 하며 구상된 디자인보다 1~2mm 정도 길게 한다. 퍼머넌트 시술 후에 하는 커트를 에프터 커트라고 하며 퍼머넌트 웨이브가 이루어진 후 디자인을 구상하여 커트하는 것이다.

3-4 커트의 기법

도구 사용에 의해 모발의 형태 변화를 가져오는 것을 커트의 기법이라고 한다.

블런트 커트	가위 사용에 의한 직선 커트(클럽 커트)
틴닝	길이는 줄지 않고 숱만 감소
테이퍼링	모발끝이 붓처럼 점차 가늘어지는 기법
클리핑	삐져나온 모발을 자르는 것
스트록 커트	가위(시저스)에 의한 테이퍼링
슬리더링	시저스로 모발의 숱을 감소시키는 방법
싱글링	빗대고 시저스의 빠른 개폐 동작에 의한 커팅
트리밍	완성된 형태에서 다듬고 정돈하는 방법

🍀 블런트 커트(Blunt cut)

클럽 커트(Club cut)라고도 하며 스트랜드의 잘려진 단면이 직선으로 이루어진 커트이다. 원랭스 커트, 그라데이션, 레이어, 스퀘어 커트가 있다.

🍀 틴닝 (Thinning)

틴닝 가위에 의해 모발이 잘려지는 것으로 모발의 길이는 그대로 유지되면서 숱만 감소된다.

🍀 테이퍼링(Tapering) - 페더링

페더링이라고도 하며 모발 끝의 숱을 점차적으로 감소하게 하여 붓처럼 가늘어지게 하는 방법이다. 레이저에 의한 테이퍼링 시 스트랜드 뿌리에서는 약 2.5~ 5cm 정도가 떨어져서 행한다. 모발에 자연스러운 층을 형성하며 숱이 감소하는 위치에 따라 엔드, 노멀, 딥 테이퍼가 있다.

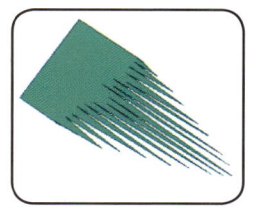

딥 테이퍼	• 모발 끝 지점에서 스트랜드 2/3을 테이퍼링하는 것 • 모발의 양이 가장 많을 때 이용
노멀 테이퍼	• 모발 끝 지점에서 스트랜드 1/2을 테이퍼링하는 것 • 모발의 양이 보통일 때 이용
엔드 테이퍼	• 모발 끝 지점에서 스트랜드 1/3을 테이퍼링하는 것 • 모발의 양이 적을 때 주로 이용

🍀 클리핑(Clipping)

클리퍼(바리깡)나 시저스(가위)로 구상된 형태에서 삐져 나온 모발을 자르는 방법이다.

🍀 스트록 커트(Strock cut)

시저스(가위)에 의한 테이퍼링의 형태를 취하는 기법으로 롱스트로크의 경우에는 가위의 각도를 높이고, 쇼트 스트로크의 경우에는 가위날을 세워서 시술한다.

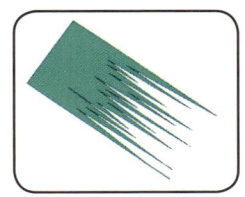

슬라이더링

가위의 개폐가 모발에서 미끄러지듯이 시술한다. 가위로 모발의 길이를 감소시키지 않으면서 자르는 방법으로 모발끝에서 두피쪽을 향해 밀어 올리듯이 모발을 자른다. 두피쪽으로 향할 때는 가위를 닫듯이 하고 모발 끝을 향할 때는 가위를 열듯이 하며 모발의 양에 따라 2~3회 반복한다.

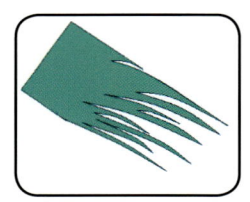

싱글링(Shingling)

빗으로 잡은 45°의 각을 이용하여 빗 위로 나온 모발을 시저스(가위)의 빠른 개폐 동작을 이용해 커트해가는 방법이다. 후두부는 짧게 하고 두정부로 갈수록 길어지게 하는 커트 방법이다.

트리밍(Trimming)

헤어 디자인의 형태가 갖추어진 상태에서 가볍게 다듬기와 정돈을 하는 방법이다.

신징 커트

불필요한 모발을 불꽃으로 태워서 제거하는 방법이다.

3-5 형태에 의한 커트 기법

원랭스(One length)

단발형으로 자연 각도 0°로 자르는 것을 말하며 스파니엘, 이사도라, 파라렐 보브가 있다.

스파니엘 (Spaniel)	• 앞쪽의 길이가 긴 보브(전대각) • 바이어스 섹션
이사도라 (Isadora)	• 뒤쪽의 길이가 긴 보브(후대각) • 다이아거널 섹션
파라렐 보브	• 앞뒤 쪽의 길이가 동일한 보브 • 호리존틀 섹션

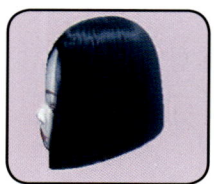
스파니엘

이사도라

파라렐 보브

두상각도 0도

그라데이션 커트

- 45° 커트로 T.P(탑포인트) 부분의 머리가 N.P(네이프) 부분의 머리 길이보다 길다.
- 각도는 18~89° 이하로 단차의 정도에 따라 로우(Low), 미디움(Medium), 하이(High) 그라데이션으로 나뉜다.
- 단차가 생겨 조형감이 있다.

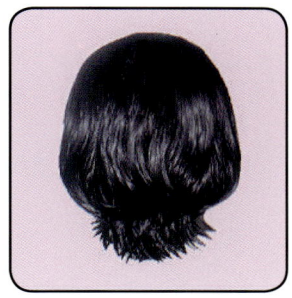

두상각도 45도

레이어 커트(Layer cut)

- 두상에서 올려진 스트랜드의 각이 90° 이상이며 단차의 정도에 따라 로우(Low), 하프(Half), 하이(High) 레이어로 나눌 수 있다.
- 모발의 흐름에 따라 전체 두상의 길이가 같은 뉴니폼 레이어(Uniform layer)와 상부의 머리보다 하부의 머리가 더 긴 인크리스 레이어(Increase layer)로 구별되기도 한다.

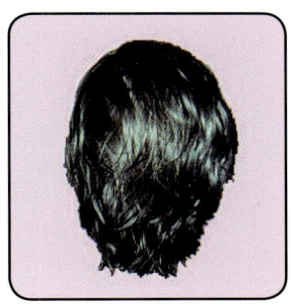

두상각도 90도

스퀘어 커트

- 사각의 각을 이용한 커트이다. 4개의 각을 평면적으로 치는 커트로 레이어 커트와 유사한 형태를 만든다. 주로 모발 길이의 자연스러운 연결을 얻고자 할 때 하는 커트이다.

스트랜드의 각도에 따른 커트

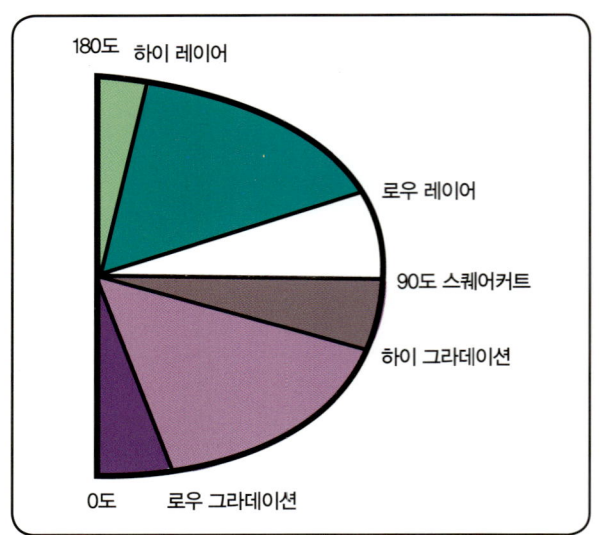

Section 02

드라이 및 아이론

1 헤어 드라이어(Hair dryer)

젖은 모발의 건조와 헤어 스타일을 완성하기 위한 미용기기로 열풍, 온풍, 냉풍으로 조절이 가능하며 핸드식(블로우 타입), 스탠드식(후드 타입), 벽걸이식 등이 있다. 핸드 드라이어는 바람을 내보내는 블로우 타입의 것이 있으며 주로 드라이어 세트(블로우 드라이)에 사용한다.

1-1 블로우 드라이(Blow dry)

모발에 열풍을 가함으로써 일시적인 변화에 의해 헤어 스타일이 연출된다. 블로우 드라이의 기초가 되는 것은 헤어 커팅이며 드라이를 효과적으로 표현하게 한다.

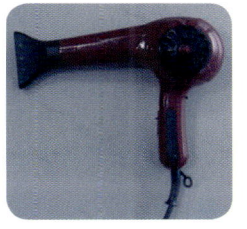 

1-2 브러시의 선택

브러시는 자연 강모, 나일론, 플라스틱, 철사 등으로 만들어지며 사용하는 목적에 따라 털의 선택을 달리해야 한다. 털이 빳빳하고 탄력이 있는 양질의 자연 강모가 좋으며 동물의 털은 정전기 방지에도 좋다. 나일론이나 비닐계의 강모는 표면이 매끄럽고 부드러워 스타일링에는 좋으나 정전기 발생의 우려가 있다.

2 마셀 웨이브(헤어 아이론)

아이론의 열을 이용하여 모발 구조에 일시적인 변화에 의한 웨이브를 형성시키는 기구로, 가열하여 사용하기 때문에 좋은 쇠로 만든 것이 좋다.

2-1 아이론의 명칭과 기능

헤어 아이론은 그루브와 프롱(로드)으로 나누어 살펴 볼 수 있다. 그루브는 홈으로 파여진 부분으로 잡아주는 역할을 하며, 프롱(로드)은 모발을 누르는 역할을 한다.

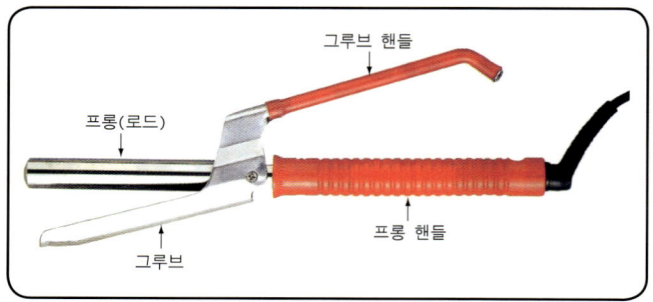

2-2 마셀 웨이브 시 아이론의 방향

안말음	그루브는 위쪽, 로드는 아랫방향
바깥말음	로드는 위쪽, 그루브는 아랫방향

2-3 헤어 아이론 선택법

헤어 아이론은 연결 부분이 꼭 죄어져야 한다(느슨하면 안된다). 또한 프롱과 핸들(손잡이 부분)의 길이가 대체로 균등하고 프롱과 그루브가 곡선으로 약간 어긋나 있는 것이 좋으며 최상급 재질(Stainless)로 녹슬지 않아야 한다. 프롱과 그루브의 접촉면에 요철이 없어야 한다.

2-4 아이론 사용법

아이론의 사용 온도는 120~140℃가 적당하며 과열된 아이론은 핸들의 한쪽을 쥐고 회전시켜 식힌다.

Section 03
염색

1. 헤어 컬러링

1-1 헤어 염색(틴트, 헤어 다이, 헤어 컬러링)

헤어 염색이란 모발에 원하는 색을 입히는 것을 말한다.

🌸 염색의 목적
모발의 색을 변화시켜 피부색이나 화장, 복식에 어울리게 함에 있다.

🌸 염색의 온도와 시간
온도는 보통 바람이 없는 상태에서 22~30℃이다. 일반적으로 모발에 따른 방치 시간은 다음과 같다.

손상모	15~45분(염색이 가장 빨리된다)
정상모	20~30분
발수성모	35~45분

🌸 종류
영구적 염모제, 반영구적 염모제, 일시적 염모제가 있다.

영구적 염모제	• 식물성 염모제 : 고대부터 사용. 헤나가 대표적(식물의 꽃과 열매) • 금속성 염모제(광물성 염모제) : 납, 구리, 니켈, 코발트 등의 화합물이 사용된다. • 합성 염모제(산화 염모제) : 현재 가장 많이 사용하며, 사용 전 패치 테스트를 해야 한다.
반영구적 염모제	• 샴푸를 하면 조금씩 씻기어 나가는 것으로 4~6주의 지속력을 가진다.
일시적 염모제	• 1회의 샴푸로 제거되고 표면에만 칠해지는 일시적 염색 방식이다. • 컬러 린스, 컬러 파우더, 컬러 스프레이, 컬러 크림, 컬러 크레용, 컬러 스틱 • 마스카라도 포함시킬 수 있다.

🌸 합성 염모제 성분

파라페닐렌디아민	백발의 머리를 흑색으로 염색하는데 사용
헤조르시놀	황갈색
파라트릴렌디아민	흑갈색, 다갈색
모노니트로페닐렌디아민	적색
4-아미노 2페놀설폰산	황금색

1-2 염색의 실제 (시술)

영구 염모제는 1액인 알칼리(암모니아)와 발색제에 2액인 과산화수소를 혼합한 것이다. 모발에 염색제를 도포하면 알칼리는 모표피를 부풀려서 발색제의 침투를 용이하게 하고 과산화수소는 산소를 발생시켜 멜라닌을 파괴하며 그 파괴된 자리에 발색제가 착색된다.

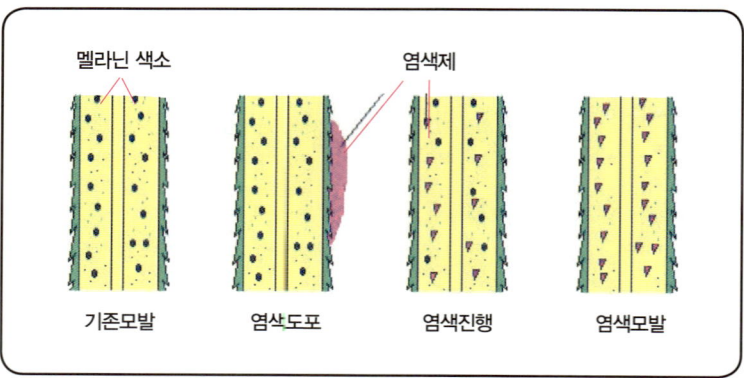

🌸 주의 사항

- 1주일 사이를 두고 퍼머넌트 웨이브를 시술한다.
- 사용 전에 반드시 패치 테스트를 48시간 동안 실시한다.
- 금속 용기는 사용하지 않는다.
- 두피에 이상이 있을 경우 사용하지 않는다.
- 남은 염색약은 재사용이 불가하므로 버린다.
- 약제는 냉암소에 보관한다.
- 시술 전 모발의 상태를 파악한 후 색을 선정한다.

🌸 사전 준비

- 패치 테스트(스킨 테스트) : 염모제 시술 전에 팔꿈치 안쪽이나 귀 뒤에 염모제를 바르고 48시간 뒤에 알레르기 반응 여부를 테스트 하는 것이다.

- 스트랜드 테스트 : 색상의 선정이 잘 이루어졌는지 스트랜드에 실험하는 테스트이다.
- 사전 연화 시술 : 모발을 연화시켜 염모제의 침투를 용이하게 하는 방법으로 연화 기술을 프레 소프트닝(Pre softening)이라 하며 저항성모와 지성모- 같은 모발에 실시한다.
- 사전 연화시 과산화수소 30cc에 암모니아수 5~10방울(0.5~1cc) 정도를 혼합해서 사용한다.

약제 도포

약제 도포 순서는 네이프(목덜미) 부분부터 시작하여 백모염색일 경우는 흰머리가 가장 쉽게 보이는 앞머리 부분부터 시작하는 경우가 많다. 다이터치업(Dye touch up)은 염색 후 새로 자란 머리에 염색하는 것이다.

원터치 기법 (One touch)	• 두피 쪽부터 한번에 바르는 것 • 백모 염색에 좋다.
투 터치 기법 (Two touch)	• 두피 쪽의 2cm를 띄워서 염색약을 바르고 시간 경과 후 나머지 부분을 바른다. • 터치나 멋내기 염색에 좋다.

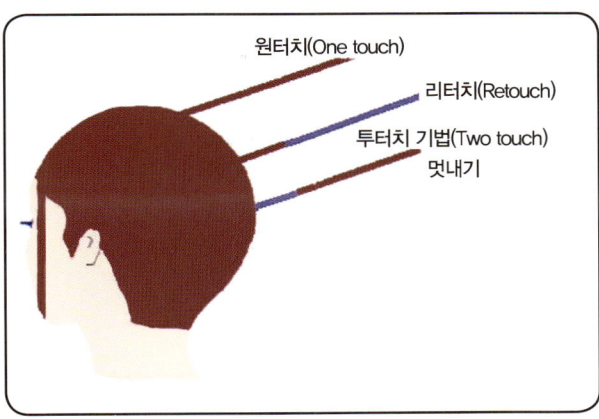

염색 사용의 용도

헤나의 경우 식물성 염모제로 알레르기 체질도 사용 가능하며 모발 손상이 없으나 색이 한정되어 있는 단점이 있다. 컬러 스틱은 막대 모양의 일시적 염모제로 염색이 미흡하게 된 부분의 수정에 사용한다. 멋내기 염색 방법에는 헤어 타핑, 헤어 스트리킹, 헤어 스템핑이 있다. 염색제의 연화제는 저항성모나 지성모 등에 행한다.

1-3 탈색(헤어 블리치)

모발의 색을 부분적으로나 전체적으로 빼는 것으로 헤어 라이트닝이라고도 한다.

❀ 탈색의 목적과 시간

모발의 진한 색을 피부나 화장, 의복과 어울리게 하기 위하여 색조를 밝고 엷게 하는 것이 목적이며 시간은 10분~30분 내외이다.

❀ 성분

과산화수소에 암모니아수를 더할 때 발생하는 산소를 이용하여 멜라닌 색소를 파괴한다. 과산화수소의 사용 농도는 6%(20볼륨). 암모니아수의 사용 농도는 28%로 과산화수소의 사용 전 분해를 막고 발생기 산소의 발생을 촉진시킨다. 조제 비율은 6% 과산화수소 90cc + 28% 암모니아수 3~4cc이다.

❀ 종류

액상 블리치(용액)	호상 블리치(풀)
• 장점 : 탈색의 정도를 파악하며 시술할 수 있고 탈색 작용이 빨라 단시간에 시술이 가능하다. 한 번의 샴푸로 마무리 • 단점 : 지나친 탈색 우려	• 장점 : 시술동안 블리치제의 건조가 없다. 이중으로 겹쳐 바를 필요가 없다. • 단점 : 시술시 탈색의 정도를 파악하기 어렵고 2번에 걸쳐 샴푸해야 한다.

❀ 시술 순서

모근부를 가장 늦게 바른다(체온에 의한 빠른 탈색이 이루어짐). 나중에 바르는 모근부에서의 거리는 2.5cm 정도이다.

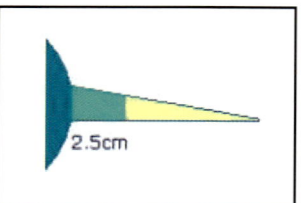

❀ 주의 사항

- 1주일 지난 후 퍼머넌트 웨이브를 할 수 있다(블리치를 먼저 시술).
- 블리치(탈색) 후 애프터 케어(사후 손질)로 헤어 리컨디셔닝한다.
- 블리치제 조합은 사전에 정확히 배합해두고 사용 후 남은 블리치제는 버린다.
- 블리치(탈색) 손님의 기록은 카드에 작성해둔다.
- 블리치제는 직사광선이 들지 않는 곳에 보관한다.

2 색채의 원리

2-1 무채색과 유채색

무채색은 백색, 회색, 흑색을 말하며 유채색은 빨주노초파남보 등 무채색을 제외한 모든 색을 말한다.

2-2 색의 3원색

색의 3원색은 황색, 적색, 청색이다.

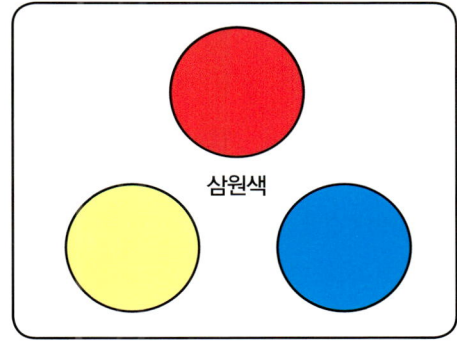

2-3 색의 3속성

색의 속성에는 색상(색으로 구별되는 색의 요소), 명도(색 밝기의 정도), 채도(색의 선명도, 색의 순도)가 있다.

2-4 보색 관계

보색 관계란 원래의 색보다 더 선명하게 보이고 채도도 더 높게 보이는 색의 관계(보색 대비)를 말한다. 모발 색에서 보색 관계의 이용은 잘못 나온 색상을 중화시켜 색을 없애는 것에 사용된다. 색상환(비슷한 색을 순서대로 나열한 것)에서 마주보고 있는 색이 보색 관계의 색이다.

빨강과 녹색	적자색과 황녹색
노랑과 보라색	적동색과 청녹색
청색과 오렌지색	등황색과 청자색

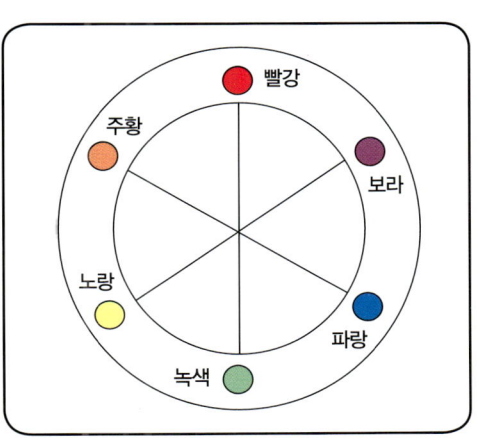

Section 04
퍼머넌트 웨이브

1 퍼머넌트 웨이빙

1-1 퍼머넌트 웨이빙

모발에 물리적, 화학적 방법으로 웨이브를 형성시키는 것이다.

🌸 퍼머넌트 웨이브의 역사

고대 이집트의 알칼리성 토양과 열을 이용한 웨이브가 기원이다. 1905년 영국의 찰스 네슬러(히트 웨이브 – 열 퍼머, 은박지 이용)에 의해 스파이럴식(긴 머리에만 적합 – 모근에서부터 마는 방식)이 고안되었으며 1936년 영국의 J.B. 스피크먼에 의해 콜드 웨이브의 원리에 의한 퍼머넌트 웨이브가 창안되어 오늘날까지 계속 사용되고 있다.

🌸 웨이브의 원리

- 모발은 S.S결합(시스틴 결합)을 하고 있어 20~50%까지 늘어날 수 있는 탄력성이 있다(모발의 탄력성).
- 모발에 알칼리 성분을 이용해 시스틴 결합을 절단(환원)한 후 와인딩, 중화제(산화제)에 의해 다시 시스틴의 결합(산화)으로 웨이브를 형성한다.

환원	화학적 반응의 산화물에서 산소를 빼앗아가는 것. (퍼머넌트 시 제1액 : 티오글리콜산이 환원에 의해 시스틴의 결합을 끊는다)
산화	어떤 물질과 산소가 화합하는 것. (퍼머넌트 시 제2액 : 중화제로 시스틴을 재결합시킨다)

🌸 제2욕법의 사용과 원리

제2욕법의 제1액와 제2액의 작용은 환원제와 알칼리성 물질 및 산화제의 사용이다.

:: 제1액의 작용 ::

$$-S-S- \xrightarrow[+2H]{\text{환원}} -SH \quad HS-$$

:: 제2액의 작용 ::

$$-SH \quad HS- \xrightarrow[+(O)]{\text{산화}} -S-S- + \text{물}$$

콜드 웨이브 종류

제1욕법과 제2욕법, 제3욕법이 있다.

제1욕법	• 1종류의 솔루션을 사용한다. • 티오클리콜산 암모늄을 주제로 한다.
제2욕법	• 2종류의 솔루션을 사용한다. • 현재 가장 많이 사용한다. • 제1액 : 환원제, 티오글리콜산염과 시스테인으르 웨이브를 형성(프로세싱 솔루션) • 제2액 : 산화제로서 과산화수소, 취소산 나트륨(브롬산 나트륨), 취소산 칼륨(브롬산 칼륨) 등의 사용으로 형성시킨 웨이브를 고정(중화제, 정착제)
제3욕법	• 3종류의 솔루션을 사용한다. • 제1액 : 모발을 팽윤, 연화시키기 위한 전용액 • 제2액 : 환원제(웨이브 형성) • 제3액 : 산화제, 중화제, 정착제(웨이브 고정)

2욕법의 제1액(프로세싱 솔루션)의 성분은 환원제로서 pH 9.5 정도의 알칼리성이다. 제1액을 프로세싱 솔루션(Processing solution)이라고도 하는데 환원제라는 의미이다. 제1액에는 티오글리콜산과 시스테인(Cystein)이 있으며 티오글리콜산이 가장 많이 사용된다.

티오글리콜산	• 모발에 대한 환원 작용이 좋아 가장 많이 사용한다. • 원래 산성 물질로 산에는 환원력이 약하고 알칼리에는 환원력이 강해지는 성질(암모니아수나 탄산암모늄 등 알칼리성 물질을 가해 티오글리콜산염의 상태로 사용) • 티오글리콜산염의 종류에는 티오글리콜산암모늄과 티오글리콜산 2~7%가 있다. • 첨가제로 침투제, 습윤제, 양모제, 안정제, 향료, 지질 등을 사용한다. • 제2액은 과산화수소, 취소산 나트륨(브롬산 나트륨), 취소산 칼륨(브롬산 칼륨) 등을 사용한다.

시스테인	• 아미노산의 일종(시스테인)을 사용하여 모발을 환원시킨다. • –SH SH–의 구조로 되어 있다. • 모발의 손상이 없으며 시간 경과에 따라 웨이브를 안정시킨다. • 제1액이 모발의 성분과 같은 아미노산으로 연모, 손상모 등의 퍼머넌트 웨이브에 적당하다. • 제2액으로 브롬산을 사용한다.

🌸 프로세싱 타임

제1액에 의한 방치 시간을 말하며 보통 10~15분 정도이다. 모발의 상태 및 모발의 양, 솔루션의 강도(약제의 성능), 기후, 손님 체온 등에 따라 방치 시간에 차이가 난다. 오버 프로세싱은 제1액을 프로세싱 타임 10~15분 이상 방치하였을 경우이며 언더 프로세싱은 프로세싱 타임 10~15분 이하로 짧게 잡았을 경우이다.

🌸 콜드 웨이브의 사전 진단

모발의 상태 파악(모발의 다공성, 모발의 신축성, 모발 밀집도)과 두피의 상태 파악(두피 상태)을 시술 전에 해야 한다.

🌸 프레 커트와 에프터 커트

프레 커트는 퍼머 시술 전에 커트하는 커트로 디자인을 잡고자 하는 라인보다 1~2cm 길게 커트하는 것이며, 에프터 커트는 퍼머 시술 후에 디자인에 따라 맞추어가며 커트하는 것이다.

🌸 콜드 웨이브 시술 순서

전처리	• 헤어 샴푸잉(중성 샴푸) • 타올 드라이(건조가 덜되면 산화 작용이 급속히 촉진된다) • 세이핑(모발 정리)
웨이브 시술	• 블로킹(두상의 구분) • 인딩(모발을 로드에 마는 기술) • 제1액 도포 • 프로세싱 타임(비닐캡이나 열처리에 의한 방치 시간) • 테스트컬(웨이브의 형성 상태 조사) • 중간 린스(플레인 린스와 물로 제1액을 씻어내는 것을 말한다) • 중화제(산화제, 정착제) 도포 • 로드 제거 후 린싱(씻어냄)
후처리	• 세트 • 드라잉 • 콤 아웃(빗이나 브러시로 마무리)

1-2 사용도구

컬링 로드(Curling rod)와 롤러(Roller), 꼬리빗, 파지(종이), 고무줄, 히팅캡, 스티머 등이 있다.

🌸 컬링 로드(Curling rod)

퍼머넌트 웨이브 시술 시 웨이브 형성을 목적으로 사용되는 도구(일반적으로 롯드라고 함)를 말한다.

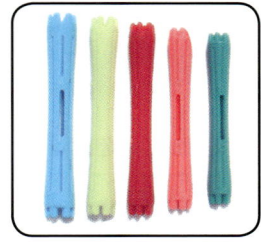

🌸 히팅캡

모발이나 두피에 바른 오일이나 크림 등에 열을 가해 고루 퍼지고 침투를 용이하게 하는 것으로 모발 손질 및 두피 손질, 가온식 콜드 용액 시술시에 사용한다.

🌸 헤어 스티머

180~190℃의 스팀 발생기로 피부 조직의 이완과 약액 침투의 용이성이 있으며 퍼머넌트, 헤어 다이, 모발 손질, 두피 손질, 마사지 등에 사용된다. 일반적인 사용 시간은 10~15분 정도이며 후드 내부의 분무 증기가 균일하고 증기 입자가 미세하며 사용 조절이 용이하다. 분무 증기와 온도가 균일한 것이 좋다.

2 와인딩(모발DMF 로드에 마는 기술)

2-1 모발의 와인딩

모발 와인딩 시는 지나치게 당기지 말고 전체적으로 말린 모발의 상태가 울퉁불퉁하지 않고 균형되게 와인딩되어야 한다. 지나치게 강하게 당겨 와인딩한 경우 모발의 손상과 솔루션의 침투를 어렵게하여 웨이브의 형성을 방해한다. 와인딩 시술 시 마는 순서는 네이프에서 시작하여 톱 부분에서 마무리 된다.

🌸 와인딩의 각도

와인딩 각도는 120도 각도가 일반적이다. 볼륨을 더 주고 싶으면 각을 더 주고 볼륨을 없애고자 하는 경우는 각도를 낮춘다.

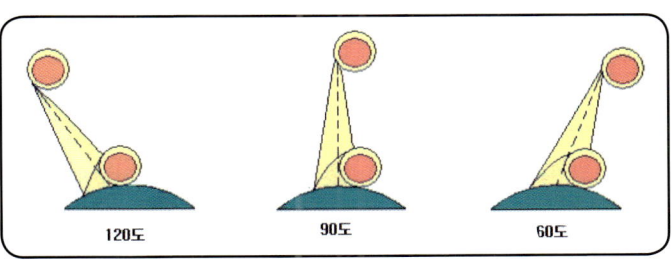

🍀 와인딩 방법 및 상태

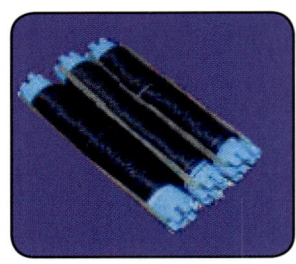

굵은 모발	블로킹은 작게, 로드도 작은 것으로 와인딩
가는 모발	블로킹은 크게, 로드도 큰 것으로 와인딩

- 굵고 모량(숱)이 많은 경우의 모발은 블로킹은 작게, 로드의 직경은 작은 것으로 하며 가늘고 모량(숱)이 적은 모발은 블로킹은 크게, 로드의 직경은 큰 것으로 한다.
- 기본적인 와인딩 시 로드의 크기는 네이프에는 소형, 크라운 하부와 사이드에는 중형, 톱과 크라운 상부에는 대형을 사용한다.
- 모발이 긴 경우는 솔루션의 침투를 용이하게 하기 위해 블로킹을 작게 하기도 한다.
- 로드는 블로킹의 크기에 비례한다.

2-2 손상 원인(모발 진단)

🍀 퍼머넌트 웨이브가 잘 형성되지 않는 원인

웨이브가 잘 형성되지 않는 경우는 오버 프로세싱으로 시스틴의 지나친 파괴가 있었을 때와 저항성모거나 발수성모, 경모(굵은 모발)일 경우, 경수에 의한 샴푸로 금속염이 형성된 경우, 과다한 염색모인 경우에 발생한다.

웨이브 형성이 쉬운 경우	웨이브 형성이 어려운 경우
손상모, 가늘고 연한 모발, 흡수성모, 염색모, 다공성모	경모, 발수성모, 과다 염색모, 백발, 지방 과다모, 축모(심하게 곱슬거리는 모발), 버진 헤어(시술이 없던 머리)

🍀 모발 끝이 갈라지거나 상하는 원인

- 오버 프로세싱 할 경우(방치 시간이 길어진 경우)
- 약액이 너무 강하거나 지나치게 가는 로드의 사용
- 텐션을 주지 않아 너무 느슨하게 와인딩한 경우
- 시술전 모발의 심한 테이퍼링

헤어 세팅의 구성

1 헤어 세팅

헤어 세팅은 헤어 스타일을 만들기 위한 기초적인 요인으로 오지지널 세트와 리세트가 있다. 오리지널 세트는 최초의 세트를 말하며 리세트는 마무리 시트이다. 리세트는 오리지널 세트를 매만져서 연출하려는 헤어 스타일을 만들어 내고 지속성을 갖기 위한 것으로 헤어 스타일의 마무리이다. 리세트의 시술 과정에는 빗과 브러시가 이용되며 브러싱, 코밍, 백코밍으로 나눌 수 있다.

오리지널 세트	• 최초의 세트 • 헤어 파팅, 헤어 세이핑, 헤어 컬러링, 헤어 웨이팅, 롤러 컬링이 있다.
리세트	• 마무리 세트 • 브러시 아웃(브러시로 마무리) • 콤 아웃(빗으로 마무리) 짓는 것이 있다.

1-1 헤어 파팅(Hair parting)

파팅은 가르마를 뜻한다.

 헤어 파팅의 종류

- 센터 파트는 중앙 가르마로 나누어진 파트로 5:5 파트 (앞 가르마)이다.
- 사이드 파트는 옆 가르마 파트로 6:4, 7:3, 8:2 파트이다. 좌, 우 파트가 있다.
- 노 파트는 특정한 가르마를 타지 않은 상태의 파트이다.
- 라운드 파트는 가르마를 둥글게 타는 파트이다.
- 라운드 사이드 파트는 곡선을 이루는 사이드 파트로 사이드에서 둥글게 곡선을 이룬 파트이다.
- 업 다이애거널 파트는 사선의 파트로 사이드 파트의 분할선이 뒤쪽을 향해 위로 경사진 파트이다.
- 다운 다이애거널 파트는 사선의 파트로 사이드 파트의 분할선이 뒤쪽을 향해 아래로 경사진 파트이다.

- 스퀘어 파트는 사각형으로 각지게 하는 파트(장방형 파트)로 이마의 양각에서 사각형을 이루는 파트(가르마)이다.
- V 파트는 삼각형의 가르마 파트이다.
- 센터 백 파트는 후두부를 중심으로 똑바로 가르는 파트이다.
- 카우릭 파트는 방사선으로 모발의 흐름을 이용하여 가르마를 만든 상태이다.
- 이어 투 이어 파트는 이어 포인트에서 T.P를 지나 반대쪽 이어 포인트까지 수직으로 나눈 파트이다.
- 크라운 투 이어 파트는 이어 포인트에서 G.P를 지나 반대쪽 이어 포인트까지로 나눈 파트이다.

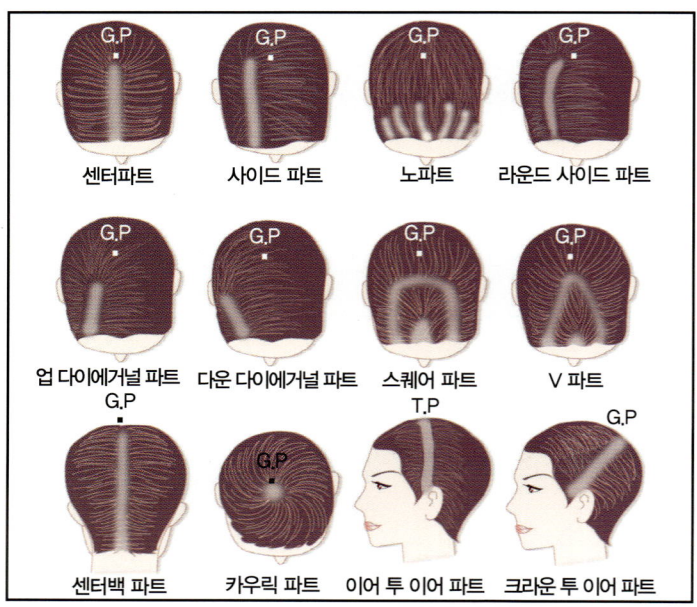

베이스(base)

베이스란 모발을 두상에서 분리시킬 때 두상에 그려지는 형태를 말한다.

오브롱 베이스 (Oblong base)	• 장방형 베이스 • 헴라인에서 떨어진 웨이브로 사이드에 이용된다.
스퀘어 베이스 (Square base)	• 사각형의 베이스 • 퍼머시 일정한 베이스를 이용하여 균형있는 컬과 웨이브를 만든다.
아크 베이스 (Arc base)	• 호형의 베이스 • 호를 그리듯 크게 움직인 웨이브
트라이앵글 베이스 (Triangular base)	• 삼각형 베이스 • 갈라짐이 없게 하며 이마와 크라운 부위에 사용된다. • 콤아웃에 이용된다.

1-2 헤어 셰이핑(Hair shaping)

헤어 스타일의 구성에서 기초가 되는 것으로 모발에 컬이나 웨이브를 형성하기 위해 다듬고 정돈하여 모양을 만드는 것이다.

🍀 업 셰이핑(올려서 빗기)

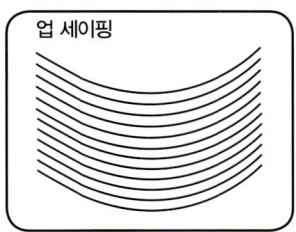

🍀 다운 셰이핑(내려서 빗기)

수직 내려빗기와 라이트다운 셰이핑(오른쪽 내려빗기), 레프트다운 셰이핑(왼쪽 내려빗기)이 있으며 귓바퀴 방향에 따라 포워드 셰이핑(귓바퀴 방향), 리버스 셰이핑(귓바퀴 반대 방향)이 있다.

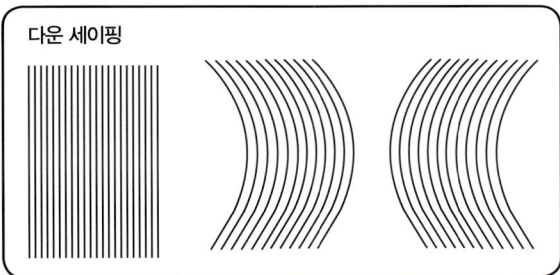

1-3 헤어 컬링(Hair curling)

🍀 컬(Curl)의 각부 명칭

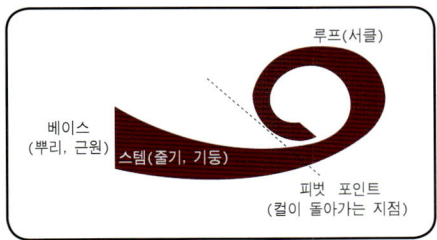

- 베이스(Base) : 모발을 말기 위해 들어 올린 모근 부위의 바닥을 의미한다.
- 스템(Stem) : 모발의 줄기이며 루프가 형성되지 전까지의 모발 길이를 의미한다.
- 루프(Loop) : 모발로 컬이 형성된 상태를 의미한다.
- 피벗 포인트(Pivot point) : 베이스로부터 컬을 말기 시작하는 부분을 의미한다.

컬의 3요소

컬의 3요소는 베이스(Base), 스템(Stem), 루프(Loop)이다.

베이스	모발의 근원(모근 부위)
스템	모발의 줄기(모간 부위)
루프	서클(컬이 되는 모양-바퀴)

컬을 만드는 목적

웨이브, 볼륨, 플랩을 만들기 위한 것으로 모발에 웨이브를 주고 볼륨을 주며 플러프(모발을 붙이는 방법)를 만들기 위함이다.

컬을 구성하는 요소

컬의 구성 요소에는 셰이핑(모발의 정돈), 스템의 방향(모발 줄기의 방향), 텐션(모발을 잡아당기는 힘의 정도), 루프의 크기(말리는 롤의 크기), 베이스(모발을 떠올리는 바닥 부분), 모발의 끝처리하는 방법이 있다.

:: 스템(Stem) ::

- 스템(Stem)이란 베이스(base)에서 피벗 포인트에 이르는 부분의 모발 줄기이다.
- 풀 스템(Full stem), 하프 스템(Half stem), 논 스템(Non stem)이 있다.

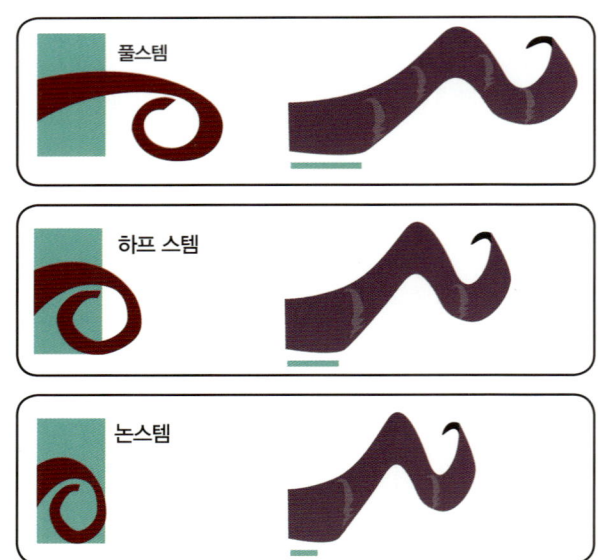

풀 스템	• 루프가 베이스에서 벗어나 있다. • 컬의 움직임이 가장 크다.
하프 스템	• 루프가 베이스에 중간 정도 들어가 있다. • 컬의 움직임이 적당하다.
논 스템	• 루프가 베이스에 들어가 있다. • 컬의 움직임이 가장 적어서 컬이 오래 지속된다.

컬의 종류

루프가 두피에 세워져 있는지 두피와 평행되게 누워 있는지의 상태에 따라 세워진 컬을 스탠드 업 컬(Stand-up curl)이라고 하며 누워져 있는 컬이 플래트 컬(Flat curl)이다. 리프트 컬은 반쯤 세워진 컬로 스탠드 업 컬에 해당된다.

플래트 컬 (Flat curl)	• 루프(말리는 컬)가 두피에 평평하게 눕혀진 상태(두피에서 0도)
리프트 컬 (Lift curl)	• 루프(말리는 컬)가 두피에 대해 45도 세워진 컬
스탠드 업 컬 (Stand-up curl)	• 세워지는 컬로 루프(말리는 컬)가 두피에 대해 90도로 세워진 컬 • 포워드 스탠드업 컬(안마름 세움 컬) • 리버스 스탠드업 컬(바깥마름 세움 컬)

플래트 컬은 두발 끝의 위치에 따라 스컬프쳐 컬과 메이폴 컬이 있다.

스컬프쳐 컬 (Sculpture curl)	• 모발 끝이 컬루프의 중심으로 되는 컬, 모간부의 끝이 컬의 안쪽에 위치하는 것 • 모발 끝에서 모근 쪽으로 향하는 세이핑 컬(스킵 웨이브나 플러프 등에 사용)
메이폴 컬 (Maypole curl)	• 핀 컬(Pin curl)이라고도 하며 모발 끝이 컬 루프(호 오리)의 바깥쪽이 되는 컬, 모간부 끝이 컬의 바깥쪽에 위치하는 것

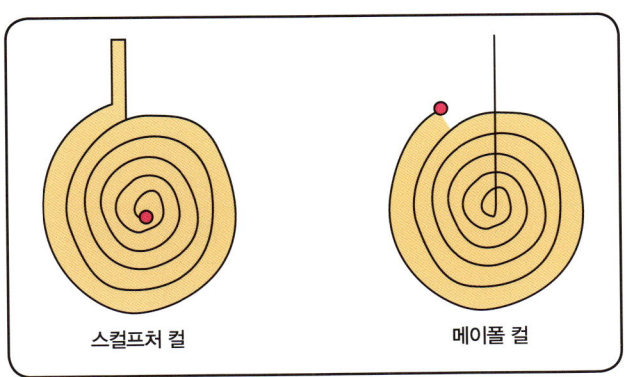

스컬프쳐 컬　　　메이폴 컬

컬의 말린 방향과 컬의 고정

컬	컬의 마는 방향
클록 와이즈 와인드 컬(C 컬)	오른쪽 말기, 시계 방향
카운터 클록 와이즈 와인드 컬(CC 컬)	왼쪽 말기, 시계 반대 방향

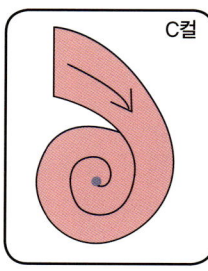 

컬	컬의 방향에 의한 컬
포워드 컬(Forward curl)	귓바퀴 방향으로 말린 컬
리버스 컬(Reverse curl)	귓바퀴 반대 방향으로 말린 컬

- 포워드(Forward)와 리버스(Reverse)는 두상의 좌우에 관계없이 귓바퀴와 귓바퀴 반대 방향으로 고정된다.
- 포워드 스탠드업 컬(Forward stand up curl)은 귓바퀴 방향으로 세워진 컬이며 리버스 스탠드업 컬(Reverse stand up curl)은 귓바퀴 반대 방향으로 세워진 컬이다.

1-4 헤어 핀닝(Hair pinning)

컬 핀닝(Curl pinning)

컬 핀닝은 핀이나 클립을 이용해서 컬을 고정하는 것이다.

사선 고정	• 핀을 사선으로 꽂아 모발을 고정하는 일반적인 방법(주로 실핀, W핀, 싱글핀 사용)
수평 고정	• 핀을 수평으로 꽂아 모발을 고정하는 방법(주로 실핀, W핀, 싱글핀 사용)
교차 고정	• 핀을 교차되게 하여 모발을 고정하는 방법(주로 U자핀 사용)

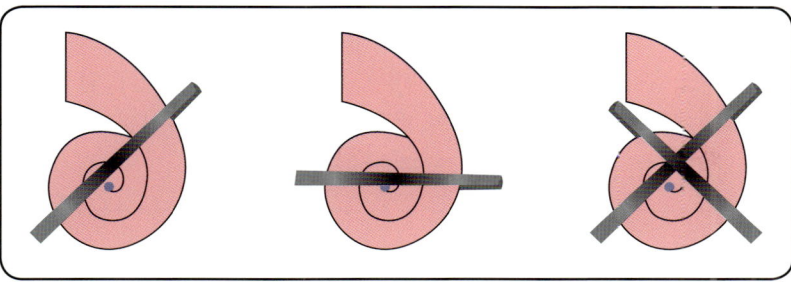

🌸 컬 피닝시 주의사항

- 모발이 젖은 상태에서 모발에 핀이나 클립 자국이 나지 않도록 한다.
- 루프의 형태가 일그러지지 않도록 하며 루프를 안정감 있게 1/3 정도씩 연결하여 고정한다(교차 고정은 제외).
- 모발 드라잉 시 가열된 핀이나 클립이 손님의 피부에 닿지 않도록 한다.
- 먼저 시술된 컬이 일그러지지 않도록 한다.
- 고정시키는 도구가 루프의 지름보다 지나치게 큰 것은 사용하지 않도록 한다.
- 컬을 고정시킬 때는 핀이나 클립을 깊숙이 넣지 않고 끝부분으로 고정시킨다.

1-5 롤러 컬링

원통상으로 볼륨을 만드는 것으로 자연스러운 웨이브를 형성한다. 롤을 말 때는 위에서 빗질 1번과 아래에서 빗질 1번이 기본이다.

🌸 롤러 컬의 와인딩(롤을 마는 것)하는 방법

모발의 끝을 모으지 않고 그대로 펴서 와인딩 한 경우에는 모발의 끝이 갈라지지 않는다. 모발의 끝을 모으고 와인딩 한 경우에는 모발의 볼륨과 방향을 정할 때 사용하게 된다.

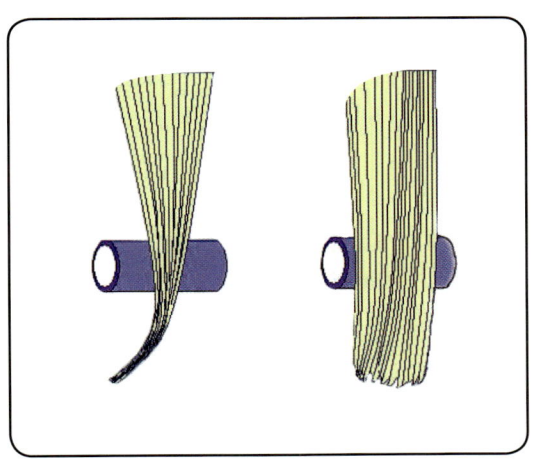

🌸 롤러 컬링의 종류

롤러 컬은 크기와 길이에 따라 그 종류가 매우 다양하며 퍼머넌트 웨이브 후 자연스럽고 부드러운 컬을 만들어 모발 형태 디자인을 만든다. 세팅 롤의 경우는 스트레이트 퍼머넌트나 짧은 모발의 볼륨과 웨이브가 없는 모발에 업 스타일을 하려는 경우에 사용된다.

논 스템	• 전방의 각도 45도로 와인딩 • 볼륨이 가장 크다(스템이 없다). • 컬의 움직임이 가장 작은 기본적인 스템으로 컬이 오래 유지된다.
하프 스템	• 두상에서 90도 각도로 들어 와인딩 • 적당한 볼륨(스템이 중간 정도) • 컬의 움직임이 중간 정도
풀 스템	• 두상에서 후방으로 45도로 와인딩 • 볼륨감이 적다(스템이 길다). • 컬의 움직임이 가장 크다.

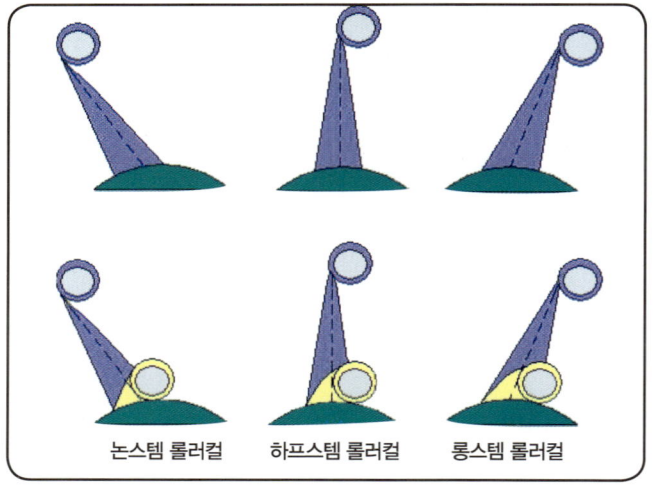

1-6 헤어 웨이빙(모발의 웨이브)

S자의 물결 모양을 이루는 부분이다.

🌸 웨이브의 명칭

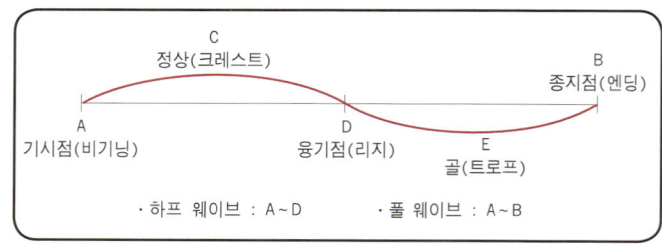

- 크레스트(Crest)는 웨이브에서 제일 높은 곳이다.
- 리지(Ridge)는 정상과 골이 교차되면서 꺾여지는 곳이다.
- 트로프(Trough)는 웨이브가 가장 낮은 곳이다.
- 기시점은 웨이브가 시작되는 지점이다.
- 종지점은 웨이브가 끝나는 지점이다.

🍀 웨이브의 주요 3대 요소(크레스트, 리지, 트로프)

웨이브의 3대 요소는 크레스트(정상), 리지(융기점), 트로프(골)이다.

크레스트(정상)	웨이브에서 가장 높은 곳
리지(융기점)	레스트와 트로프가 교차되는 곳
트로프(골)	웨이브에서 가장 낮은 곳

🍀 웨이브 형태에 따른 구분

- 내로우 웨이브(Narrow wave) : 가장 곱슬한 상태, 리지와 리지 사이의 폭이 좁다(정상이 뚜렷함).
- 와이드 웨이브(Wide wave) : 일반적인 웨이브 상태, 리지와 리지 사이의 폭이 적당하다(정상 뚜렷함).
- 섀도우 웨이브(Shadow wave) : 느슨한 웨이브로 가장 자연스러운 형태, 리지와 리지 사이의 폭이 넓다(정상이 희미함).
- 프리즈 웨이브(Frizz wave) : 모발 끝만 웨이브가 진 형태

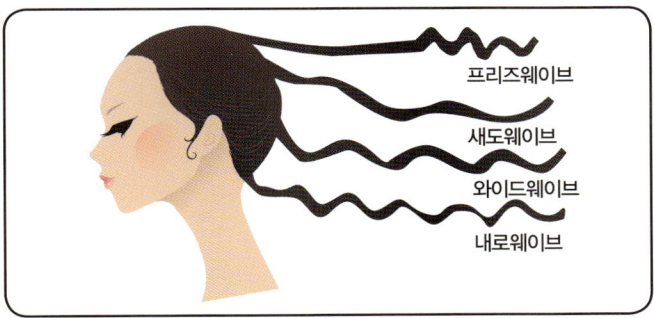

🍀 웨이브 형성 위치에 따른 구분

버티컬 웨이브 (Vertical wave)	리지가 수직
호리존탈 웨이브 (Horizontal wave)	리지가 수평
다이애거널 웨이브 (diagonal wave)	리지가 사선

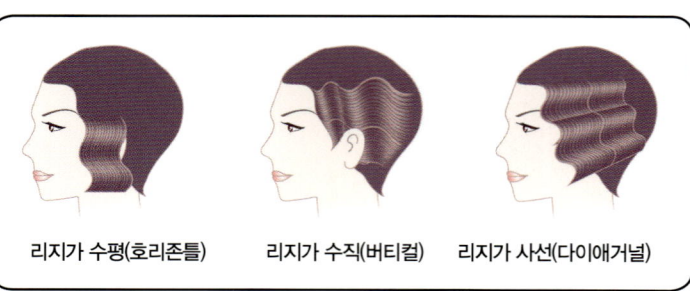

| 리지가 수평(호리존틀) | 리지가 수직(버티컬) | 리지가 사선(다이애거널) |

🍀 웨이브를 만드는 방법에 따른 구분

- 핑거 웨이브(Finger wave)는 손가락과 빗을 이용하여 만드는 웨이브(세팅 로션과 물 사용)이다.
- 마셀 웨이브는 아이론(Iron)사용에 의한 일시적 웨이브이다.
- 콜드 웨이브는 화학약품(1액과 2액)을 이용하여 만드는 웨이브이다.
- 롤러 웨이브는 롤러와 핀 사용에 의한 웨이브이다.
- 컬 웨이브는 2줄의 컬의 조합에 의해 형성된 웨이브이다.

1-7 롤(Roll)

모발을 말아서 원통상으로 만드는 것으로 컬을 모아서 롤을 만든다(컬보다 폭이 넓다). 포워드 롤(안쪽 말음)과 리버스 롤(바깥말음)이 있으며 이 두 가지를 응용한 롤들이 있다.

🍀 포워드 롤(Forward roll)

귓바퀴 방향으로 말려진 것으로 보통 안말음 롤이라고 한다.

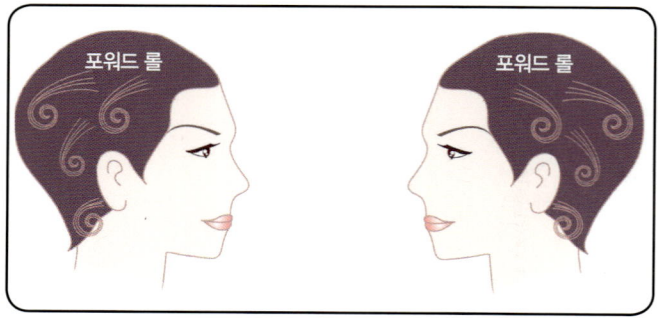

🍀 리버스 롤(Reverse roll)

귓바퀴 반대 방향으로 말려진 것으로 보통 바깥말음 롤이라고 한다.

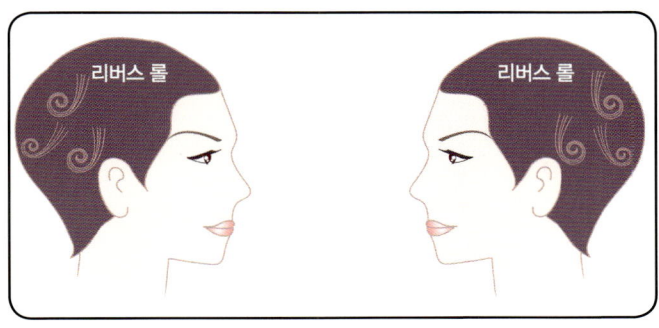

1-8 핑거 웨이브의 종류

손가락과 빗을 이용한 웨이브로 리지컬(일반적인 핑거 웨이브)와 스킵 웨이브가 있다.

리지컬　　　　　　스킵 웨이브

🍀 리지 컬(Ridge curl)

일반적인 핑거 웨이브로 핑거 웨이브 뒤에 플래트 컬(눕혀진 상태의 컬)이 있는 형태이다.

🍀 스킵 웨이브(Skip wave)

핑거 웨이브와 플래트 컬이 교차된 형태의 조합으로 폭이 넓은 부드러운 웨이브 형성에 알맞다. 가는 모발이나 지나치게 곱슬거리는 머리에는 효과가 없다.

🍀 핑거 웨이브(Finger wave)의 모양에 따른 구분

하이 웨이브(High wave)	리지가 높은 웨이브
로우 웨이브(Low wave)	리지가 낮은 웨이브
덜 웨이브(Dull wave)	리지가 뚜렷하지 않은 웨이브(느슨하다)
스윙 웨이브(Swing wave)	큰 움직임을 보는 듯한 웨이브
스월 웨이브(Swirl wave)	물결이 회오리치는 듯한 형태의 웨이브

2 뱅과 엔드 플러프

2-1 뱅(Bang)

이마에서 형태를 갖추는 앞머리를 뱅이라고 하며 애교 머리라고도 한다.

웨이브 뱅(Wave bang)	웨이브로 형성한 뱅
롤 뱅(Roll bang)	롤 모양을 형성한 뱅
플러프 뱅(Fluff bang)	자연스럽게 하여 볼륨을 준 형태의 컬이 일정한 모양을 갖추지 않은 뱅
프렌치 뱅(French bang)	모발의 끝이 너풀너풀하게 부풀린 느낌의 뱅(빗질한 상태에서 끝 부분만 너풀거림)
프린지 뱅(Fringe bang)	가르마 가까이에 작게 낸 뱅

롤뱅

웨이브 뱅

플러프 뱅

프렌치 뱅

프린지 뱅

2-2 엔드 플러프(End fluff)

모발 끝의 웨이브 모양이 너풀거리는 느낌이 들도록 표현한 것이다.

라운드 플러프(Roung fluff)	모발 끝의 모양이 원형이나 반원형으로 플러프된 상태
덕 테일 플러프(Duck tail fluff)	모발의 끝이 가지런히 위로 구부러져 플러프된 상태
페이지 보이 플러프 (Pageboy fluff)	갈고리 모양으로 구부러져서 반원형의 플러프로 끝나는 상태

덕테일 플러프   업라운드 플러프   페이지보이 플러프

Section 06
헤어 디자인과 가발

1 헤어 디자인
모발의 스타일을 구상하는 것으로 여성미, 개성미, 얼굴형과의 조화됨을 우선으로 한다.

1-1 조화
헤어 스타일의 완성을 위해서는 고려되어야 할 사항들이 있다. 고려 사항으로는 얼굴형(정면과 측면), 헤어 라인, 목의 형태, 신장, 모발의 결이 있다.

1-2 얼굴형에 어울리는 헤어 스타일

계란형 얼굴에 어울리는 헤어 스타일
- 이상적인 얼굴형(가로와 세로 비율은 1.5:1)으로 이마가 턱보다 조금 더 넓다.
- 모든 헤어 스타일이 다 잘 어울리므로 개성에 맞는 디자인을 마음대로 할 수 있다.

원형의 얼굴에 어울리는 헤어 스타일
- 전두부의 뱅을 높이며 측두부는 부피를 최소화한다.
- 정확히 나누어지는 센터 파트는 피하고 7:3이나 6:4의 사이드 파트로 나눈다.

장방형 얼굴에 어울리는 헤어 스타일
- 전두부를 낮게 하며 옆선이 강조되도록 볼륨을 준다.
- 귀 뒤에 약간의 모발이 보이도록 디자인하면 얼굴이 덜 길어 보인다.
- 헤어 파트는 사이드 파트로 한다.
- 컬이나 웨이브를 이용한 뱅을 한다.

사각형 얼굴에 어울리는 헤어 스타일
- 헤어 파트는 각짐 완화를 위해 라운드 사이드 파트를 한다.

- 곡선적인 느낌을 갖는 헤어 스타일을 구상한다.
- 이마의 직선적인 느낌은 변화 있는 뱅으로 감춘다.

삼각형 얼굴에 어울리는 헤어 스타일
- 두상의 상부의 폭을 넓어 보이게 하며 하부가 좁아 보이게 한다.
- 이마를 감출 수 있는 큰 뱅이나 측두부에 볼륨을 준다.
- 양쪽 턱 선을 감출 수 있는 머리 형태를 취하며 여의치 않을 경우 업스타일 형태로 얼굴과 연결되는 머리를 없게 한다.

역삼각형 얼굴에 어울리는 헤어 스타일
- 큰 뱅으로 이마를 좁아 보이게 하면서 평면적인 가로선이 표현되는 것은 피한다.
- 양턱 선에 볼륨있는 헤어 스타일을 만들어 뾰족한 턱을 완화시켜 준다.

마름모형 얼굴에 어울리는 헤어 스타일
- 두상의 상부와 하부를 부풀리며 이마가 넓게 표현되는 머리 형태를 취한다.
- 양볼이 너무 강조되는 헤어 스타일은 피한다.

측면 얼굴은 일직선형, 콘케이브형(오목한 형), 콘벡스형(볼록한 형)이 있다.

1-3 가발

가발의 종류

가발의 종류에는 위그와 헤어피스가 있다. 위그는 두상 전체를 덮는 가발로서 모자형으로 이미지 변화를 위해 주로 사용한다. 헤어피스는 부분 가발로 크기와 모양이 다양하며 헤어 패션 엑세서리로 이용되고 주로 크라운 부분에 사용한다.

위그	전체 가발
헤어피스	부분 가발

- 웨프트(Weft) : 실습용 가발, 실기 시험 연습용 가발
- 폴(Fall) : 롱 헤어로 변화되기 위해 일시적으로 사용
- 위글렛(Wiglet) : 특정 부위에 볼륨 등을 내기 위한 가발로 여러 개의 위글렛을 사용하는 경우가 많다(모발이 적은 경우 주로 두정부에 사용).
- 스위치(Switch) : 사용하기 편하게 스타일링 해 놓은 것으로 땋거나 늘어뜨려서 사용한다(주로 1~3가닥).

🍀 가발의 소재

가발의 소재에는 인모와 합성 섬유가 있다.

인모	• 실제 사람의 모발 • 퍼머넌트나 드라이, 염색 처리가 가능 • 합성 섬유에 비해 가격이 비싸다.
합성섬유	• 나일론, 아크릴 섬유가 주원료 • 퍼머넌트나 드라이, 염색 등이 불가능하다. • 인모에 비해 가격이 싸다.

🍀 파운데이션

가발에서 파운데이션이란 모발을 심기 위해 기초가 되는 틀을 의미하며 두상에 꽉 죄는 느낌이 없어야 한다.

🍀 네팅(뜨는 방법)

네팅에는 손 뜨기와 기계 뜨기가 있다. 손 뜨기는 정교하며 값이 비싸고 자연스러운 반면 기계 뜨기는 정교함이 부족하고 싸며 부자연스럽다.

🍀 가발 치수재기

머리 길이	이마의 헤어라인에서 정중선 방향으로 내려가 네이프의 가장 들어간 지점까지의 길이
머리 둘레	이마의 헤어라인과 귀위 1cm와 네이프의 움푹 들어간 지점을 지나는 둘레의 길이
머리 높이	귀위 1cm에서 크라운 지점을 통과하는 이어 투 이어의 길이
이마의 폭	좌우 이마 양측까지의 길이
네이프 폭	좌우 네이프 사이드 포인트 간의 길이

🍀 가발의 컨디셔닝

가발의 컨디셔닝은 모발에만 컨디셔너를 바르고 파운데이션에는 바르지 않는다. 스프레이가 없으면 얼레빗을 사용하여 컨디셔너를 골고루 바른다. 모발이 빠지지 않도록 두발 끝에서 모근 쪽으로 천천히 빗질한다.

제4장

피부

SECTION 01   피부 미용학 개론
SECTION 02   피부학
SECTION 03   피부노화와 색소, 면역 및 광선
SECTION 04   피부 미용기기학
SECTION 05   피부의 영양과 호르몬

Section 01
피부 미용학 개론

1 피부 미용의 개념과 역사

1-1 피부 미용의 개념

피부 미용이란 두발을 제외한 얼굴이나 신체의 피부 기능을 정상적으로 유지시킴과 동시에 건강한 피부를 지속적으로 유지시키기 위해 얼굴과 신체에 손이나 피부 미용기기를 사용하여 아름답게 가꾸는 것을 의미한다.

피부 미용은 내·외적 요인으로 인한 미용상의 문제들을 물리적, 화학적인 방법을 이용하여 예방하는 것으로 공중위생법상 피부 미용업의 정의는 의료 기구나 의약품을 사용하지 아니하는 피부 상태 분석, 피부 관리, 제모, 눈썹 손질을 행하는 영업으로 되어 있다.

❀ 피부 미용의 정의

안면(얼굴) 및 전신의 피부를 분석하고 관리하여 피부 상태를 유지 및 개선시키는 것으로 피부 미용사의 손과 화장품 및 적용 가능한 피부 미용기기를 이용하여 피부 상태를 청결하고 아름답게 가꾸어 건강하게 만드는 것이다.

❀ 피부 미용의 용어

외국의 영향을 받아서 피부 미용은 현재 피부 관리, 에스테틱, 스킨 케어, 코스메틱 등의 용어로 불리어지고 있다.

나라	사용 용어
독일	코스메틱(Kosmetik)
영국	코스메틱(Cosmetic)
미국	스킨케어(Skin care), 에스테틱(Esthetic, Aesthetic)
프랑스	에스테티큐어(Esthetique), Soin Esthetique
일본	에스티(Esty), Soin Esthetique, Soin Care
우리나라	피부 관리, 피부 미용, Esthetic, Skin care

코스메틱(Kosmetik)은 우주를 의미하는 그리스어에서 유래되었고, 에스테틱(Esthetic)은 프랑스어의 에스테티큐어에서 유래되어 미학의, 미의, 심미적인기라는 의미를 내포한다. 에스테티션(Esthetician)이란 피부 미용 관리사를 의미하며 아름다움 및 정신 건강을 목적으로 피부를 관리해 주는 전문가이다.

피부 미용의 영역

기능적 영역에는 보호적(관리적) 피부 미용, 장식적 피부 미용, 심리적 피부 미용, 의학적 피부 미용이 있으며 실제적 영역에는 안면 일반 피부 관리, 안면 특수 피부 관리, 전신 일반 피부 관리, 체형과 비만 관리, 튼살이나 모공 각화증 등의 피부 관리, 눈썹 정리, 발 관리, 제모, 피부 상담, 스파 관리가 있다.
방법적 영역에는 손을 이용한 매뉴얼 에스테틱(Manual esthetic)과 전기기기를 사용한 Electro esthetic이 있다.

피부 미용의 기술적 목적

피부 미용을 통해 얻을 수 있는 효과로는 생리적 기능의 유지, 심신의 안정, 쾌적한 자극, 자연 회복력의 향상, 인체의 항상성 유지, 미적 조형 효과 등이며 피부 미용의 효과를 얻기 위한 목적은 세안(Cleansing)-자극(Stimulation)-침투(Penetration)-보호(Protection)이다.

피부 관리실의 내부 환경 조건

- 안정된 분위기로 심신의 안정과 휴식을 취할 수 있도록 하며 냉·온수 사용이 편리하고 냉·난방 시설을 갖추어야 한다. 바닥과 바닥재는 소음을 흡수할 수 있는 자재로 방음에도 신경을 써야 하고 실내 조명은 피부 진단과 관리가 가능한 직접 조명 및 휴식과 안정을 취할 수 있는 간접 조명을 갖춘다.
- 인체를 다루는 업소로서 실내 공간이나 사용 기구는 항상 청결하고 위생적이어야 한다.

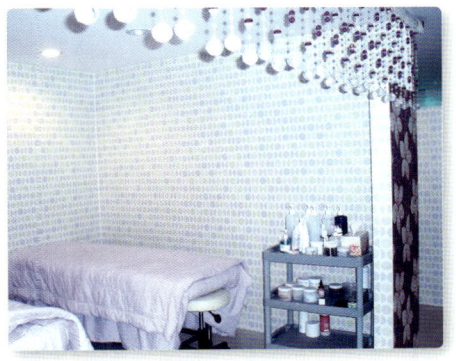

피부 관리사의 자세와 용모

- 피부 관리시 균등한 힘의 분배와 압력 조절을 할 수 있게 하여 피부 관리사의 피로 감소와 고객에게 안정된 느낌을 주게 한다.
- 짙은 화장보다 깨끗한 피부를 유지하고 손톱은 짧게 하며 업무에 지장을 주는 반지, 팔찌 등의 액세서리는 피한다. 관리 전 충분한 설명으로 고객에게 안정감을 주며 걸음걸이도 조심스럽게 하고 관리 후 항상 손을 씻고 시술자의 손이 거칠어지지 않도록 관리한다.

🍀 피부 미용의 준비 상태

- 베드 시트는 항상 깨끗함이 유지되어야 하며 베드 안이 보이지 않게 사면을 가리고 수건의 경우 면 소재를 사용하며 1회 사용을 원칙으로 하며, 터번은 귀가 겹치지 않게 주의하고 흘러내리는 머리카락을 잘 감싸서 고정한다.
- 고객에게 가운을 입히고 액세서리를 제거하여 피부 관리의 원활한 진행이 되도록 한다.

1-2 피부 미용 역사(서양)

🍀 고대

- 이집트는 고대 미용의 발상지로 종교와 관계하여 발달했으며 클레오파트라는 피부 미용에도 관심이 많았다. 향유를 발라 깨끗한 상태로 하였으며 피부 미용의 재료는 주로 올리브 오일, 아몬드 오일, 꿀, 우유, 진흙, 난황, 양모 왁스 등이 사용되었다. 이 시대의 벽화를 보면 여성뿐 아니라 남성들도 피부 관리를 하였음을 알 수 있으며 미용에 좋은 오일의 제조 기술에 대한 고대 기록이 남아있다.
- 그리스는 건강한 정신이 건강한 신체에서 비롯된다고 믿었으며 식이 요법이나 목욕, 운동, 마사지로 신체를 관리했고 짙은 메이크업보다 깨끗한 피부를 가꾸는데 노력했다.
- 로마는 그리스인의 정신을 이어 몸의 청결을 중시하고 스팀 미용법, 냉수욕, 약물욕, 한증 미용법 등 다양한 목욕법이 발달되었으며 대중 목욕탕이 있었다.
- 향수, 오일, 화장품이 생활의 필수품으로 등장했으며 미용 분야는 사치스러워졌고 피부 관리를 행하는 모습이 벽화로 남아 있으며 노화나 피부 이상증 등을 방지하려 노력했다. 콜드 크림의 원조인 연고가 갈렌이라는 의사에 의해 제조되었고 화장품 제조에 관한 처방전도 남겼다.

🍀 중세

기독교 중심의 금욕주의로 인해 화려한 미에 제약이 있던 시기로 화장보다는 깨끗한 피부에 중점을 두었고 각종의 약초(각종 꽃들과 식물)를 끓인 물의 수증기를 피부에 쐬는 스팀 이용법을 처음으로 사용하였다. 스팀 이용법은 현대에도 피부 수분 공급을 위하여 많이 이용되고 있는데 식물의 잎과 꽃을 이용한 것은 아로마 요법의 기초가 되기도 한다. 약초 추출 에센스, 화장품 제조에 중요한 알코올이 발명되었다.

🍀 근세(르네상스 시대)

위생 관념의 부족으로 세수나 목욕 등을 하지 않아 악취 동반에 의한 향수를 많이 사용했고 정제된 화장수나 알코올을 화장수에 넣어 사용하는 화장품의 개발로 깨끗한 피부 관리의 개념을 가졌다. 과도한 분 화장과 치장, 향수 성행은 있었으나 청결과 위생 관념은 부족했다.

바로크, 로코코 시대(18세기)에는 가장 화려한 치장이 유행했던 시기로 흰 피부를 선호한 피부 미백 관리(레몬, 달걀 흰자 사용)가 성행하면서 분 치장을 얼굴과 머리에까지 했다. 깨끗한 피부를 위한 클렌징 크림의 개발로 화장을 지우는 작업의 중요성도 인식했다.

근대(19세기)

특수 계층만 사용하던 크림과 화장품이 보통의 시민에게도 보급되었고 청결과 위생을 중시하여 비누 사용이 보편화되었다.

현대(20~21세기)

1901년 마사지 크림 및 화장품과 향수의 종류가 다양하게 개발되어 대량 생산에 의해 대중화되었고 생약학, 생리학, 생화학을 기초로 피부 미용이 발전했다. 1947년 전기, 기계적인 수단을 이용해 영양 물질을 피부 깊숙이 침투시킴에 의해 신진대사에 영향을 줌을 입증함으로써 전기 피부 미용의 토대를 마련했고 2000년대 피부 미용은 피부의 건강과 아름다움을 추구하여 과학 기술을 수단으로 사용하고 있다.

1-3 피부 미용 역사(우리나라)

상고 시대(고조선 시대)-삼국 시대-통일 신라 시대-고려 시대-조선 시대-현대로 이어지면서 우리나라도 피부 미용에 대한 관심이 높았음을 알 수 있다.

상고 시대

단군 신화에 나오는 웅녀의 이야기를 보면 굴속에서 쑥과 마늘을 먹고 인간이 되었다는 이야기에서 흰 피부를 갖기 위한 노력을 엿볼 수 있다. 쑥은 미백 효과와 트러블 완화, 노화방지 효과가 뛰어나 입욕제로 사용되며 마늘의 경우 팩제의 효과로 미백 효과와 살균 효과로 작용했다.

삼국 시대

승불 사상으로 인해 향의 사용이 발달하고 영육일치 사상으로 목욕 문화도 발달했다(입욕제로 팥, 녹두, 쌀겨 등 곡물을 이용).

통일 신라 시대

화장품 제조 기술이 발달하고 다양한 방법으로 가공되기 시작했다.

고려 시대

피부 보호 및 미백 역할을 하는 면약이 개발되었다(현대의 크림이나 에멀전과 같은 기능을 갖는 로션과 같은 유액으로 추측). 복숭아 꽃물(미백 효과, 유연 효과)로 목욕과 세안을 했으며 입욕제로 난을 이용해서 향기를 지녔다는 기록이 있다.

🍀 조선 시대

'규합총서'의 면지법에 미용에 관한 내용이 소개되었다(머리카락을 윤기나고 검게 하는 법, 몸을 향기롭게 하는 법, 목욕법, 겨울철 피부 관리법 등). 사대부의 목욕법은 난탕, 삼탕을 이용하였고 참기름과 미안수를 사용하여 촉촉한 피부를 만들었다고 하며 인삼의 사포닌 성분은 피부 면역력과 노화를 예방하는 효과를 도모했다. 선조때 화장수가 제조되었고 숙조 때 판매용 화장품이 최초로 제조되었다.

🍀 현대(20세기)

1920년	• 일본의 미용 제품이 유입, 신문에 미용 광고 등장 • 연부액(미백 로션) 제조 발매 • 여드름 관리와 미백의 복합적인 기능을 지닌 제품 출시(금강액과 유백금강)
1950년	• 글리세린과 유동 파라핀을 기본적인 원료로 사용하는 화장품 제조 시도. (원료 수급에 어려움 많은 시기)
1960년	• 기제가 다양화, 비타민과 호르몬의 활성 성분을 이용하는 원료 사용 다양화
1970년	• 인삼의 사포닌 추출 등 자연 성분을 이용한 피부 보습, 피부 호흡 증진을 돕는 제품이 개발 • 1971년 최운학씨가 일본에서 피부 관리 배워 명동에 미가람 피부 관리실 개업

2 피부 분석 및 피부 유형별 관리

2-1 피부 분석 및 상담

피부 분석의 목적은 고객의 피부 유형과 상태를 파악하여 정상 피부 상태를 유지하기 위한 것이다. 동일한 피부의 경우에도 요인은 다를 수 있다.

🍀 피부 분석

피부의 상태를 파악하여 여러 가지 요인을 찾아 분석하는 것이다. 피부 분석 방법에는 문진, 견진, 촉진, 기기 판독법 등이 있다.

🍀 피부 분석에 의한 파악

피부 유형(건성, 지성, 중성, 복합성 등)을 파악, 피부 상태(여드름, 모공 상태, 피부 질환)을 파악, 피부의 pH를 파악, 탄력성(피부의 탄력 정도)을 파악, 피부 감촉(매끄럽거나 거친 상태, 연하거나 뻣뻣함)을 파악한다.

🍀 피부 분석시 조건

동일 피부인 경우에도 요인은 다를 수 있으므로 개인적인 요인과 계절이나 생리, 건강 상태 등의 변화 변수를 정확히 알아야 한다. 고객의 피부 상태는 세안 후에 실시해야 하며, 피부 관리사는 분석 전에 손 소독을 한다. 일정 환경이 조성되도록 하며 실내 온도는 18℃±2℃를 유지하고 조명은 형광등을 사용한다.

🍀 문진

고객에게 피부에 대하여 여러 가지 질문을 통해서 자료를 얻어내는 방법으로 피부 분석 과정 중 가장 중요하다. 고객 방문시 문진을 통한 고객카드를 작성하게 되는데 여기에 남겨진 기록은 피부 분석을 하는데 도움이 된다. 고객의 내적·외적, 정신적, 피부 관리 정도를 고객에게 직접 질문을 하는 과정에서 알아낸 자료를 가지고 판독하는 방법이다. 병력, 연령, 직업, 환경, 가족 관계, 성격 등에 관한 고객과의 질의와 응답이다. 세부 질문에는 화장품의 사용 여부, 알레르기의 유무, 의약품의 복용 여부, 운동량, 식생활, 기호 식품 등이 있다. 환경에는 외부 환경(자연 환경으로 자외선, 온도, 습도, 공해, 바람과 인공환경으로 냉난방, 세안, 화장, 식생활)과 내부 환경(체내적 요인으로 성격, 수면 상태, 질병 관계, 생리 주기와 정신적 요인으로 정신적 스트레스, 유전적 요인)이 있다.

🍀 견진(시진)

육안으로 직접 보는 것을 말하며 오랜 경험이 요구된다. 확대경이나 우드램프 등을 통하여 보여진 상태를 판독하는 방법으로 피부 조직 상태 및 전반적인 피부 외관 관찰이다. 각종 피부 증상의 상태인 유·수분의 함유량, 민감한 정도, 피부 조직 및 모공의 크기, 혈액 순환 상태, 피부의 투명도, 여드름 등을 파악한다. 육안 검사는 반드시 형광등 아래에서 실시하며 문진과 병행하면 더 효과적이다.

🍀 촉진

직접 만져보거나 눌러 보는 손의 촉감을 통해 피부를 판독하는 방법으로 피부의 탄력성, 부드러움, 피부 조직의 두께, 민감도, 각질화 상태, 유·수분의 함유량 등을 파악한다. 탄력성은 만져서 촉촉하고 팽팽한 정도를 살피는 것이며 피부 두께는 손으로 집어보아 두꺼우면 지성이고 얇으면 건성이나 민감성이고 심층 부위의 검사는 손가락으로 피부를 눌러 보았을 때 수분의 상실 정도, 거친 정도, 주름 상태, 여드름의 가능성(피부 밑의 돌기가 느껴지는 것)을 파악한다.

🍀 기기 판독법

좀더 세밀히 살펴볼 필요성이 있을 경우에 사용되며 기기에는 확대경, 피부 분석기(Derma scope, Skin scope), 유·수분 pH 측정기, 우드램프가 있다.

확대경	• 육안으로 판별이 어려운 피부 상태에 대해 5배 확대로 색소 침착, 잔주름, 면포 등을 판별
피부 분석기	• 피부의 표면 조직, 모발 및 두피 상태를 80~200배 확대하여 관찰 가능한 기기 • 관리 전·후를 모니터를 통해 비교 관찰하며 사진으로 출력 가능
유·수분 pH 측정기	• 피부 표면의 유분이나 수분, pH 정도를 수치로 나타낼 수 있는 기기 • 스킨 스캐너를 통한 피부의 보습 상태 파악, 피하 지방 측정기를 통한 지방의 상태 점검, pH 측정기를 통한 피부의 pH 분석
우드램프	• 피부의 유형을 색을 통해 알 수 있는 기기로 자외선을 이용한 광학 피부 분석기 • 표피의 색소 침착, 여드름, 염증, 보습 상태, 피지, 민감 상태가 색상으로 표시 • 측정시 고객과의 거리는 5~6cm 정도 거리 유지

2-2 피부 분석에 따른 판독

피부 상태를 기능면으로 살펴보아 정상인지, 부족인지, 기능의 과다인지를 판독한다.

❀ 유분 함유량

피지 분비의 양에 따라 판단하는 것으로 육안으로 보아 피부에 기름이 흐르는 피부(유성 지루성 피부), 겉으로는 수분이 부족하게 보이나 여드름성 요소와 면포 등이 있는 피부(건성 지루성 피부)이다. 판별 기준은 수면 후 티슈로 눌러 확인했을 경우 기름이 묻어나는 정도로 파악한다 (T-존 부위 외에도 얼굴 전체에서 기름이 묻어나면 지방 함유량의 과잉).

❀ 수분 보유량

피부가 수분을 보유하고 있는 양을 파악하는 것이다. 판별 기준은 한 손으로 볼 아래 부위 피부를 윗방향으로 올려 보았을 때 가로로 형성되는 잔주름으로 파악한다(잔주름의 양이 많을 경우 수분 보유량이 부족하다).

❀ 탄력도(긴장도)

탄력 상태는 두 가지로 나누어 판별한다(Turgor, Tonus). Turgor의 경우는 내부 긴장도를 의미하는 것으로 결합 조직, 콜라겐 섬유나 세포간 물질, 피부 세포 내의 흡습성 물질에 의한 수분 보유량으로 결정한다(눈밑 피부를 엄지와 검지로 집어 올렸을 때 원상태로 바로 돌아가면 좋은 상태이고, 세로 주름이 만들어져 있으면 Turgor 탄력성이 좋지 않은 경우로 판단한다). Tonus는 탄력 섬유의 긴장도를 의미한다(엄지와 검지를 이용하여 턱뼈 위의 근육을 잡아서 당겼을 때 쉽게 당겨지면 탄력성이 저하된 상태이고 당겨지지 않으면 탄력성이 좋은 상태이다).

🌸 각질화 상태

만졌을 경우 표면의 거침이나 부드러움, 표면의 일정한 매끄러움과 그렇지 않은 상태를 파악한다. 지성 피부의 경우 각질 세포의 축적으로 과각화 현상에 의한 여드름이 발생한다. 박리 현상이 빠르거나 인위적으로 박리유도 시 얇고 예민한 피부가 된다.

🌸 모공의 크기

정상 피부의 경우 볼 부위보다 T-존 부위의 모공이 큰 편이다. 지루성이나 여드름 피부의 경우 눈에 띄게 T-존 부위의 모공이 크며, 얼굴 전면까지도 모공의 크기가 크다.

🌸 혈액 순환 상태

혈액 순환에 의한 장애 시 피부 상태는 코, 광대뼈, 턱 부위의 피부를 만져서 차가운 느낌이 든다. 안쪽 눈꺼풀의 붉은색 점막 피부는 혈액 순환이 잘되는 상태이고 흰 점막 피부는 혈액 순환에 장애가 있는 피부이다. 모세혈관의 혈액량 증가는 확장에 의한 붉은 피부를 나타내며 혈액량의 감소는 모세혈관의 수축이다. 모세혈관 확장에 의한 볼 부위의 붉은 피부를 원활한 혈액 순환으로 볼 수도 있으나 이는 볼 주변 혈액 순환의 저하로 인한 장애에 해당한다.

🌸 민감(예민) 상태

피부 자극(문지름)에 의한 민감한 정도를 알아낸다. 스파튤라(화장품 주걱)로 이마나 목의 아래 피부를 긁어 보았을 때 자국이 바로 없어지면 정상 피부, 자국이 오래 남으면 민감한 피부이다. 모세혈관의 확장에 의한 붉은 볼의 경우나 알레르기 반응에 경험이 있는 등의 피부는 민감성 피부로 간주한다.

2-3 피부 분석표

피부 분석을 용이하게 하기 위하여 작성하도록 한 표(카트)를 말한다. 피부 분석표는 피부상태를 파악한 이후에 작성하게 되며 피부 상담표(피부 상담 카드)와 함께 두는 것이 일반적이다.

피부 분석 카드			
지방 함유량	▫부족	▫보통	▫과다
수분 보유량	▫낮음	▫보통	▫높음
각질 상태	▫얇음	▫보통	▫많이 두꺼움
모공의 크기	▫적음	▫보통	▫많이 큼
탄력 상태	▫나쁨	▫보통	▫좋음
예민 상태	▫부족	▫민감	▫과민
혈액 순환	▫창백 ▫부분붉음	▫보통	▫좋음
기타 증상	▫면포 ▫구진 ▫낭종 ▫농포 ▫결절 ▫주사 ▫모세혈관확장 ▫비립종 ▫한관종 ▫기미 ▫주근깨 ▫흉 ▫켈로이드 ▫다모증 ▫백반증		
종합 피부 분석	▫중성 피부 ▫지성 피부 ▫건성 피부 ▫복합성 피부 ▫민감성 피부 ▫위축, 조기 노화 피부		
전체 소견			

2-4 피부 상담과 관리 계획표

관리를 위한 방문시 문진을 통해 고객의 피부 상담을 하고 고객 카드를 작성하게 된다. 피부의 상태와 관련된 사항 파악으로는 고객의 직업, 질병, 알레르기 유무, 사용 약제, 피부 관리 습관과 화장품의 사용, 심리적 요소, 식생활 등이 이에 속한다.

피부 상담의 목적

고객의 방문 목적 확인, 피부의 문제 원인을 파악, 문제의 원인 해결 방법과 관리 계획 수립, 시행할 관리 방법 및 화장품의 특징과 목적을 설명하는데 그 목적이 있다. 고객의 방문 목적을 정확히 확인해야 한다.

피부 분석표

개인의 피부 상태는 수시로 변화할 수 있으므로 매 회마다 피부 관리 전에 항상 피부 분석을 통한 분석 내용을 고객 카드에 기록 해두고 매 회 마다 활용한다.

직업

직업에 따라 환경적인 요인이 피부에 관계된다. 알레르기성 체질이나 유해 물질에 의한 피부 노출 정도를 파악한다.

질병

과거 병력 및 현재 내장 기관의 이상 유무나 질환 상태를 파악한다. 위장, 소화기관, 장 기능 장애, 변비 등의 이상이 생기면 피부의 건성화나 여드름이 발생한다. 간 기능의 이상은 해독 작용의 미흡과 색소 침착 등의 피부 질환을 발생시킨다. 신장의 이상은 내분비계나 신경계에 이상을 초래하여 피지 분비의 과소와 과다 현상으로 색소 침착을 일으킨다.

식생활

불규칙적인 식습관과 영양 섭취 부족은 피부를 거칠게 한다. 민감성 피부의 경우 자극적인 식품의 섭취는 피하는 것이 좋다. 지루성 피부의 경우 기름지거나 인스턴트 식품, 단 음식, 가공 식품은 피지 분비를 자극하므로 피하는 것이 좋다.

심리적 요인

스트레스 상황은 급격한 노화나 주름살을 형성하고 피지선의 자극으로 지루성이나 여드름 피부로 피부 유형을 변형시킨다. 불만이나 열등감, 우울한 증세 등의 심리적인 요인이 있다.

🌸 약제

호르몬제, 항생 물질, 수면제, 진통제 등 약제의 부작용이나 후유증으로 피부 문제가 발생된다.

🌸 관리 계획 차트

관리 계획 차트				
관리 목적 및 기대 효과				
클렌징	□ 오일	□ 크림	□ 밀크/로션	□ 젤
딥클렌징	□ 고마쥐	□ 효소	□ AHA	□ 스크럽
매뉴얼 테크닉 제품 타입	□ 오일	□ 크림	□ 앰플	
손을 이용한 관리 형태	□ 일반	□ 아로마	□ 림프	
팩	T존 : □ 건성타입 팩	□ 정상타입 팩	□ 지성타입 팩	
	U존 : □ 건성타입 팩	□ 정상타입 팩	□ 지성타입 팩	
	목부위 : □ 건성타입 팩	□ 정상타입 팩	□ 지성타입 팩	
고객 관리 계획				
자가 관리 조언 (홈 케어)				

3 피부 유형 분석

가장 기본적인 피부 유형인 중성 피부, 건성 피부, 지성 피부를 구분하는 분석 기준은 피지분비 상태에 따른다. 피부의 유형은 중성 피부, 건성 피부, 지성 피부, 복합성 피부, 민감성 피부, 모세혈관 확장 피부, 노화 피부, 여드름성 피부 등으로 나누어진다.

피부는 피지선과 한선의 기능으로 유분량과 수분량에 따라 중성, 지성, 건성, 복합성 피부의 4가지 유형으로 분류되며 이외에도 민감성 피부, 색소침착 피부, 모세혈관 확장 피부, 선병적 피부, 노화 피부로 나누어진다.

3-1 피부의 분류와 관리 방법

중성 피부(Normal skin)

가장 이상적인 피부로 한선과 피지선의 기능이 정상이다.

중성피부	• 이상적인 피부로 표면이 매끄럽고 부드러우며 탄력이 있고 촉촉하다. • 모공이 섬세하며 피부결도 섬세하다. • 세안 후 당김과 번들거림이 없고 이상 색소나 잡티, 여드름 현상이 없다. • 화장이 오래 유지되며, 전반적으로 주름이 없다. • 분홍색의 피부이며 표피를 통해 보이는 모세혈관내 혈액이 깨끗하게 보인다. • 표피는 얇은 편이고 24, 25세 이후에 피부 건조화가 된다. • 피지 분비량이 적당하고 계절 변화에 민감하다.

건성 피부(Dry Skin)

- 피지선과 한선의 기능 저하, 보습 능력의 저하로 인한 유분과 수분 함량이 부족한 상태로 피부 탄력 저하가 있다. 모공이 작고 각질층의 수분이 10% 이하이며 세안 후 피부 당김이 심하고 외관상은 피부결이 섬세해보이며 피부 저항력이 약해 상처가 쉽게 아물지 않는다. 여드름류가 없으며 크림 사용 시 피부에 바로 흡수된다.
- 피부결이 얇고 주름이 쉽게 형성되는 피부로 일반 건성 피부와 표피의 수분 부족, 진피의 수분 부족에 의한 건성 피부로 나누어진다. 일반 건성 피부는 유전적으로 피지선을 자극하는 안드로겐 호르몬의 분비 부족, 10대와 20대 초반의 경우는 중성이지만 연령이 많아질수록 한선과 피지선의 기능 저하에 의해 자연스러운 노화, 유분의 함유가 큰 크림을 장기간 과다하게 사용한 경우 나타난다.
- 표피의 수분 부족 건성 피부는 자외선, 찬바람, 냉난방, 일광욕, 알맞지 않은 화장품 사용과 피부 관리 습관으로 표정 주름이 쉽게 나타나지 않거나 피부 조직에 가는 주름이 형성되는 경우이다. 진피의 수분 부족 노화 현상의 한 형태로 20대의 젊은 나이에도 콜라겐 섬유 조직과 섬유아 세포의 손상으로 나타날 수도 있으며 과도한 자외선 및 공해로 진피 조직이 손상되거나 영양 결핍에 의해 나타나는 경우이다.

일반 건성 피부	• 피부결이 섬세하지만 피부가 얇다. • 피부 표면이 항상 건조하고 윤기가 없으며, 피지 분비량도 적고 세안 후 당김이 심하며 분화장의 경우는 들뜬다. • 모공이 작고 외관상은 피부결이 섬세해 보이며 잔주름에 의한 노화 현상이 쉽게 오고 여드름이 없으며 크림이 즉시 스며든다.
표피 수분 부족 피부	• 피부 조직이 별로 얇게 보이지 않는다. • 피부 조직에 표피성 잔주름이 형성된다. • 연령에 관계없이 발생한다.
진피 수분 부족 피부	• 굵은 주름살 형성되며 피부 조직이 거칠고 색소 침착이 발생하기 쉽다. • 장기간 표피 수분 부족 상태 지속으로 내부에서부터 당김이 손하고 눈밑, 뺨, 턱, 입가에 늘어짐이 있다.

지성 피부(Oily Skin)

- 피지선에서 분비된 피지는 피부의 보호막을 형성하여 세균으로 부터의 보호나 수분 증발 억제로 보습과 유연성을 갖는 역할을 하지만 비정상적인 피지선 기능의 항진은 피지 과다 분비에 의한 지성 피부 상태가 된다. 지성 피부의 요인은 피지선을 자극하는 남성 호르몬(안드로겐 호르몬) 분비 과다에 의한 유전적인 요인과 후천적인 요인인 스트레스, 여성 호르몬인 황체 호르몬(프로게스테론)의 기능 증가, 갑상선 호르몬의 불균형, 공기의 오염, 위장 장애, 변비, 고온 다습의 기후가 있다. 피지분비량은 20대 이후 피지선의 기능 저하에 따라 점차 줄어들게 되며 이는 지성 피부를 중성 피부로 변화시키는 요인이 되며 다른 피부에 비해 노화와 주름의 형성도 늦는 편이다.
- 지성 피부는 외부로부터 오염되기 쉽고 변질된 피지는 각질 세포와 섞여 모공을 막아 여드름을 유발하며 pH는 알칼리화되어 외부의 세균으로부터의 보호막 기능은 상실된다.
- 건성 지루성 피부와 유성 지루성 피부가 있다. 유성 지루성 피부(Seborrhea oleosa)는 과잉 피지 분비로 피부 표면에 기름기가 많은 형태로 전체적으로 모공이 크며 대체로 소구가 깊고 소릉이 불규칙하며 각질층이 비후하고 쉽게 예민해지지 않는 경우이다. 건성 지루성 피부(Seborrhea sicca)는 한선 기능 저하에 따른 유·수분의 불균형으로 표피는 기름기 있으나 피부 표면의 당김이 있는 경우이다.

유성 지루성 피부	• 피지의 분비가 많아 번들거림이 심하고 불결해지기 쉬우며 모공이 많이 열려 있다. • 피부가 거칠고 두껍게 보이며 둔탁해 보인다. • 화장이 지속적으로 유지되지 않으며 화장이 잘 받지도 않는다(젊은 층, 남성에게 더 많다). • 햇볕에 의한 색소 침착 현상이 빠르며 면포 등 여드름성 발진 현상을 일으키기 쉽다.
건성 지루성 피부	• 피지의 과다 분비로 표면은 번들거리나 보습 기능의 저하로 표면의 당김 현상이 일어난다. • 각질이 비후해져 두껍게 보이며 표면의 건조로 각질이 일어나 화장이 잘 받지 않는다. • 혈액 순환 장애로 피부색이 창백하고 유성 지루성 피부보다는 예민하고 저항력이 약해 쉽게 붉어지며 여드름 발생의 위험이 더 크다(여성에게 많이 나타난다). • 표피성 주름이 쉽게 나타나며 여드름 치유시 시일이 걸린다.

🌸 복합성 피부(Combination skin)

중성, 지성, 건성 중에 두 가지 이상의 피부를 가지고 있다. T-zone 부위는 지성 피부이지만 다른 부위(눈 주위, 광대뼈, 볼 부위)는 건성 피부나 예민 피부인 경우가 대부분이다. 대체로 처음의 지성이나 중성, 건성 피부가 변화되어 하나의 얼굴에 복합적으로 서로 다른 피부 유형이 나타나게 된다. 요인으로는 자연적인 요인(나이), 환경적 요인, 피부 관리 습관, 호르몬의 불균형 등을 들 수 있으며 피부 조직이 일정하지 않다. T존 부위의 모공이 크며 번들거림이 있고 면포 등 여드름의 발생이 쉽다. 볼이나 광대뼈에 색소 침착이 나타나며 눈가 잔주름이 생기기 쉽다.

🌸 민감성 피부와 예민성 피부(Sensitive skin)

일반적인 사람의 피부와 달리 특정 물질이 아님에도 반응을 일으키는 피부로 조절 기능 또는 면역 기능이 저하된 경우의 피부로 가벼운 자극에도 반응을 나타내는 피부이다. 선천적 원인으로는 각화 과정에서 이상이 생겨 일정 두께의 각질층을 이루지 못해 피부 조직이 섬세하고 얇은 피부의 경우이다. 후천적 원인으로는 특정 질병, 화학적, 물리적, 환경적 영향, 영양에 대한 문제이다. 피부가 늘 붉어져 있으며 홍반이 발생되는 부위나 피부가 얇은 부위에서 색소 침착이 형성되기 쉽다. 민감성 피부일 때 나타나는 증상으로는 발열감, 소양증, 홍반, 모세혈관 확장, 수포 및 염증 형성, 각질의 과각질화, 습진 등이 있다.

🌸 알레르기성 피부(Allergic skin)

어떤 특정 물질이 특정 사람에게만 국한되어 민감 반응을 일으키는 피부이다. 알레르기성 피부가 나타나는 원인은 알레르기성 물질이 항원 작용을 하여 항체를 만들어내어 체내를 순환하는 감작(과민화, 예민화)된 상태의 사람에게 재차 동일 항원의 침투로 체내 항체들은 결합 반응(알레르기 반응)을 일으키게 되기 때문이다. 알레르기 반응은 항원과 항체의 반응이라고도 할 수 있으며 이때 원인 물질을 항원, 체내에서 항원에 대항해 생기는 물질을 항체라고 한다. 알레르기와 면역의 차이점은 어떤 물질이 랑게르한스 세포와 접촉하여 T 림프구에 항원으로 전달되는 것은 면역과 동일한 반응이지만 반응의 결과가 숙주에게 해롭게 작용되는 경우이며 이와 반대로 숙주에게 유리하게 작용하는 경우를 면역이라고 한다. 항원에 대한 반응으로 항체가 생성되는 감작 기간은 항원의 종류와 숙주의 특성에 따라 다르다. 항원의 종류(꽃가루, 먼지, 진드기, 자외선, 화장품, 금속, 옻나무, 은행나무, 고무줄 등)는 다양하며 유전적이거나 건강 상태, 기후 조건 등에 따른 요인이 있다. 증상은 발진이나 홍반에서 부종, 소수포로 발생해 터져 혈청이 나와 습진으로 다시 건성 습진을 만드는 형태이다.

🌸 색소 침착 피부

기미, 주근깨 등의 색소가 침착된 피부이다. 피부에 기미나 주근깨, 버짐 증상이 나타나는 피부를 말하며 기미는 임신 중에 특히 두드러진다(칼슘, 철분, 비타민, 지방, 단백질의 부족으로 나타난다). 후천적으로 발생하는 색소 이상 현상이며 안면의 뺨 부위, 눈밑, 이마, 코밑에 주로 나타나는 검은색을 띄는 경계가 불규칙하고 색깔이 균일하지 않은 좌우 대칭형의 발생이 특징이다. 주근깨가 많은 피부는 되도록 햇볕을 쐬는 것을 자제하며 비타민C의 섭취를 늘리고 외출시에는 썬크림을 바르거나 파운데이션과 분화장을 한다.

	색소 침착의 발생 원인
내적 요인	• 여성 호르몬의 분비 증가(경구 피임약 – 피임약 속의 여성 호르몬인 에스트로겐이 멜라닌 세포를 자극하여 많은 멜라닌을 생성) • 세포의 노화와 피로, 스트레스 • 간장, 부신 피질 기능 저하
외적 요인	• 약물(설파제, 항생제 등) • 자외선(자나친 노출) • 화장품(광감작성 기능의 화장품, 향이 강한 비누나 크림 사용)

🍀 모세혈관 확장 피부(Couperose)

- 모세혈관이 약화되어 피부 표면에 실핏줄이 내보이는 피부로 코와 뺨 부위의 피부가 항상 붉어 있다. 요인으로는 선천적으로 혈관이 약한 경우와 성 호르몬과 갑상선 호르몬 장애와도 연관이 있으며 자율 신경의 영향, 임신이나 경구 피임제, 스테로이드제, 부신피질 호르몬제의 내복, 위장 장애, 만성 변비, 스트레스, 자극적인 음식, 강한 테크닉과 필링, 급격한 온도 변화 등이 있다.
- 주로 여성에게 많이 나타나며 나이가 들어가면서 더 심해지는 경향이 있고 지성이나 여드름 피부가 장기화되는 경우에도 발생할 수 있다. 증상은 피부 상층부에 있는 모세혈관이 확장되어 그대로 머무르게 되고 반복되는 모세혈관의 확장은 코와 뺨 부위의 경계가 없는 자주색의 홍조 형태로 나타난다. 피부색이 청백색으로 탄력이 적고 피부안의 혈관이 비쳐지는 약한 피부이다.

🍀 노화 피부

피부가 탄력을 잃고 건조해지고 윤기가 없으며 주름이 생기는 피부이다. 피부의 기능이 떨어져서 생기는 주름살은 노화 현상이며 자연적인 노화는 내인성 노화이고 나이도 내부 인자이다. 노화 피부의 분류에는 생리적 노화와 화학적 노화(광노화)로 나누어진다. 나이에 의한 피부의 구조와 생리 기능의 감퇴는 생리적 노화이며 광선에 의한 노화를 광노화(Photoaging)라고 한다.

기미 악화 원인	• 경구 피임약의 복용, 임신, 자외선에 노출, 내분비 이상, 정신 불안과 스트레스
기미 완화 방법	• 비타민C와 환원 그류타치온제를 사용 • 자외선을 멀리 하고 규칙적인 생활과 균형잡힌 식사 및 쾌적한 기분 유지

3-2 계절과 피부

🍀 봄

자외선에 의해 쉽게 피부가 갈색으로 되며 봄바람에 의한 먼지나 꽃가루 등으로 인해 여드름과 뽀루지 등의 트러블이 생기기 쉽다. 자외선에 대해 피부의 저항력이 회복되지 않은 때 자외선이 강해지면 기미, 주근깨 등의 색소 침착이 피부 표면에 확연히 나타난다. 대기의 건조로 인해 피부 내의 수분 증발로 피부가 건조화되기 쉽다. 손질로는 활발한 피부 기능을 보이는 때로 이중 세안을 통한 청결을 우선시 하며 유연 화장수로 수분 공급과 영양 크림에 의한 피부 보호 기능으로 수분과 유분을 공급시킨다. 봄에는 T존 부위를 더 섬세히 닦아주며 기미, 주근깨 방지와 청결을 위해 주로 레몬팩을 사용하는 것이 좋다.

🍀 여름

심한 자외선의 노출이 많으며 그로 인해 피부가 달아오르거나 화끈거린다(해수욕, 썬텐). 신진대사가 활발해져 피지 분비량이 가장 많은 계절이다. 땀의 분비로 피부 저항력이 약해지고 고온 다습한 환경으로 모공이 열려 있고 피부 활력이 저하되어 있다. 손질로는 깨끗한 세안과 수분 균형 유지에 힘쓰며 산성 화장수에 의한 피부 저항력 강화와 수렴 화장수에 의한 모공의 수축으로 피부에 탄력성을 부여한다. 해초팩(수분 공급, 그을린 피부 회복)과 감자팩이 좋으며 감자팩은 자외선에 의한 피부 진정 작용을 돕는다.

🍀 가을

피부의 피로로 투명감과 생동감이 없어지고 공기의 건조로 피지와 땀의 분비가 감소하며 잔주름이 쉽게 생긴다. 기온의 변화가 심해지면서 피지막의 상태 또한 불안정해진다. 손질로는 여름철 보호 수단에 의해 두터워진 각질층을 부드럽게 하고 저하된 피부 기능을 촉진시킨다. 영양 화장수와 유연 화장수, 영양 크림으로 피부 건조와 수분 증발을 막아준다. 피부의 노화를 촉진하는 계절로 오이팩(그을린 피부의 미백)이나 핫팩(각질층의 죽은 세포 제거)이 알맞다.

🍀 겨울

피부가 심하게 건조되며 혈액 순환도 불안전하다. 기온이 낮아 피부의 혈액 순환, 신진대사 기능이 둔화되며 피지와 땀의 분비 감소로 피지막 형성의 둔화는 피부 보호 능력을 약화시키고 피부의 수분 균형을 깨뜨려 거친 피부와 트는 피부를 만들 수 있다. 손질로는 이중 세안에 의한 청결과 미지근한 물로 세안 후 찬물로 마무리하여 탄력을 준다. 유분과 수분 공급을 위해 유연과 영양 화장수, 영양 크림을 사용하며 눈과 입 주위에는 잔주름 예방을 위해 전용 크림을 사용한다. 계란 노른자팩(윤기, 영양 공급, 건조 피부에 효과)이 겨울의 피부팩에 좋다.

4 클렌징(Cleansing)

4-1 클렌징

클렌징은 노폐물의 제거를 통해 피부 호흡과 신진대사를 원활하게 하여 건강한 피부를 유지하기 위해 필요하다.

🍀 클렌징의 목적과 효과

- **노폐물 제거** : 생리 기능에 의해 분비되는 땀, 피지, 각질, 먼지, 메이크업, 환경 오염 등에 의해 더러워진 피부와 막힌 모공의 노폐물을 제거하는데 목적이 있다.
- **피부 호흡과 신진대사** : 피부에 남은 잔여물이 유성 노폐물일 경우 피부 세포의 호흡이나 신진대사를 방해하게 되므로 클렌징을 통해 원활하게 하는데 목적이 있다.
- **건강한 피부 유지** : 피부의 불결은 여드름의 원인과 예민한 피부를 만들고 피부 기능 저하를 통해 피부 노화에도 영향을 주므로 클렌징을 통해 건강한 피부를 유지하는데 목적이 있다.
- **효율적인 제품 흡수** : 제품 흡수를 효율적으로 돕고 피부의 생리적 기능을 정상적으로 도와준다.

🍀 클렌징 크림의 조건

- 체온에 의해 액화되어야 한다.
- 완만한 표백 작용을 가져야 한다.
- 피부에 흡수되지 않아야 한다.
- 닦아낸 후 기름기가 없이 깨끗해야 한다.
- 닦아내 후 피부가 부드러워야 한다.

🍀 피부의 노폐물

물에 잘 용해되는 수용성 노폐물과 유성 물질에 잘 제거되는 지용성 노폐물로 나누어진다.

수용성 노폐물	땀, 먼지, 파우더 메이크업 등
지용성 노폐물	산화된 피지, 로션류, 크림, 파운데이션, 립스틱 등 메이크업

4-2 세안과 클렌징제

세안

피지, 땀, 각질 등 생리적인 분비에 의한 잔유물과 대기 오염이나 색조 화장을 깨끗이 씻어내는 것이다.

물(Water)

찬물(10~15℃)은 세정 효과가 있으며 혈관 수축, 긴장감을 주고 미지근한 물(15~21℃)은 세정 효과 및 각질 제거 효과가 있으며 안정감을 준다. 따뜻한 물(21~35℃)은 세정 효과가 크고 각질 제거가 용이하며 혈관을 확장시키고 혈액 순환을 돕는다. 뜨거운 물(35℃이상)은 세정 효과, 각질 제거가 용이하며 혈관의 확장, 모공 확장, 땀과 피지의 분비가 촉진되는 반면 장시간의 노출은 피부 긴장감 저하와 피부 탄력의 저하가 있다. 수증기는 뜨거운 습기의 사용으로 피부 깊숙히 세정 효과가 있으며 각질 제거가 용이하고 혈액 순환을 촉진, 모공이 넓게 확장, 피지 분비의 촉진, 여드름 등의 노폐물 배출을 용이하게 한다. 오랜 시간의 사용은 탄력감의 저하와 혈관 확장에 의한 모세혈관 확장증도 우려된다.

비누(Soap)

비누는 클렌징의 효과가 크고 살균력이 좋은 반면 일반적인 비누는 알칼리성(pH 10)으로 산성막을 파괴한다. 미온수로 미리 모공을 연 후 충분한 거품을 내어 근육 결에 따라 민감한 부위는 부드럽게, 모공이 넓은 부위는 집중적으로 행하고 비눗기가 남아있지 않게 충분히 헹군다. 일종의 계면 활성제이면서 물의 표면 장력을 떨어뜨려 물에 의해 씻겨지지 않는 유성과 수성의 더러움을 제거한다. 알칼리성으로 거품이 많이 나서 깨끗이 닦여지는 느낌이나 사용 후 피부 당김 현상이 있고 약산성인 피부 표면의 pH가 상승된다.

클렌징 제품

클렌징 제품은 피부 상태 및 사용한 화장품, 더러움의 종류어 따라 선택 시 고려된다. 클렌징 제품은 클렌징이 잘 되어야 하며 피부의 산성막이 손상되지 않는 제품으로 피부 유형에 따라 선택하여야 한다. 클렌징 폼은 씻어내는 타입(계면 활성제형)이며 클렌징 크림, 클렌징 로션, 클렌징 젤, 클렌징 오일, 클렌징 워터는 닦아내는 타입(용제형)이다. 클렌징 폼은 자극이 적어 민감한 피부나 약한 피부에 효과적이며 클렌징 크림은 노화 피부나 유분 부족 건성 피부에 효과적이다. 클렌징 로션은 모든 피부에 적용되며 20~30대의 피부, 수분 부족 건성피부에 효과적이다. 클렌징 젤은 알레르기성 피부나 예민한 피부와 지성이나 여드름 피부에 효과적이다. 클렌징 오일은 건조하며 예민한 피부, 노화 피부와 수분 부족 피부에 효과적이며 포인트 메이크업 리무버로도 사용된다.

화장수

세안 후 사용하는 것으로 토닉, 스킨 토닉, 토닉 로션, 토너, 후레쉬너, 아스트린젠트 등을 말한다. 화장수의 기본 원료는 정제수, 보습제, 알코올(에탄올)이며 알코올의 함유량이 없는 것도 있다. 하마멜리스 등의 약초 추출물 및 에센셜 오일의 성분, 활성 성분 등을 추가로 배합하고 있다. 화장수의 기능은 세안 후의 잔여물이나 노폐물을 닦아내는 피부 청결과 각질층의 수분 공급, 세안 후의 pH 상승에 의한 알칼리성 피부를 약산성 상태로 환원시켜주는 기능을 한다. 피부 청결을 위한 피부 세안의 마지막 단계이다.

화장수의 종류	사용 범위
유연 화장수	• NMF(천연 보습 인자)의 보습 성분과 유연 성분을 많이 함유하여 각질층의 보습막을 형성하여 피부를 부드럽고 촉촉하게 한다. • 건성, 노화 피부에 효과적이다.
수렴 화장수	• 아스트린젠트(Astringent)라고 하며 모공 수축을 통한 피부결을 섬세하게 정리하고 청량감을 주는 화장수이다. • 약산성 상태로 피부 pH를 조절하고 세균으로부터 보호 및 소독해준다. • 주로 지성 피부에 사용되며 중, 복합성 피부 및 모공 확장이나 땀과 피지의 분비가 많은 여름철의 모든 피부에 사용된다.
소염 화장수	• 피부의 청결, 살균, 소독을 목적으로 사용되며 동시에 모공 수축과 청량감을 주는 화장수이다. • 알코올 함량이 적은 무알코올 소염 화장(식물성 허브 추출물 등) 활성 성분을 이용한 살균, 소독 효과를 준다. • 지성, 여드름, 복합성 피부의 T-존 부위, 염증이 생긴 피부에 사용한다.

클렌징의 단계

클렌징은 1차, 2차, 3차 단계로 나눌 수 있다. 1차 클렌징은 포인트 화장의 제거(눈 화장과 입술 화장을 지우는 것)로 눈 화장과 입술 화장의 제거이다. 2차 클렌징은 안면과 데콜테 클렌징으로 얼굴과 목, 데콜테를 클렌징 마사지 후 티슈를 이용해 닦아내고 다시 해면으로 닦아내는 것이다. 3차 클렌징은 화장수의 도포로 피부 유형에 따른 화장수를 면 패드에 묻혀 얼굴과 목, 데콜테를 부드럽게 닦아내는 것을 말한다.

4-3 딥 클린징(Deep cleansing)

클렌징으로 제거되지 않은 각질층의 죽은 세포나 피부 노폐물을 인위적으로 없애는 작업을 의미한다.

🍀 딥 클렌징의 목적과 효과

피부 안색을 맑게 하고 피부결을 매끈하게 하며 죽은 세포와 피부의 노폐물을 제거시켜 모낭 내의 피지나 면포, 여드름이나 불순물이 쉽게 제거되도록 한다. 영양 물질의 흡수를 용이하게 하며 피부 재생과 노화 방지의 조건을 만든다. 스크럽 형태의 문질러주어야 하는 제품은 혈액 순환을 촉진시켜 혈색을 좋게 한다.

🍀 딥 클렌징의 종류

딥 클렌징의 종류에는 물리적, 효소적, 복합적, 화학적(AHA) 딥 클렌징이 있다.

:: 물리적 딥 클렌징 ::

- 스크럽제, 고마쥐제, 손, 기기 등을 이용한 물리적 자극으로 각질을 제거하는 방법이다.
- 과각화된 피부, 지성 피부, 모공이 큰 피부, 면포성 여드름 피부나 여드름의 상흔이 있는 피부는 물리적 필링 방법이 도움이 된다(1주 2회 정도).
- 물리적 딥 클렌징은 문지르는 동작으로 예민한 피부, 모세혈관 확장 피부, 염증성 여드름 피부는 절대 피한다. 물리적 딥 클렌징 제품에는 스크럽(Scrub), 디스인크러스테이션(Disinciustation), 머드(Mud), 고마쥐가 있다.

:: 효소 딥 클렌징 ::

- 케라틴 단백질로 구성된 피부의 죽은 각질을 분해시키는 제품으로 단백질을 분해하는 효소가 함유되어 있고 딥 클렌징 후에는 모공 내부의 노폐물, 피지 용해 등 모낭 깊은 곳의 세척도 가능하다.
- 효소 활동의 최적 온도는 35℃이고 습도는 70%이며 효소는 적절한 온도와 습도가 유지 될 때 효과적이다(스티머, 온습포, 스프레이로 분무).
- 모든 피부에 사용 가능하며 일반적인 피부에는 주 1~2회, 민감한 피부, 모세혈관 확장 피부, 염증성 피부 등에도 효과가 있으며 주 1~2회 사용한다.

:: 화학적 딥 클렌징 - AHA ::

- 보통의 딥 클렌징은 각질층의 상부만 제거하지만 화학적 딥 클렌징은 화학적 물질과 천연 물질을 이용해 인위적으로 표피 아래층까지 제거해 내는 방법이다.
- 대표적 물질로는 T.C.A, 페놀, 레틴산, 벤졸퍼옥사이드, 설파, AHA(알파하이드록시산)가 있고 AHA는 에스테틱 분야에서 많이 활용되고 있다.

- AHA(알파하이드록시산)는 각질층에 침투된 후 각질 세포의 응집력을 약화시켜 각질 세포의 자연 탈피를 유도하는 필링제이다. 사탕수수, 포도, 사과, 감귤류에서 추출한 천연 과일산으로 글리콜산, 젖산, 말릭산, 주석산, 구연산이 주요 성분이다.
- AHA는 간접 재생 효과가 있으며 거친 피부, 잔주름 개선, 피지 조절, 모공 수축의 효과가 있으나 모세혈관 확장 피부에는 효과적이지 않다.
- 에스테틱 분야의 화장품 AHA는 pH 3.5 이상에서 10% 이하가 많이 활용되며 AHA 40~70%는 진피층까지 영향을 미치므로 의학 분야에서 주로 사용된다.

::복합적 딥 클렌징::
- 물리적, 효소 타입을 복합적으로 이용하는 방법으로 피부 유형과 상태에 따라 문지르거나 발라두는 방법을 적절히 활용하는 장점이 있다.
- 대표적인 제품은 고마쥐이며 동·식물의 각질 분해 효소를 함유한 고마쥐(Gommage) 제품은 제품을 펴 바른 후 적당하게 마른 상태에서 3~4분 피부 표면을 손가락(중지와 약지)으로 피부결 방향으로 문질러서 죽은 각질 세포를 제거하는 것이다.

5 매뉴얼 테크닉 및 팩과 마스크

5-1 매뉴얼 테크닉

매뉴얼 테크닉(Manual technique)

매뉴얼 테크닉은 손으로 하는 기술 및 기교를 말하는 것으로 그리스어의 '문지르다'와 '주무르다'에서 나온 말인 마사지(머니퓰레이션)를 뜻한다.

효과

피부와 조직에 영양 공급으로 인해 피부가 유연해 지며 혈액 순환이 왕성해 지고 근육 섬유가 강해진다. 피지선의 분비물이나 상피 세포의 제거로 표피의 재생과 저항력이 높아지게 된다. 모공의 이완은 피지와 땀의 분비를 증가시키며 주무르거나 누르기를 통해 피지와 면포가 제거되거나 제거를 용이하게 한다. 혈액 순환과 림프 순환을 촉진하여 원활한 흐름을 만든다.

마사지의 종류

마사지의 종류에는 얼굴 마사지(페이셜 마사지), 전신 마사지(바디 마사지), 두피 마사지(스캘프 마사지)가 있다.

5-2 매뉴얼 테크닉의 종류

동작 방법에 따라 마사지 시술 결과가 나타나며 정상적인 피부와 두피는 1주일에 1~2회의 손질이 적당하다. 매뉴얼 테크닉의 종류로는 일반적으로 5가지의 동작 방법에 따라 가볍게 쓰다듬는 쓰다듬기와 마찰로 인한 문지르기, 두드리기, 반죽하기, 떨기가 있다.

🍀 쓰다듬기(Effleurage, 에플라쥐) - 경찰법(Stroking, 스트로킹)

양 손바닥과 손가락을 이용하여 피부를 가볍게 자극하는 것으로 반복 동작과 원 동작으로 이루어지며 주로 매뉴얼 테크닉의 처음 시작과 끝에 이용된다. 부드럽고 매끄럽게 피부를 마찰하는 방법으로 원형 경찰법, 표면 경찰법, 심부 경찰법이 있다.

🍀 문지르기(Friction, 프릭션), 마찰하기 - 강찰법

쓰다듬기보다 강하게 진행되며 원이나 원을 그리듯 조금씩 이동하는 동작으로 원의 형태는 안면 바깥으로는 힘있게 하고 중심 방향으로는 가볍게 하여 문지르는 정도를 달리한다. 양 손가락 끝과 손바닥을 이용해서 누르면서 강하게 문지르는 동작으로 원을 그리듯이 하며 피부나 근육에 자극을 주기 위한 방법이다.

🍀 두드리기(Tapotement, 타포트먼트) - 고타법

규칙적으로 가볍게 두드리거나 때리는 방법으로 자극하는 방법(손가락 끝, 손바닥, 손의 측면, 주먹, 손등을 이용)이다. 두드림의 강약 조절 작용이 필요하며 손가락 끝의 두드림은 안면 마사지에 주로 이용된다. 경련이 일어나기 쉬운 근육이나 감수성이 강한 부분은 피한다.

태핑(Tapping)	손가락의 바닥면을 이용하여 빠르고 가볍게 두드리는 동작
슬래핑(Slapping)	손바닥의 측면으로 두드리는 동작
해킹(Hacking)	손등으로 두드리는 동작
커핑(Cupping)	손바닥을 우묵하게 하여 두드리는 동작
비팅(Beating)	주먹을 살짝 쥐어 두드리는 동작

🍀 주무르기(Patrissage, 페트리사지), 반죽하기, 유연법 - 유찰법

주물러서 푸는 방법으로 매뉴얼 테크닉 중 가장 강한 동작이다. 엄지와 검지를 사용하거나 손가락 전체를 사용하여 근육 부위를 반죽하듯이 주무르거나 잡아 쥐었다가 푸는 동작이다. 순환과 균형이 회복되게 활기찬 동작으로 실시하지만 통증이 유발되어서는 안 된다.

강한 유연법(셔쿨러 니딩)	압박 유연법(혈액 순환 왕성, 피지 분비에 효과적)
풀링 : 피부를 주름 잡듯이 집으며 하는 동작	• 롤링 : 양 손바닥을 이용하여 나선형으로 주무르며 굴리는 방법 • 린징 : 강한 압력으로 근육을 비트는 방법 • 처킹 : 한손은 고정한 상태에서 다른 손으로 뼈를 따라 상하 운동하는 방법

🍀 떨기 - 진동법(Vibration, 바이브레이션)

피부를 진동시켜 하부 조직에 진동이 전해지게 하여 지각 신경에 쾌감을 주어 혈액 순환 촉진 및 경련과 마비에 효과적이다. 자극이 많이 가므로 한 군데 오래 하지 않는 것이 좋다. 손가락이나 손 전체를 이용하는 것으로 손가락 관절이나 손목 관절을 이용한 힘의 배분이며 두 손은 빠르고 고른 진동을 주도록 동시에 움직인다.

5-3 매뉴얼 테크닉 시술 방법과 유의점

매뉴얼 테크닉을 이용한 관리시 방향, 속도, 압력(세기), 지속 시간, 연결성 등에 따라 효과에 차이를 보인다. 얼굴의 안면 근육은 표정근으로 되어 표정근의 탄력 저하는 주름 형성의 원인이 된다. 주름은 근육결의 방향과 수직으로 되어 있어 동작을 근육결의 방향으로 해야 하는데 이와 반대일 경우는 주름을 만드는 경우도 있다. 매뉴얼 테크닉의 동작 사이에는 피부 회복의 휴식 단계를 가지는 것이 피부의 기능을 촉진시켜주는 효과가 있다고 한다.

🍀 시술 방법

방향(Direction)은 보통은 아래에서 위로, 안에서 밖으로 방향을 잡고 근육의 결에 따라 실시하게 된다. 주름을 예방하기 위해서는 근육결의 방향으로 동작을 실시한다. 속도와 리듬(Rate, Rhythm)도 중요한데 너무 빠른 속도는 결체 조직의 깊숙한 곳까지 효과를 주지 못하고 표면적인 효과만을 주게 되며 평안한 휴식이나 안정감에도 도움을 주지 못한다. 알맞은 속도에 맞는 리듬감은 효과를 더 크게 한다. 압력(Pressure)은 지나친 강약이 아닌 적절한 압력이어야 하며 강한 압력(세기)은 피부에 자극을 주고 피부가 얇거나 예민한 경우 모세혈관과 림프관의 결체 조직이 파손될 수 있다. 시간(Time)은 10~15분 정도를 실시하며 피부 상태와 유형에 따라 반복 횟수와 적절 동작을 조절한다. 예민하거나 여드름 피부의 경우 오랜 시간의 마사지는 자극을 주게 된다. 연결성은 연결된 동작에 의한 편안함을 주게 되며 같은 동작의 반복은 피부 자극 효과를 상승시키는 효과가 있다.

🍀 매뉴얼 테크닉 시 유의점

- 시술자는 손의 온도를 따뜻하게 하여 고객이 차갑게 느끼지 않도록 한다.
- 동작마다 일정한 리듬을 유지하면서 정확한 속도를 지키도록 한다.
- 피부 타입과 피부 상태의 필요성에 따라 동작을 조절한다.
- 시술자는 크림이나 오일을 사용하여 손을 부드러운 상태로 유지한다.
- 마사지 크림이나 팩제가 눈이나 코, 입 속으로 들어가지 않도록 해야 한다.
- 손톱은 항상 짧게 하여 손님의 피부에 자극을 주지 않아야 한다.
- 마사지시 열이나 기타 이유로 손님의 얼굴이 붉어지면 멈춘다.
- 매뉴얼 테크닉 시 가급적 고객과의 대화는 삼간다.
- 매뉴얼 테크닉 시 손의 놀림은 근육의 방향에 따라 시술한다.
- 매뉴얼 테크닉 시 세기는 같은 부위의 반복이 있기 때문에 너무 세게 하면 도리어 역효과가 나타나므로 부드럽게 한다.

🍀 매뉴얼 테크닉 시 삼가 대상자

피부 질환이나 외상, 알레르기 증상, 정맥류가 있는 경우에는 매뉴얼 테크닉을 삼가고 화농성 피부, 일소 후(햇볕을 많이 받았을 경우), 어떤 자극에 의해 홍반 현상이 있을 경우에도 매뉴얼 테크닉을 삼간다.

6 팩과 마스크

6-1 팩(Pack)과 마스크(Mask)의 개념

팩(Pack)이란 Package(싸다, 둘러싸다)라는 의미에서 유래된 말로 팩제로 피부를 싸는 의미로 사용되었다. 고대 이집트와 그리스, 로마시대 때부터 진흙을 바르거나 우유와 꿀을 사용한 팩과 곡식가루를 개어 팩으로 사용했음을 문헌을 통해 알 수 있으며 고대 우리나라에서도 곡물을 이용한 팩이 있었음을 알 수 있다. 팩(Pack)과 마스크(Mask)의 개념은 구별되지만 근래에는 두 가지가 거의 같은 의미로 통용되고 있다.

🍀 팩(Pack)

피부 위에 팩 재료를 발라도 팩하는 동안에는 공기가 통할 수 있어 어떤 막이나 굳기를 형성하지 않는 것을 말한다. 막 형성이 없으므로 열과 수분의 통과가 가능하며 팩제의 제거는 물로 헹구거나 해면(스펀지)을 이용하여 닦아내게 된다.

❁ 마스크(Mask)

얼굴에 바른 후 점차 굳어져서 딱딱하게 되는 것으로 닦아내는 것이 아닌 떼어내는 것을 말한다. 외부로부터의 공기 유입이 차단되고 내부에서는 수분의 증발이 차단되므로 유효 성분의 침투를 용이하게 하고 피부의 보습력을 향상시키게 된다.

6-2 팩과 마스크의 목적과 효과

❁ 목적

오염 물질을 제거하고 수분과 영양 공급으로 잔주름을 예방하고 신진 대사 및 혈액 순환을 촉진한다. 피부에 팩과 마스크에 함유된 유효 성분에 의한 영양과 수분 공급을 함에 의해 노화 방지에 도움을 주기 위함이다.

❁ 효과

팩과 마스크의 효과는 팩의 재료 또는 상태 및 온도에 따라 다르며 다양한 효과를 거둘 수 있다. 1차와 2차의 효능으로 구별되기도 하는데 1차의 팩과 마스크 효과는 각질 제거, 피지와 노폐물(청정 효과), 염증 완화와 살균 효과이며 2차의 효능으로는 순환 촉진, 수분과 영양 공급, 진정 효과, 미백 효과 등으로 나누어진다.

❁ 방법

팩(Pack)이나 마스크(Mask)는 딥 클렌징 후에 적용되며 피부에 맞는 제품의 사용과 제품에 따른 사용 방법을 확인 후 실시한다. 일반적인 팩의 경우는 도포 시간은 10~30분 정도이며 턱, 볼, 코, 이마의 순으로 발라주고 안에서 바깥을 향해 바른다. 손으로 바르는 것은 크림이나 젤 형태의 제품이며 붓 또는 주걱을 이용하는 것은 분말 형태이다.

❁ 피부 타입별 팩의 선택

팩의 사용은 피부 상태에 따라 적합한 종류의 팩이 사용되어야 한다.

피부 타입	사용 목적
중성 피부	영양, 청결
건성 피부	영양, 수분
지성 피부	각질 제거, 수렴
복합성 피부	부위별 팩의 선택
민감성 피부	진정, 수분, 영양

🍀 팩을 하는 시기와 시간

팩은 각질 제거 효과가 있어 과도한 사용은 피부를 거칠게 할 수도 있으므로 주 1~2회가 적당하다. 팩하는 시간은 주로 노폐물 제거와 편안한 가운데 수분, 영양 공급 보충을 한다는 의미에서 저녁 시간이 좋으나 행사 등의 빠른 효과 기대를 위해서는 아침에 하는 경우도 있다. 1차팩 단계(클렌징 단계 이후)는 10~15분 정도가 적당하고 2차팩 단계(마사지 단계 이후)는 15~25분 정도가 적당하다.

6-3 팩과 마스크의 형태에 의한 분류

🍀 크림 형태 팩

피부 타입에 따라 사용이 다양하며 유화 형태이므로 피부 침투가 쉽고 사용감이 부드럽다. 유화형 팩 제품으로 바른 후 10~20분 지나면 유효 성분은 흡수되고 제품 자체는 남는다. 건성, 노화, 민감성 피부에 사용이 적합하며 워시오프 타입과 티슈오프 타입이 있다.

🍀 젤 형태 팩

대부분 수성의 투명 젤 형태로 젤이 건조되면서 얇은 피막을 형성하는 형태와 건조되지 않는 형태가 있다. 피막을 형성하는 형태는 필오프 타입으로 제거되며 각질 제거 효과가 있고 건조되지 않은 형태는 워시오프 타입으로 제거되고 진정, 보습의 효과를 부여하여 민감성 피부나 민감한 지성 피부에 효과적이다.

🍀 분말(파우더) 형태 팩

다양한 재료(한방 재료, 약초 추출물, 해조 추출물, 효소 등)를 분말한 것을 팩으로 바르기 전에 정제수나 화장수, 젤 등과 함께 혼합하여 사용하게 되며 분말(파우더) 자체가 수분과 지방을 흡수하는 성질이 있어 수분 증발을 막기 위해 젖은 거즈를 덮고 팩을 하거나 하는 동안에 스팀을 쐬어 건조화로 인한 보습의 손실을 막고 온습포나 적외선 등을 이용하여 흡수를 촉진시키기도 한다.

🍀 클레이(점토) 형태 팩

진흙이나 점토 광물을 함유한 가루에 물, 에탄올, 보습제(글리세린)의 수상 물질과 혼합하여 만든 팩으로 분말에 비해 쉽게 마르지 않지만 시간의 경과에 의해 마를 수도 있으며 흡착력이 우수하여 피지나 노폐물의 제거에 효과적이다. 건성, 노화 피부보다는 지성, 여드름성, 복합성 피부에 알맞으며 제거시 습포나 물로 씻어낸다.

🍀 무스 형태 팩

가벼운 느낌의 팩으로 용기를 잘 흔들어 사용해야 한다. 15분 정도 후에 제거하거나 흡수되며 예민한 피부에는 맞지 않다.

6-4 팩과 마스크의 제거 방법에 따른 분류

팩을 제거하는 방법에 따라 필름막을 떼어내는 필름 타입인 필오프 타입(Peel off type), 물로 씻어 제거하는 워시오프 타입(Wash off type), 티슈로 닦아내는 티슈오프 타입(Tissue off type)이 있다.

🍀 필오프 타입(Peel off type)

필름 타입으로 도포 후 굳어져서 필름막이 형성되면 떼어내는 방법이다. 젤이나 액체 형태의 수용성 점액질을 바른 후 건조되면서 얇은 피지막을 형성하고 필름막 제거시 먼지, 불순물, 피지, 각질 세포가 함께 제거(딥 클린징, 청정 효과)된다. 보습 효과를 위한 보습성이 첨가되어 있으며 얇고 균일하게 발라야 고르게 효과를 볼 수 있고 제거시 피부 자극이 없도록 유의해야 한다. 대부분이 젤, 액체 형태로 석고 마스크나 고무 마스크는 필오프 타입에 해당한다.

🍀 워시오프 타입(Wash off type)

도포 후 일정 시간 경과 후에 물로 씻어 제거하는 방법이다. 피부 자극이 적으며 가볍게 제거된다. 팩을 바른 후 10~30분의 적정 시간이 지난 후 습포나 젖은 해면을 이용하거나 미온수로 세안하여 제거한다. 물로 씻어내므로 상쾌한 느낌을 주며 가장 많이 사용하는 대중적인 타입이다. 크림, 젤, 클레이, 분말, 거품 등 형태가 다양하다.

🍀 티슈오프 타입(Tissue off type)

도포 후 10~15분 정도 놓아두어 흡수시킨 후 흡수되지 않고 남아있는 여분을 티슈로 닦아내거나 그대로 두는 방법이다. 보습과 영양 공급 효과가 뛰어나 건성이나 노화 피부에 적당하다. 홈 케어용의 제품이 많으며 매일 사용도 가능하지만 복합성 피부나 지성 피부의 경우 수렴, 청결 효과의 결핍에 의해 여드름을 유발할 수도 있으므로 주의해야 한다. 크림이나 젤 형태로 흡수가 잘되는 형태이다.

6-5 팩의 종류

팩의 종류에는 크게 천연팩과 한방팩, 화장품팩으로 나누어지며 한방팩은 천연팩의 일종으로 볼 수도 있다.

🍀 천연팩

자연에서 얻을 수 있는 손쉬운 재료를 이용하여 그대로 팩으로 사용한 것이다. 오이, 수박, 감자, 포도, 사과 등이 천연팩의 재료이며 갈거나 으깨어 사용하기 용이하고 무공해 과일과 야채를 주로 이용한다. 천연팩의 경우 사용 직전에 1회분만 만들어 바로 사용하여야 하며 사용하고 남은 것은 재사용하지 않는다. 천연팩의 사용 시간은 15~20분 정도이며 천연 물질의 경우 대부분이 부작용은 없지만 피부에 따라 트러블의 원인이 되기도 한다. 천연팩 재료를 만들 경우 바탕 재료로 밀가루, 해초 가루, 계란, 우유, 요구르트, 감초, 글리세린, 영양 크림이나 영양 오일 등을 사용하면 효과가 크다.

:: 천연팩의 종류와 효과 ::

종류	적용피부	효과
사과팩	중성 피부	노폐물 제거
살구씨팩	건성 피부	보습
계란 흰자팩	지성 피부	청결, 피지 제거
당근팩	중성, 건성 피부	피부 청결, 영양
계란 노른자팩, 벌꿀팩, 요구르트팩	중성, 건성, 노화 피부	영양, 미백
바나나팩	건성, 노화 피부	보습
마요네즈팩	건성, 노화 피부	영양
딸기팩	기미, 색소 침착 피부	수분 보충, 수렴
키위팩	기미, 색소 침착 피부	미백
포도팩	기미, 색소 침착 피부	수렴
레몬팩	기미, 색소 침착 피부, 노화 피부	미백, 이완과 수축 작용, 청결, 탄력 공급
수박팩	일소 피부	피부열을 식힘, 피로 회복
양배추팩	여드름 피부	비타민C, 유황 성분, 인, 칼슘, 요오드, 단백질 함유
감자팩	일소, 여드름 피부	진정, 소염
오이팩	일소, 여드름, 기미, 색소 침착 피부	진정, 소염, 미백

🍀 한방팩

한방에서 얻을 수 있는 재료 중 미용에 효과가 있는 것을 가공하거나 분말화해서 사용하는 팩이다. 한방의 정확한 효능을 알고 보조적인 효과와 응용을 알아야 하며 필요에 따라 팩의 재료를 가공하여 사용한다. 한방에서의 혼합은 정확히 해야 하며 피부의 특성에 맞는 한방재료를 사용해야 효과를 볼 수 있다. 재료에 이물질이 섞여 있으면 상하기 쉽고 임의로 가공할 경우 흡수율이 떨어지고 부작용이 일어날 수 있다.

::한방팩의 종류와 효과::

종류	적용피부	효과
녹두	여드름 피부, 지성	해독, 표백, 살균
백지	여드름 피부, 지성	모공 수축, 염증 완화, 안색 정화, 피부 윤택
감초	여드름 피부, 트러블	소염, 해독, 진정, 세포 재생, 신진대사 촉진
상엽	여드름 피부, 부종	혈액 정화, 진정, 부종 완화
맥반석, 카오린	여드름, 기미, 피부 질환, 무좀 등	흡착 능력, 미네랄 공급, pH 조절
도인	여드름, 기미, 색소 침착 피부	소염, 미백, 피부 재생
토사자	여드름, 기미, 색소 침착 피부	진정, 색소 침착 방지
백강잠	기미, 색소 침착 피부	색소 침착 방지
의이인	기미, 색소 침착, 부종, 사마귀	색소 침착 방지, 항산화 능력
행인(유)	기미, 건성, 노화, 거친 피부	피부 수축, 배농, 해독
해초류	수분 부족, 탄력 저하 피부	보습, 미네랄 공급
천궁	예민 피부	모세혈관 강화, 피부 조직 재생

행인유는 살구씨이며, 백지는 미나리과의 2~3년초의 뿌리이고, 토사자는 메꽃과에 딸린 한해살이의 기생 식물이며, 도인은 복숭아 종자를 말하고, 상엽은 뽕나무 잎이다. 의이인은 율무 종자의 종피를 제거한 것이며, 백강잠은 동물성 한약재로서 흰가루병에 걸려서 죽은 누에를 말린 것이다.

6-6 특수 마스크

종류	적용피부	효과와 형태타입
석고 마스크	건성 피부, 노화 피부	혈액 순환 촉진, 탄력성, 가슴 탄력, 튼살, 셀룰라이트 슬리밍 관리에 이용, 피부 개선 효과, 응고됨
벨벳 마스크	다양한 피부에 적용, 부분적인 피부에도 적용	함유 성분에 따라 진정, 미백, 보습 등의 효과
고무 마스크 (알고 마스크)	모든 피부, 예민 피부, 여드름 피부	신진대사 촉진, 해독, 수분 공급의 효과
왁스 마스크	건성, 노화 피부, 손과 발관리	혈액 순환, 보습력 증대, 피부 개선 효과

🍀 석고 마스크(Thermo model mask)

분말 형태로 되어 있고 정제수, 화장수 또는 석고용 특수 용액 등과 섞어 바르고 1~2분 후 차츰 응고(피부 온도 40℃~45℃로 10분간 유지 후 다시 10도 정도 온도 내려감), 피부 온도는 모공을 열어 도포 전 바른 제품의 영양분이 피부 깊숙이 침투되도록 하며 피지나 노폐물을 밖으로 배출시켜 석고에 흡착되게 하여 피부 개선 효과를 준다. 모든 신체 부위에 사용 가능하며 바디 관리시 튼살, 셀룰라이트 슬리밍 관리, 가슴 탄력에 이용된다. 건성 피부, 노화 피부에 효과적(영양 흡수 효과 높임)이며 피해야 할 피부는 여드름, 모세혈관 확장, 예민성 피부이다.

🍀 벨벳 마스크(Velvet mask, Collagen mask, Sheet mask)

콜라겐 마스크, 시트 마스크라고도 하며 천연 콜라겐을 냉동 건조한 종이 형태의 마스크로 섬세한 콜라겐망으로 형성되어 있다. 콜라겐이나 활성 성분을 시트에 흡수시켜 건조시킨 것을 정제수나 화장수, 특수 용액에 적셔 사용하며 사용법이 매우 간단하다. 피부 심층에 수분의 보유량이 향상되어 피부 탄력과 잔주름에 효과가 있어 건성 피부와 노화 피부에 피부의 탄력감을 증진시켜 효과적이다.

🍀 고무 마스크(Algo mask, Algae mask, Seaweed mask, Phoresis mask)

알고 마스크라고도 하며 주로 해조류에서 추출한 활성 성분을 주성분으로 한 것으로 분말(파우더)상태로 되어 있고 물이나 특수 용액, 젤과 함께 혼합하고 피부에 바르면 고무막으로 응고되면서 활성 성분이 흡수된다. 알고 마스크(해조 추출물 성분을 건조)의 경우 미백, 보습 효과가 뛰어나고 신진대사가 원활해지므로 혈액 및 림프 순환이 촉진, 피지선의 기능 향상으로 면포, 여드름 피부의 염증 감소가 있다.

🍀 파라핀 마스크(왁스 마스크)

파라핀 왁스나 에틸 알코올, 스테아릴 알코올 등이 혼합된 것으로 사용전에 녹여서 사용한다. 왁스 마스크를 직접 덮어 열을 가함으로 인해 영양 흡수력을 강화하고 탄력성과 보습량의 증대, 노폐물 분비를 원활하게 한다. 파라핀은 림프선의 흐름 원활, 발열 작용에 의한 모공의 확대로 노폐물과 땀을 외부로 배출시켜 슬리밍 효과를 주고 셀룰라이트 제거 효과도 있다. 건성 피부와 노화 피부에 효과적이지만 모세혈관 확장 피부에 사용을 피한다.

🍀 머드 마스크

머드는 흡착력이 좋아 피부의 노폐물과 각질을 흡수하여 맑고 투명한 피부를 가꾸어 준다. 사해 머드가 가장 우수하며 머드의 효과는 청정력과 혈액 촉진에 의한 생리 활성화가 있다. 지성이나 여드름 피부에 효과적이다.

6-7 팩과 마스크의 사용 방법과 주의사항

사용 방법

- 딥 클린징 이후나 마사지 다음 단계에서 사용한다.
- 팩의 제품에 따라 다르나 적정 시간은 보통 10~30분 정도의 범위이다.
- 팩을 하는 동안에는 아이 패드, 립 패드를 적용하여 안정감을 부여한다.
- 피부 유형에 맞는 타입의 팩과 마스크를 한다.
- 붓이나 주걱을 이용하여 필요 부위에 일정한 두께로 골고루 펴 바른다.
- 붓의 사용은 일반적으로 아래에서 위쪽, 안에서 바깥 방향으로 사용하며 볼 부위(25도)는 체온이 낮아 얇게 바르거나 먼저 바른다(온도가 낮은 부위부터 바른다).
- 팩제의 향이나 굳기의 정도에 따라 인중 부위를 피하기도 하는 등 도포 방법을 달리한다.

팩과 마스크 사용시 주의사항

- 팩의 효능 및 전해지는 온도를 고객에게 미리 알린다.
- 팩을 사용하기 전 고객에게 알레르기 유무를 확인한다.
- 팩과 마스크 적용 시간을 엄수한다(1차:10~15분, 2차:15~30분).
- 천연팩의 경우 반드시 사용 직전에 만들며 한방팩의 경우 혼합 정도를 3가지 이상 섞지 않도록 한다.
- 팩과 마스크의 도포시 눈이나 입, 코, 귀에 들어가거나 목에 흘러내리지 않도록 적당한 농도를 유지해야 한다.
- 건조되는 팩의 경우에는 인중이나 목, 눈 가까이는 바르지 않는 것이 좋다.
- 시술 중 고객의 얼굴 표정이 움직이지 않도록 말을 시키지 않아야 한다.

Section 02

피부학

1 피부의 구조 및 생리 기능

1-1 피부의 구조

피부는 외배엽에서 유래되었으며 신체의 표면을 둘러싸고 있으면서 많은 기능을 수행하고 있는 중요한 기관이다. 외적인 요인(자외선, 온도의 변화(냉, 온), 대기 오염, 습기, 먼지 등)으로부터 몸을 보호한다. 피부는 표피, 진피, 피하 지방층의 3개 층으로 나누어져 있으며 피부의 변성물에는 모발, 손톱, 발톱, 치아가 있다. 피부나 모발의 발생은 배엽 형성 시 외배엽에서 이루어지고 성인의 경우에 피부가 차지하는 무게의 비중은 체중의 15~17%, 총 면적은 $1.6m^2$, 피부의 두께는 2~2.2mm 정도이다. 각각의 두께는 표피(Epidermis)는 0.07mm이며 진피(Dermis)는 1mm~3mm이고 피하 조직의 두께는 피하 지방의 양에 따라 결정되며 영양 상태, 부위, 연령, 인종에 따라 차이가 크다. 가장 얇은 층은 눈꺼풀, 가장 두꺼운 층은 손바닥과 발바닥이다.

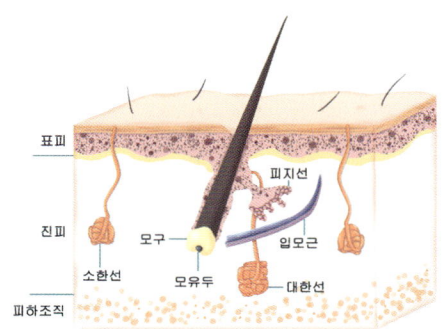
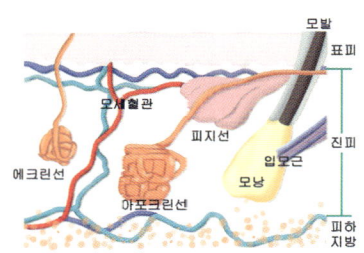

피부의 표면은 소릉(높은 곳)과 소구(낮고 우묵한 곳)로 되어있으며 피부결이 곱다거나 거칠다는 것은 소릉과 소구 차이의 대소로 나타난다. 차이가 적은 경우가 피부결이 곱고 차이가 많이 나는 경우 피부결이 거칠다. 표면을 관찰해 보면 그물 모양이며 소구와 소구가 서로 만나는 곳에 털이 나 있으며 소릉에는 한공이 있다.

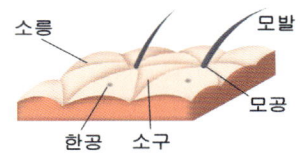

1-2 표피(Epidermis)

육안으로 볼 수 있는 피부의 가장 바깥층으로 혈관의 분포가 없다. 보통의 두께는 0.07~0.12mm의 두께의 얇은 막으로 4~5개의 층으로 이루어져 있으며 피부 표피 중 가장 두꺼운 층은 유극층이다. 신체 내부를 보호해 주는 보호막의 기능과 외부로 부터의 유해물질, 세균, 자외선의 침입을 막아주는 역할을 하며 눈꺼풀과 불 부위의 두께가 비교적 얇고 손, 발바닥은 두껍다.

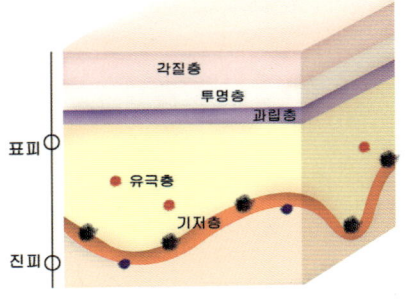

표피층의 순서로는 피부의 가장 바깥부터 각질층, 투명층, 과립층, 유극층, 기저층이다. 진피에 인접한 것은 기저층이며 투명층은 손, 발바닥에만 존재한다. 중층 편평 각화 상피로서 각질 형성 세포(Keratinocyte)로 이루어져 있고 그 외에 멜라닌 세포(Melanocyte), 랑게르한스 세포(Langerhans cell) 및 머켈 세포(Merkel cell)가 존재한다. 각질층 형성 세포는 케라틴 단백질로 10~20%의 수분을 함유하고 있다. 10% 이하가 되면 피부가 거칠어지고 기저층에서 생성된 세포는 28일을 주기로 사멸되는 과정에서 피부의 각화는 편평 상피 조직이 되어 떨어진다. 표피는 5개의 층으로 되어 있는데 무핵층은 각질층과 투명층, 과립층이며 유핵층은 유극층과 기저층이다. 신진대사 작용은 하지만 혈관은 분포되어 있지 않으며 대부분은 각질 형성 세포로 표피의 95%를 차지한다. 각질 형성 세포인 케라티노 사이트는 케라틴을 만드는 세포이며 멜라닌 세포인 멜라노 사이트는 색소를 만들어내는 세포이다.

🍀 각질층(Straum corneum)

- 표피의 가장 바깥층(비듬이나 때가 되는 층)으로 얇은 조각이 겹겹이 싸인 15~20개의 죽은 세포층을 이루고 있으나 피부 상태와 유형에 따라 차이를 보인다.
- 주성분은 케라틴 단백질 50%로 산과 알칼리에 잘 견디며 지방이 20%, 수용액이 23%, 수분이 7%이다.
- 각질층의 수분 함량으로 두께를 알 수 있으며 수분량이 적으면 각질이 두꺼워져 피부결이 거칠고 피부 노화도 촉진시킨다.
- 외부 환경(광선과 공해)으로부터 피부 보호 역할을 한다.
- 기저층으로부터 생겨난 세포가 4주(28일) 정도 지나 각질층에서 떨어져 나가는 현상을 표피의 박리 현상이라고 부르며 이때 표피 속의 불필요한 물질은 외부로 방출된다.
- 각질층의 구성 성분은 각질 단백질(케라틴)이 약 58%이고 각질 세포 간 지질이 약 11%이다. 천연 보습 인자가 약 31% 함유되어 있으며 천연 보습 인자(NMF)는 각질층의 수분량을 결정한다. 적당 수분 함량은 10~20%이며 10% 이하의 수분 함량은 건조화 잔주름을 가져온다.
- 각질층에는 각질 세포가 있으며 각질층에 존재하는 세포간 지질은 각질 세포간 영역에 세포간 지질로 형성된 부분을 말한다. 지질간 형성된 구조를 라멜라 구조라고 하고 라멜라 구조를 형성하는 것은 콜레스테롤(15%), 콜레스테롤 에스테르(5%), 지방산(30%), 세라마이드(50%)

가 있으며 그 중 세라마이드가 가장 많이 함유되어 있다.
- 라멜라 구조는 각질층의 결합 세포와 결합을 단단히 하도록 도와 수분의 손실을 막는다.
- 각질층은 약 14개의 층으로 되어 있으며 층과 층 사이는 세라마이드로 채워져 있어 방벽기능을 하고 세라마이드는 각화 과정에서 만들어져 피부의 재생을 돕는다.

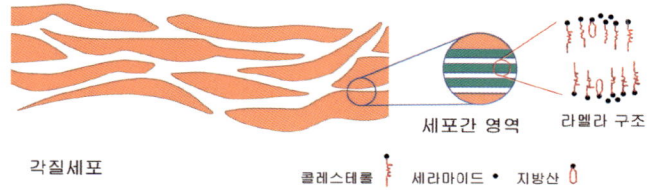

투명층

- 각질층 바로 아래에 있는 무핵의 2~3개 세포층으로 손바닥, 발바닥 같은 두꺼운 피부층에만 존재한다.
- 반유동성 물질(에라이딘)의 함유로 투명하고 맑아 보이며 빛을 굴절시키므로 빛을 차단하고 외부의 수분 침투 방지 역할을 한다.

레인 방어막(Rein membrane, Barrier membrane, 흡수 방어막, 수분 증발 저지막)

- 흡수 방어벽 층이라고도 하며 특수한 화학적 성질을 지니고 있는 막이다. 투명층과 과립층 사이에 위치하고 있고 외부로부터 이물질의 침입을 막는 역할을 하며 내부에서는 체내에 필요한 물질이 체외로 나가는 것을 억제시켜 수분의 증발을 막아 피부 건조를 방지한다. 외부로부터 물리적인 압력, 화학적 물질의 흡수를 저지하여 피부염의 유발도 막는다.
- 레인 방어막을 기준으로 표피 쪽은 10~20%의 수분을 함유하고 있으며 약산성을 띄고 피부 안쪽은 70~80%의 수분량을 함유하고 있으며 약 알칼리성을 띤다.
- 레인 방어막(흡수 방어벽 층)은 물이나 물질을 통과시키지 않고 지용성 물질이나 알코올 용액의 흡수는 용이하나 수용성 성분의 흡수는 용이하지 않다.

과립층(Stratum granulosum)

- 편평형이나 방추형의 2~5개 세포층으로 외부 압력 방어, 광선을 굴절 반사시킨다.
- 각질이 가장 두꺼운 부위는 10개의 층으로 손, 발바닥이다.
- 표피의 세포가 퇴화되는 징조로 세포질 내 케라틴 전구 물질(각질 유리 과립, Keratohyaling)이 형성되면서 각질화되는 1단계의 과정이다.
- 표피에서 지방 세포를 생성해 내는 중요한 역할을 한다.

유극층(Stratum spinosum) - 가시층

- 표피층 중 5~10층으로 가장 두껍다.

- 림프관 분포에 의해 면역 기능을 담당하는 랑게르한스 세포가 존재한다.
- 세포간 노폐물 배출 및 물질 교환이 이루어지는 세포간교 형성, 표피의 영양을 관장한다.

기저층(Stratum basale)

- 표피의 가장 아래층에 위치한 원추형 세포가 단층으로 이어져 있으며 70~72% 수분을 포함하고 있다.
- 각질 형성 세포와 색소 형성 세포가 존재(멜라닌 색소 함유 – 함유량의 차이로 피부색을 좌우)한다.
- 기저층 세포 분열은 밤10~2시 사이가 가장 활발(피부 재생)하며 기저층 세포의 상처는 흉터를 남긴다.

1-3 표피의 구성 세포와 각화 과정

표피의 구성 세포

각질 형성 세포 (Keratinocyte)	• 기저층에서 발생된 각질을 형성하는 세포
멜라닌 세포 (Melanoayte)	• 세포 돌기를 통하여 각질 형성 세포와 접촉하여 전달되며 자외선의 유해 작용으로부터 진피를 보호하는 기능을 가진다.
랑게르한스 세포 (Langerhans cell)	• 별 모양의 세포질 돌기인 가지돌기를 가지고 있고 유극층에 위치. • 피부의 면역에 관계 순환계와 관계, 신체 방어 반응을 인지 • 분포 범위는 구강점막, 질, 모낭, 피지선, 한선, 림프절
머켈 세포 (Merkel cell)	• 기저층에 위치, 촉각을 감지하는 역할(촉각 세포) • 신경종말이 붙어있고 불규칙한 모양의 핵을 가진다. • 신경 자극을 뇌에 전달하는 인지 세포

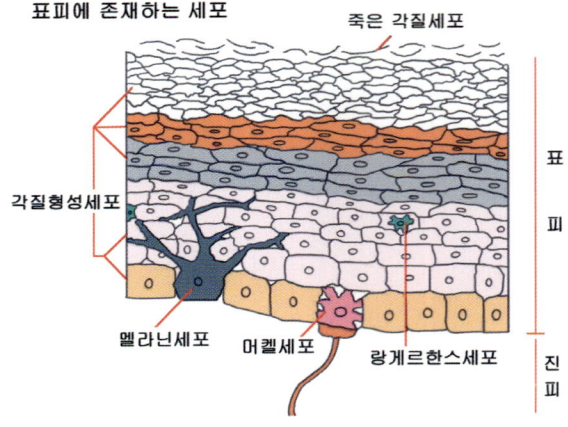

- 멜라닌 세포는 표피에 존재하는 세포의 5% 정도를 차지하고 대부분 기저층에 위치한다. 문어 발과 같은 수상돌기를 가진 세포로 주위의 각질 형성 세포 사이로 뻗어있고 각질 형성 세포로 전달된 멜라닌은 윗부분으로 확산되면서 자외선을 흡수 또는 산란시켜 기저층의 세포손상을 막아주는 역할을 한다.
- 멜라닌이 함유된 각질 형성 세포는 최종적으로 탈락되며 피부 표면에 가까워지면 산화되어 더 검게 되고 멜라닌 세포의 수는 인종이나 피부색에 관계없이 일정하다. 피부색을 결정하는 것은 멜라닌 세포가 생산하는 멜라닌의 양에 의해 결정된다. 랑게르한스 세포는 외부로부터 유입된 이물질(항원)을 면역 담당 세포인 림프구로 전달하는 역할을 한다. 진피와 림프절, 흉선에서도 발견된다. 머켈 세포는 표피 전체에 광범위하게 퍼져 있으나 주로 표피의 기저층 부위에 많이 분포하며 촉각 세포라고도 한다. 피부에서 손, 발바닥과 입술 등의 털이 없는 부위나 모낭의 외근초에서도 발견되며 신경 섬유의 말단과 연결되어 있다.

각화 과정

표피의 기저층에서 발생된 각질 형성 세포가 원형에서 타원형으로 모양을 바꾸는 연속적인 변화는 수분의 감소와 함께 유극층-과립층-투명층-각질층으로 이동되어가는 현상이다. 각화 과정의 기간은 약 4주로 28일 정도이다.

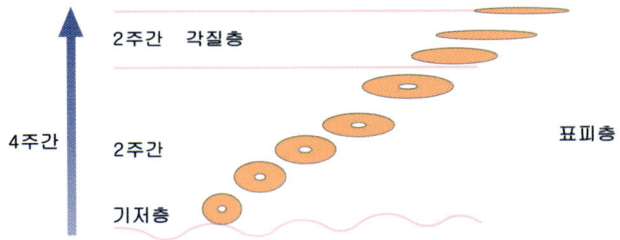

1-4 진피(Dermis, Corium, Cutis)

피부의 주체를 이루는 층으로 표피의 10~40배 두께로 탄력 섬유(Elastin fiber)와 교원 섬유(Collagen fiber)로 되어있다. 비만 세포(Mast cell), 대식 세포(Macrophage), 섬유아 세포(Fibrdblast), 신경 세포, 골아 세포, 심근 세포 등으로 구성되어 있다. 피부를 지지하는 튼튼한 결합 조직으로 되어 있으며 피부의 탄력을 유지한다. 유두층과 유두하층, 망상층으로 구별되나 서로의 경계가 뚜렷하지는 않다. 신경관과 혈관, 피지선(기름샘), 한선(땀샘), 림프관, 모발과 입모근을 포함하고 있다.

유두층(Papillary layer)

- 표피와 접하고 있는 융기된 돌기(유두)가 물결 모양을 이루고 있는 진피층(전체 진피의 10~20% 차지, 1/5 정도)이다.

- 얇은 교원 섬유(Collageous fiber)가 성글고 불규칙하게 배열된 형태의 결합 조직으로 구성되어 있고 섬유 사이는 수분이 많이 함유되어 있다.
- 유두의 모세혈관 분포는 표피의 기저 세포에 영양분을 공급하여 혈관 분포가 없는 표피의 각화를 원활하게 돕고 피부 표면을 매끄럽게 하며 온도 조절과 영양 전달을 담당한다.
- 세포들, 기질, 모세혈관, 신경종말, 림프관이 분포되어 있다.
- 모세혈관을 통해 표피로 영양과 산소를 운반하고 림프관은 표피 노폐물 배설, 신경종말에 의해 신경을 전달(촉각, 통각)한다.

망상층(Reticular layer)

- 유두층 아래에 있으며 진피의 대부분을 차지(80~90% 차지, 4/5 정도)한다.
- 단단하고 불규칙한 결합 조직으로 굵은 교원 섬유(아교 섬유)가 치밀히 구성되어 있다.
- 콜라겐(Collagen), 엘라스틴(Elastin)은 결합 섬유로 섬유아 세포에서 합성된다.
- 그물 모양이며 교원 섬유와 탄력 섬유에 콜라겐과 엘라스틴이 있어 피부를 지지해 주고 피부 탄력을 유지시켜 준다.
- 혈관, 피지선, 한선, 신경총 등이 분포되어 있고 모세혈관은 거의 없다.
- 감각 기관이 분포되어 있어 압각, 온각, 냉각을 감지한다.
- 망상층의 섬유들은 피부 표면과 평행으로 일정한 방향성의 배열을 갖고 있는 선(랑게르선)이 있어 수술시 상처의 흔적을 작게 하기 위해 절개선으로도 이용된다.

1-5 진피의 구성 물질

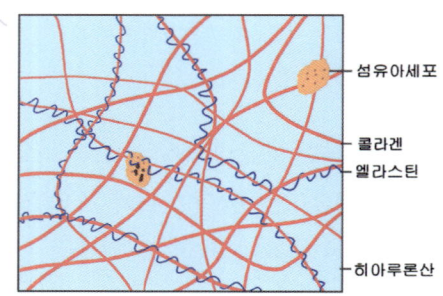

교원 섬유(Collagen fiber)

- 섬유아 세포에서 생성되었으며 섬유 단백질인 교원질(콜라겐)로 구성, 진피 성분의 90%를 차지하고 있고 백 섬유라고도 한다.
- 뼈, 인대, 치아, 혈관에도 함유, 탄력 섬유(엘라스틴)와 함께 피부의 탄력과 장력을 제공한다.
- 노화와 자외선의 영향에 의해 교원질(콜라겐)의 양이 감소한다(젊은 피부에는 수분 보유력이 우수한 용해성 교원질이 존재, 노화되면 수분 보유력이 떨어지는 불용해성 교원질로 변질).

- 콜라겐은 콜라게나제라는 효소에 분해되므로 모세혈관에 흡수되며 섬유상의 고체로 존재하고 물에 담가 가열하면 젤라틴화 된다.
- 콜라겐은 3가닥의 나선 모양을 하고 있으며 주로 구성하고 있는 아미노산으로는 글리신(Glycine), 히드록시프롤린(Hydroxy proline), 프롤린(Proline) 등이 있다.
- 피부를 당겼을 때 더 이상 늘어나지 않게 작용하는 것은 콜라겐의 역할이다.

탄력 섬유(Elastin fiber)

- 섬유아 세포에서 생성되었으며 교원 섬유보다는 짧고 가는 섬유이다. 섬유 단백질인 탄력소(엘라스틴)로 구성하며 황섬유(황색)라고도 한다.
- 화학 물질에 대해 저항력이 매우 강하다.
- 탄력 섬유의 탄력성에 의해 피부를 당겼을 때 1.5배까지 늘어날 수 있다.
- 피부를 당겼다가 놓았을 때 처음 상태를 유지하게 하는 것은 엘라스틴의 역할로 피부의 탄력성을 유지하며 콜라겐보다 신축성이 크다.

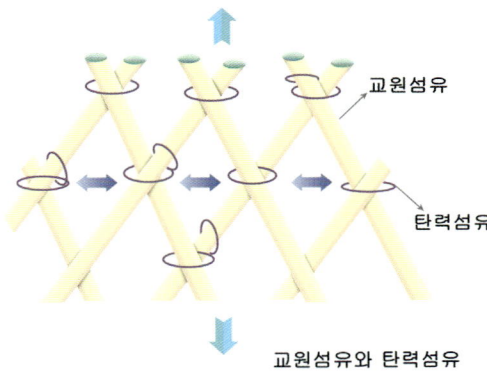

교원섬유와 탄력섬유

기질(Grund substance)

- 기질은 세포와 섬유 성분 사이를 채우고 있는 물질을 말한다. 히알루론산(Hyaluronic acid), 헤파린 황산염(Heparin sulfate), 콘트로이친 황산(Choncroitin sulfate)으로 이루어진 무코다당질(Mucopolysaccharide)인 점다당질이 주성분이다.
- 무코란 다당류라 부르기도 하며 다량의 수분을 보유 할 수 있고 끈적한 액체 상태로 존재한다. 이러한 진피의 수분은 결합수(Bound water)라고 하며 보통의 물 분자와 달리 생체 고분자에 결합되어 쉽게 마르지 않는 특성이 있다(달팽이의 끈적한 피부).
- 결합수를 만들어주는 생체 고분자는 매끈한 성질이 있는 보습제로 흔히 에센스에 사용된다.

1-6 피하 조직(Hypodermis, 피하 지방 조직)

피하 지방 조직의 형성

- 피부의 가장 아래층에 위치한다. 진피에서 비롯된 하강 섬유로 형성된 그물 형태의 조직이며 심부에서 진피로 연결되는 혈관이나 신경의 통로 역할을 한다.
- 모낭과 한선을 내포하고 있으며 이들 모낭과 한선은 지방 조직에 둘러싸여 있다.
- 진피와 근육 사이에 있는 부분으로 여성 호르몬과 관계가 있으며 임신 시기에는 피하 지방층이 발달된다.
- 진피에서 연결되어진 섬유의 엉성한 결합으로 형성된 망상 조직으로 벌집 모양 사이사이에 많은 수의 지방 세포들이 차지하고 있다.
- 지방을 많이 포함하고 있어 신체의 곡선미와 관련이 있으며 피하 지방층의 두께는 성별, 체형, 피부 부위, 영양 상태에 따라 다르다.
- 피하 지방과 조직액의 축적은 지방 세포 주위의 결합 조직과 혈관, 림프관의 압박으로 순환 장애와 교원 섬유의 탄력 저하가 있게 되고 표면적으로는 진피와 표피가 위로 밀려오면서 울퉁불퉁한 피부를 만들게 된다. 이러한 피부 내부와 피부 표면의 현상을 셀룰라이트라고 하며 심할 경우 순환계 질병과 비만증의 원인이 된다.

피하 지방 조직의 기능

- 물리적 보호 기능으로 외부로부터 충격 시 완충 작용을 하여 피부를 보호한다.
- 체온 조절 및 보호 기능으로 지방 세포의 지방 생산은 체온 손실을 막아준다.
- 영양소 저장 기능은 소모되고 남은 에너지나 영양을 저장하는 기능이 있다.
- 수분 조절 기능으로 인체에 물을 저장하여 수분 조절을 한다.
- 그 외에도 탄력성 유지, 표피와 진피의 활동에 영양 공급, 지용성 비타민(ADEK)의 흡수, 필수 지방산 공급(체내 신진 대사 조절)을 한다.

1-7 피부의 생리 기능

보호 작용, 체온 조절 작용, 저장 작용, 분비 및 배설, 비타민 D 형성 작용, 흡수 작용, 감각 작용, 표정 작용, 재생 작용, 면역 작용이 있다.

보호 작용

기계적 자극에 대한 보호 작용	외부의 압력, 마찰, 충격(각질층의 각화, 피하 조직의 지방, 결합 조직의 탄력성)으로 부터의 보호
화학적 자극에 대한 보호 작용	pH 4.5~6.5의 피지막은 약산성으로 보호막을 형성. 약산성 상태 유지하려는 복원 능력 있어 피부 산성도를 유지함에 의해 외부 자극에 대한 보호 작용

세균에 대한 보호 작용	피지막(산성막)은 세균의 침입으로부터 보호 및 세균 발육의 억제 작용
태양 광선에 대한 보호 작용	기저층에 흡수된 광선이 멜라닌 세포를 자극하여 멜라닌 색소를 생성하므로 광선으로부터의 진피 보호

체온 조절 작용

- 체온 조절(36.5도)은 한선과 피지선, 저장 지방, 혈관 및 림프관 등의 역할을 통해 유지된다.
- 레인 방어막(수분 증발 저지막)은 내부의 습기 증발을 막아 피부 건조를 방지한다.
- 외부의 온도 변화에 신체의 내부 온도가 영향을 받지 않도록 인체의 화학적 조절 기능이 체내에서 열 생산을 하여 체온을 일정하게 유지한다.
- 피하 지방 조직의 경우 열의 발산을 막으며 외부 온도가 내부에 그대로 전달되지 않도록 작용을 한다.

저장 작용

- 피하 조직은 지방은 10~15kg의 지방을 저장할 수 있으며 염분이나 유동체도 저장한다.
- 지방은 필요한 경우 에너지 공급원으로 사용되도록 창고 역할을 한다.
- 표피와 진피층은 영양 물질과 수분을 보유하고 있다.

분비 및 배설

- 피지선(기름샘)과 한선(땀샘)에서의 분비 작용으로 피지선에서는 피지의 분비, 한선에서는 땀을 분비한다.
- 체내로 유입된 이물질이나 노폐물의 경우 대부분은 신장, 폐, 항문으로 배출되나 일부 적은 양은 땀, 피지와 함께 피부의 표면으로 배출된다.

비타민 D 형성 작용

- 표피 내에서 생성되는 프로 비타민 D가 자외선을 받으면 비타민 D로 전환된다.
- 전환에 의해 생성된 비타민 D가 체내에 재흡수 되므로 칼슘의 흡수 촉진, 치아의 대사에 관여한다(뼈와 치아의 형성에 관여).

흡수 작용

- 피부는 각질층과 레인 방어막, 피지막에서 물이나 이물질의 침투를 최대한 저지하는 반면에 약간의 물질들을 흡수하는 흡수 능력도 가지고 있다.
- 피부는 호흡시 1%의 산소를 흡수한다.
- 표피에서 흡수 또는 모낭에서 땀과 피지를 흡수하며 모공과 한공을 통하여 흡수되고 각질층을 침투하는 수용성 물질보다 지용성 물질의 침투가 더 용이하다.

- 흡수 방어벽 층은 지용성 물질이나 알코올 용액의 흡수는 용이하나 수용성 성분의 흡수는 용이하지 않다.
- 흡수가 용이한 물질은 지용성 비타민 A, D, E, F와 스테로이드계 호르몬, 페놀과 살리실산의 유기물, 수은, 납, 유황, 비소 등의 금속이 있다.
- 흡수가 어려운 물질은 수용성 비타민 B, C와 나이아신, 판토텐산 등이 있다.

감각 작용(지각 작용)

- 피부에는 감각 기관인 신경 종말 수용기가 있으며 전신에는 200~400만 개의 분포, 신경종말 수용기에 의해 외부 자극에 대한 감각인 통각, 촉각, 냉각, 압각, 온각이 느껴진다.
- 1㎠당 통각점 100~200개, 촉각점 25개, 냉각점 12개, 압각점 6~8개, 온각점 1~2개의 비율로 분포되어 있어 통각이 가장 예민하고 온각이 가장 둔하다.
- 통각, 촉각, 냉각, 압각, 온각이 있다.
- 촉각은 손가락 끝과 입술이 민감하고, 온각은 혀끝이 민감하다.

촉각	• 피부에 닿는 느낌을 말한다. • 예민 : 손가락 끝, 입술, 혀끝 • 둔감 : 등 부위와 발바닥
통각	• 아픈 통증 감각이지만 약한 통각은 가려움 증상으로도 나타난다. • 피부 감각기관 중 피부에 가장 많이 분포
온각	• 따뜻한 느낌 • 예민한 순위 : 혀끝 〉 눈꺼풀 〉 이마 〉 뺨 〉 입술
냉각	• 차가운 느낌

표정 작용

사람 각각의 특징을 나타낸다. 희노애락의 감정을 나타내는 피부의 작용이다.

재생 작용

피부의 상처가 곧 아물게 되어 원래의 상태로 돌아가는 것을 피부의 재생력이라고 한다. 피부 진피층까지 상처를 입은 경우에는 흉터가 남게 되며 진피층 결합 조직의 과도한 증식으로 흉터 부분이 주변보다 비대해지는 경우를 켈로이드라고 한다.

면역 작용

표피에는 면역 반응에 관련된 세포들이 존재하여 생체 반응 기전에 관여한다.

1-8 피부의 흡수 기능

외부로부터 피부에 접촉된 물질이 피부를 통과하여 내부의 혈관으로 흡수되는 현상이며 가장 바깥층인 각질층에 의해 조절되는 수동적 확산 현상이다. 피부의 흡수는 표피를 통한 흡수(각질층을 통한 흡수)와 피부 부속기관을 통한 흡수(모낭과 피지선, 한선을 통한 흡수)가 있다. 흡수는 물질의 피부 각질층 통과를 의미하며 흡착은 물질과 피부 구조 성분과의 결합, 침투는 물질의 총체적인 피부 침입이고 투과는 침윤으로 보여지는 피부의 관통이다.

침투 (Penetration)	외부 물질이 피부 표면을 통하여 내부로 물리적 침입을 하려는 자체
투과 (Permeation)	침투 물질이 표피를 통과하는 과정
흡수 (Absorption)	침투된 물질이 투과 과정에서 신체 물질과 결합, 자체 고유 방법으로 에너지 변화와 물질 변화에 관여하게 되는 것
재흡수 (Resorption)	투여 물질이 혈관이나 림프관, 조직에 흡수되어 다른 모든 조직에 확산될 수 있는 것

🍀 표피를 통한 흡수 경로

케라틴 단백질이 주성분인 각질은 케라틴의 지방 성분들을 운반해주는 운반체 역할을 하는 특성을 갖고 있으며 이러한 케라틴의 협조에 의해 피부에 전해진 지방질은 친수성 지방으로 전환되어 케라틴 자체에 흡수된다(지방성 성분의 화장품 사용은 피부 표면의 각질 세포에 스며든다). 표피 세포를 통과하는 흡수로 세포 자체나 세포 사이의 투과이며 각질층 아래 부분에는 방어층이 있는데 물이나 전해질, 수용성 물질의 흡수를 저지한다.

🍀 피부 부속기를 통한 흡수 경로

모공이나 한공(땀구멍)을 통한 경로로 피부 부속기를 통한 흡수는 일반적으로 피지선을 통한 흡수이다.

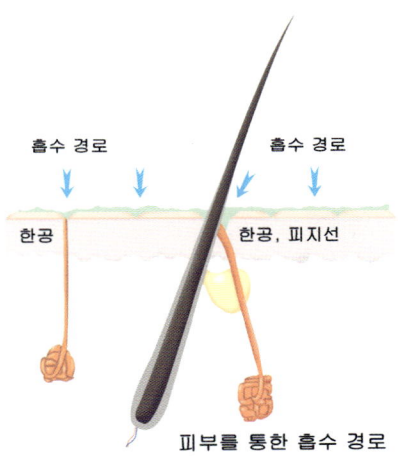

피부를 통한 흡수 경로

🍀 피부 흡수에 영향을 주는 요인

각질 세포와 세포 사이는 지질들로 이루어져 있어 지용성 물질의 흡수가 용이하며 표면의 온도를 높이거나 수분량이 증가되어도 흡수가 잘 된다. 각질층이 두꺼운 손, 발바닥은 흡수가 잘 이루어지지 않고 각질층이 얇은 곳(얼굴, 음부)은 흡수가 잘 되며 각질층이 없는 점막에서의 흡수는 더 잘 된다. 유아와 노인층이 성인에 비해 피부 두께 차이로 피부 흡수가 더 잘된다. 피부의 산성도도 흡수에 영향을 미치며 산성도의 변화(이온화 촉진)와 가스화된 물질은 흡수가 잘 안된다.

::피부 흡수에 영향을 주는 요인::

환경적 요인	계절, 습도, 기온
생물학적 요인	성별, 개체간 차이
물리적 요인	연령, 피부 부위, 피부 상태, 혈류량
물리 화학적 요인	수분, 농도, 피부의 온도, 용해도, 용제, 분자량, 순도, 점도, 극성, 용량, pH

::피부 흡수를 방해하는 생리적 장애 요소들::

¤ 피부에 유해 물질의 흡수를 막아 피부 보호 요소로 작용하는 생리적인 요소들이 피부에 유효한 물질(유익한 물질)의 흡수를 방해하는 장애 요소로도 작용된다.

¤ 피지막, 각질층, 레인막, 세포막이 있으며 피지막, 각질층은 외부 물질의 물리적 침투를 막고 레인막은 생화학적으로 막아준다.

피지막	• 외부 물질의 침투에 강력한 방어벽 기능으로 수분, 유효 물질의 침투를 방해한다.
각질층	• 15~20층과 사이사이의 지질로 단단한 막을 형성, 각질층의 과다한 두께는 유효물질의 침투를 막는다.
레인막	• 외부의 수분 흡수, 내부로부터의 수분 증발 저지막 • 표피의 과립층과 투명층 서너겹의 피부층에 존재하는 견제 영역(전기적 공간-미세 물질이 통과 못함 ; 향장 조제 기술과 갈바닉 기기 등 사용 필요)
세포막	• 피지막, 각질층, 레임막을 통과한 이후 세포막의 삼투 작용에 의한 통과가 용이하지 않다. • 세포의 특성상 수용성, 지용성 물질만을 흡수

1-9 피부의 호흡 기능

피부 표면은 호흡을 하게 되는데 흡입(산소 흡입), 방출(이산화탄소 방출)을 이용하여 에너지를 생산하는 과정을 피부 호흡이라고 한다. 폐 호흡에 비해 미비하지만 산소와 이산화탄소는 대부분 혈액으로부터 흡수되고 나머지는 공기로부터 직접 얻는다. 이산화탄소의 증발 증기에 의해 각질층이 산성을 띤다.

피부 호흡에 영향을 주는 요인

온도	온도가 높아지면 혈관을 통한 혈류량, 혈류 속도가 증가되고 산소와 이산화탄소 방출 속도 증가로 피부 호흡이 증가한다.
습도	상대 습도 20~80%일 때는 이산화탄소의 방출 속도도 증가한다.
연령과 성	연령의 증가로 피부 호흡의 감소, 남성보다 여성이 피부 호흡이 높다.
신체 부위	손, 발바닥은 산소 흡수와 이산화탄소 방출율이 높다.
대기 중의 산소압의 변화	대기 중의 산소 함유량이 30% 이하 일 때 산소 흡수 속도는 산소 함유량에 비해 증가한다.
대기 중의 이산화탄소압의 변화	대기 중에 이산화탄소 함유량이 50%일 때 이산화탄소가 피부 안으로 들어가 함량을 증가시키면 산소 흡수 속도가 낮아진다.

피부 호흡의 증가와 감소

- 피부 호흡이 감소될 수 있는 요인으로는 화장품이나 외용제의 도포, 비타민의 결핍, 방부제나 향균제 및 지방산 등이 있다.
- 비누의 경우 중성 비누는 피부 호흡에 영향이 없지만 비이온성 세제는 피부 호흡을 증가시키며 음이온, 양이온성 세제는 피부 호흡을 감소시킨다.
- 바닷물의 경우 동일 염 농도보다 피부 호흡을 더 증가시키며 바닷물 용액에 황산 마그네슘을 첨가하면 활성제로 작용하고 불화 나트륨을 첨가하면 저해제로 작용한다.
- 독성 물질은 피부 호흡을 저해하고 피부 호흡을 촉진하는 물질에 의해 호흡 감소를 방지하게 된다.

1-10 피부의 pH

피부의 pH와 그 기능

- pH는 수용액 중의 수소 이온 농도를 나타내는 단위이다. 0~14까지의 수치로 나타내며 중성은 물(증류수)이고 0에 가까울수록 산성이며 14에 가까울 수록 알칼리성이다.
- 피부의 pH는 피지막의 pH이며 개인에 따라 다르다. 피부는 알칼리에는 약하고 산에는 강한 편이다.
- 보통 땀은 pH5.5~6.5이며 소한선의 경우는 pH5.5이고 대한선은 중성 또는 pH4.5~6.5이다. 피지 분비가 많은 두피의 경우는 pH4.8 부근이다.
- 여드름 피부는 pH7~8이며 소양증 피부는 pH7.5~9이다.
- 건조한 피부의 표면에서는 pH 값이 존재하지 않는다.
- 정상 피부의 pH는 4.5~6.5의 약산성의 특성을 보이며 기온에 반비례하고 수분량에 비례한다.

- 피부의 pH는 연령, 성별, 인종 등에 따라 달라지며 표피에서 진피로 갈수록 높아진다(알칼리성).
- 피부 신진 대사가 왕성한 20대가 피부의 pH 값이 낮고 신생아나 40~50대 이후부터 pH 값이 높아지며 신생아의 경우 3일이 지난 이후에는 산성 쪽으로 기운다. 성인 남성이 여성보다 pH가 조금 낮으며 월경 전후의 여성의 경우 pH가 낮아진다.

피부 pH의 영향

- 피부는 케라틴이라는 단백질로 구성되어 있다. pH 3.7~4.5에서 응고가 일어나고 단백질의 응고로 인해 피부는 탄력성이 없어지므로 피부 표면은 일정한 pH가 항상 유지되어야 한다.
- 단백질의 응고와 침전은 pH 4인 산 부근에서 일어나고 알칼리 용액에서는 팽윤이나 가수분해가 일어난다.

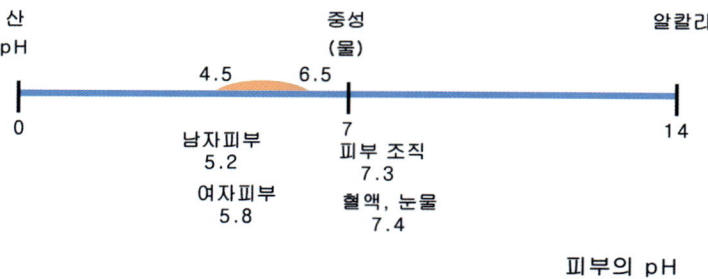

피부의 pH

2 피부의 부속 기관

2-1 한선과 피지선

분비선이라도 하며 한선은 땀의 분비, 피지선은 피지의 분비가 이루어지는 선이다.

한선(땀샘)

에크린선 (소한선)	• 털과 관계없이 진피의 하층에 있는 나선 모양의 배설관으로 피부 표면으로 분비 • 에크린선은 혈관계와 더불어 신체의 2대 체온조절 기관이다. • 무색 무취로서 99%가 수분이다. • 입술, 음부를 제외한 전신에 분포, 손바닥, 발바닥, 얼굴(이마), 머리, 서혜부, 코 부위, 겨드랑이에 많이 분포. • pH3.8~5.5의 약산성 무색, 무취의 액체이다. • 보통은 인지되지 않은 상태에서 배출되나 온도와 정신적인 긴장, 발한 작용 촉진 약품, 자극적 음식, 음료 등의 요인에 의해 분비가 촉진된다.

아포크린선 (대한선)	• 소한선보다 선체가 크고 털과 함께 존재, 사춘기 이후 모공을 통하여 분비되며 독특한 체취를 발생시킨다. • 겨드랑이와 유두, 배꼽, 성기, 항문 주위 등에만 분포한다. • 여성〉남성, 동양인〉백인〉흑인 • 사춘기 이후 성호르몬의 영향으로 분비(체취선)가 시작되어 점차 기능이 퇴화되면서 갱년기 이후에는 분비가 감소한다. • 출생 시 전신에 형성되고 이후 생후 5개월경에 다시 퇴화된다.

- 한선의 역할은 피부에 수분을 공급해 주며 체온 조절 작용, 피부의 피지막 및 산성막 형성, 신장 역할의 보조가 있다.
- 땀의 성분은 99.2%의 물로 구성되어 있으며 나머지는 0.7%의 염화나트륨, 0.2%의 시트르산, 0.1%의 젖산, 0.01%의 아르코르브산, 0.096%의 식초산, 0.0062%의 프로피온산, 0.0046%의 카르리산과 가프론산 등 미량의 요소 및 요산으로 구성되어 있다.
- 땀의 분비에 영향을 주는 것은 신경적인 자극(흥분, 긴장감, 무서움) 등의 정신 발한, 더위에 의한 온열 발한, 자극적 음식을 통한 미각 발한, 움직임에 의한 운동 발한, 발한제 등을 들 수 있다.
- 액취증의 경우는 암내라고도 하며 겨드랑이에서 심한 땀의 분비로 냄새가 나는 것을 말한다. 이때의 한선은 아포크린한선(대한선)이며 한선 자체의 냄새가 아닌 분비물에 의한 세균에 의한 부패로 악취가 나는 것이다.

피지선(기름샘)

- 진피의 망상층에 위치, 털의 부속 기관과 연결되어 있어 모낭으로 피지가 분비된다(모근부의 위에서 1/3 지점).
- 성인이 1일 분비하는 피지 분비량은 1~2g이다.
- 피지 세포의 붕괴로 분비물(피지)이 형성되며 피지선의 분포 및 피지 분비량은 신체 부위별로 다르다.

독립 피지선	• 털과 관계없이 피지선이 존재 • 입과 입술, 구강점막, 눈과 눈꺼풀, 젖꼭지 등에 존재한다.
큰 피지선	• 이마와 코를 연결하는 T존 부위, 턱, 두피, 가슴과 등의 중앙에 많이 분포한다.
작은 피지선	• 손바닥과 발바닥을 제외한 신체 모든 부위에 분포한다.

- 피지의 일정 두께 확산 후에는 분비가 정지된다. 세안, 목욕에 의해 손실된 피지의 보충은 얼굴은 1~2시간 정도이고 몸의 피부는 3~4시간 정도이다.
- 피지 속에는 유화 작용을 하는 물질이 포함되어 있어 유화 작용이 있고 살균 작용과 수분이 증발되는 것을 막아주며(수분 증발 억제) 털과 피부에 광택을 준다.
- 피지선이 없는 곳은 손, 발바닥이다.
- 사춘기에 왕성하게 진행한다. 여성의 경우 35~40세에 많이 감소하고 남성의 경우 60세에 피지선이 퇴화된다.
- 남성 호르몬(안드로젠)은 피지선을 자극하므로 피지의 분비를 촉진시키며 여성 호르몬(에스트로젠)은 피지의 분비를 억제하는 역할이 있어 여성보다 남성의 경우 지성 피부가 많다.

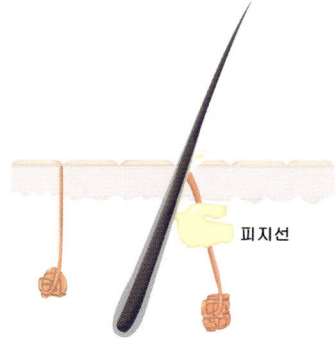

::피지의 구성 성분::

- 피지선의 분비물인 순수 피지의 경우 약 50% 이상은 트리클리세라이드이고 나머지는 인지질과 왁스에스텔, 스쿠알렌, 콜레스테롤, 콜레스테롤 에스텔로 구성된다.
- 피지의 트리글리세라이드(Trig-lyceride)는 세균(모낭에 존재하는 여드름균 등)의 지방 분해 효소에 의해서 유리 지방산과 모노글리세라이드나 디글리세라이드로 분해되며 분해로 생긴 유리 지방산은 모낭 자극으로 여드름의 염증성 병변에 역할을 한다.
- 피지에 함유된 콜레스테롤(Cholesterol), 인지질, 라놀린 등의 지방에는 땀과 기름을 유화시키는 기능이 있어 피지선의 피지와 표피 세포의 각화 과정에서 생성되는 지방질, 그리고 땀 분비물 내 지방질이 유화되어 피부 표면에 얇은 막(피지막)을 형성한다.

🍀 입모근

- 입모근의 주된 역할은 체온 조절 기능이다. 갑작스러운 기후 변화나 공포감을 느끼면 근육이 수축되어 모공이 닫힘에 따라 체온 손실을 막아준다.
- 모낭의 측면에 위치하며 모근부의 아래에서 1/3 지점에 부착되어 있다.
- 입모근은 자신의 의지로는 움직일 수 없는 불수의근으로 긴장, 추위나 공포 시에 피부가 노출되었을 때 입모근의 수축으로 모근부를 잡아 당기게 되면서 털이 서게 된다.
- 입모근이 없는 부위는 속눈썹, 코털, 액와부위이다.

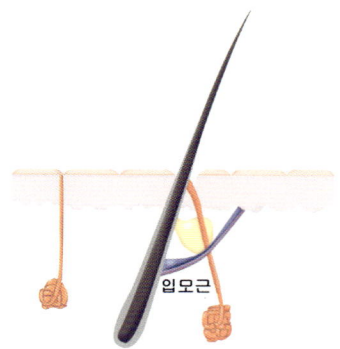

2-2 피부의 단련과 중화능

🍀 피부의 단련

- 마찰은 피부에 자극을 주어 혈액 순환을 돕는다.
- 일광욕은 피부의 기능을 높이고 비타민 D를 형성한 후 구루병을 예방한다.
- 공기욕은 피부의 저항력을 강화시키며 혈색을 좋게 한다.
- 해수욕은 균형 잡힌 신체를 만들어 준다.

🍀 피부의 중화능

- 피부는 알칼리성화 된 피부를 약산성인 정상 피부로 만드는 능력을 가지고 있으며 이를 중화능이라고 한다(피부의 알칼리성은 세균의 침입으로 염증을 쉽게 일으키고 피부 표면의 과민, 광선에 피부가 쉽게 타는 현상을 불러온다).
- 세안에 의한 피부 표면의 지방 제거는 시간의 경과로 피지가 생성되어 피지막이 다시 만들어진다. 초기에 더 급속하게 증가되며 피지막 형성 시간의 정도는 개인, 신체 부위, 피지선의 작용에 따라 다르다.
- 피부의 pH는 4.5~6.5의 약산성이다. 이때 비누에 의한 세안으로 일시적으로 알칼리성으로 되었다가 다시금 돌아오는 현상을 중화능이라고 한다.
- 목욕이나 세안 등의 원인으로 피지가 없어졌다가 다시 원상태로 돌아오는 시간은 3~4시간이며 얼굴은 1시간이다.

- 에크린 한선(소한선)의 분비 중 젖산의 경우 알칼리를 중화시키는 역할을 하므로 여름철 땀의 증가는 중화능을 증가하게 한다.

2-3 천연 피지막과 보습

🍀 천연 피지막(천연 보호막, 피지막, 산성막)

- 천연 피지막은 피부 표면을 덮고 있는 천연 방어 기능을 갖는 얇은 막으로 천연적으로 피부 보호를 위해 생긴 피지막이다.
- 피지막은 피부, 모발에 윤기와 부드러움을 주고 외부의 이물질과 자극에 대한 막을 형성한다. 피지막의 pH4.5~6.5는 약산성으로 피부 표면의 세포 성장 저지, 알칼리성 물질을 중화시켜 피부 손상을 막아준다.
- 피지막은 외부의 물리적, 화학적 자극으로부터 피부를 보호한다.
- 땀과 피지가 융합(땀이나 피지의 분비물에 포함된 카프론산, 프로피온산, 카프린산 등의 지방산과 표피 세포의 찌꺼기 들이 모여 만들어진 것)되어 약산성으로 피부 표면에 존재하는 세균의 증식을 억제하여 감염과 가려움, 자극으로부터 피부를 보호한다.
- 소한선에 있는 젖산의 영향으로 피부 표면에 알칼리성 물질이 닿으면 알칼리를 중화하는 작용을 한다.
- 피지선(기름샘)에서 나온 피지와 한선(땀샘)에서 나온 땀은 지방산에 의해 보통은 기름 속에 수분이 섞여있는 유중수형(W/O)의 유화 상태이지만 땀을 흘리게 되면 땀의 양이 기름의 양보다 많아져 수중유(O/W)의 상태가 된다.

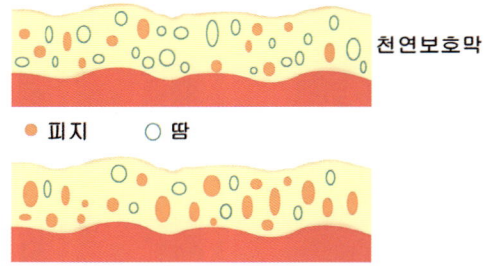

🍀 천연 보습 인자(Natural moisturizing factor, NMF)

- 표피의 각질층에 존재하고 있는 수용성 성분을 총칭하여 NMF라고 한다.
- 피지막의 친수 성분을 천연 보습 인자(NMF)라고 부르며 피부의 건조를 막아준다.

∷천연 보습 인자의 성분과 함량∷

아미노산	40.0%	칼슘	1.5%
피롤리돈 카르복시산	12.0%	암모니아	1.5%
젖산염	12.0%	마그네슘	1.0%
요소	7.0%	인산염	0.5%
염소	6.0%	시트르산염, 포름산염	0.5%
나트륨	5.0%	기타	9.0%
칼륨	4.0%		

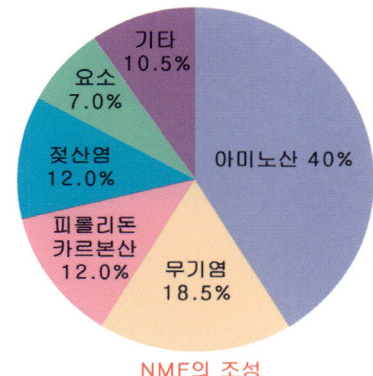

NMF의 조성

각질층의 보습

- 각질층에는 피지와는 별도로 자체에서 생긴 지질(세포간 지질)이 존재하며 이러한 세라마이드(Ceramide)와 같은 지질은 수분을 유지하는 역할을 한다.
- 피부 표면인 각질층의 상태에 따라 피부의 아름다운 정도가 나타나게 되는데 피부 수분이 감소되면 건조한 피부가 된다. 피부의 건조는 유분의 부족이 아닌 각질층의 수분 부족으로 생긴다(유분은 수분 증발을 막는 역할).
- 각질층의 유연성 정도를 나타내는 것은 천연 보습 인자(NMF, Natural moisturizing factor)의 작용이며 NMF의 구성 중 아미노산(유리 아미노산)이 가장 많다. 아미노산 중에서도 가장 많은 것은 세린으로 아미노산 중 보습제로 많이 사용된다.

∷ 각질층에 존재하는 아미노산(유리 아미노산) ∷

아미노산의 종류	함량(%)
세린(Serine)	20~33%
시트롤린(Citrulline)	9~16%
알라닌(Alanine)	6~12%
트레오닌(Threonine)	4~9%
오르니친(Ornithin)	3~5%
글리신(Glycine)	3~5%
류신(Leucine)	3~5%
발린(Valine)	3~5%
리신(Lysine)	3~5%
티로신(Tyrosine)	3~5%
페닐알라닌(Phenylalanine)	3~5%
아스파라긴(Asparagine)	3~5%
히스티딘(Histidine)	3~5%
아르기닌(Arginine)	3~5%
글루탐산(Glutamic acid)	0.5~2%

❀ 진피층의 보습

- 피부의 탄력이 없어지는 것은 진피의 망상층에 있는 수분과 결합력이 높은 콜라겐과 무코 다당류의 감소로 진피의 수분이 감소되고 엘라스틴도 수분의 감소로 탄력성이 떨어지기 때문이다.
- 진피의 보습은 무코 다당류가 작용(히아루론산염)하며, 히아루론산염은 탄력 섬유와 결합섬유 사이에 존재한다.

3 피부 질환과 여드름

3-1 피부의 증상과 징후

피부의 증상은 주관적인 증상과 객관적인 증상으로 나눌 수 있다. 주관적 증상에는 소양감(Itching), 작열감(Burning), 의주감(Formification), 아린감(Tingling), 찌르는감(Prickling), 물어뜯는감(Biting), 동통(Pain), 지각탈실(Numbness) 등이 있으며 육안으로는 판별이 가능하지 않는 임상 현상을 나타내는 피부의 불쾌감으로 정의되고 있다. 가장 민감하게 반응하는 곳은 뺨과 코 주변이며 피부의 온도, 수분량, 피부 pH 등이 영향을 준다. 객관적인 증상은 피부 질환의 염증 반응으로 반응의 결과에 대한 피부의 객관적 징후인 원발진(Primary lesions)과 속발진(Secondary lesion)으로 구별된다.

3-2 피부의 장애(객관적 징후)

원발진(Primary lesions)

- 정상 피부에 최초로 나타나는 발진을 의미한다.
- 질환의 초기 증상으로 건강한 피부에서 발생한다.
- 질병으로는 간주되지 않는다.

원발진	면포, 반점, 홍반, 구진, 결절, 종양, 낭종, 소수포, 수포, 농포, 팽진 등

:: 원발진의 종류 ::

- **반** : 피부의 색조 변화로 형태와 크기가 다양하며 피부의 융기나 함몰은 없다.
- **반점** : 주변의 피부와 색이 다른 반점으로 주근깨, 기미, 홍반, 백반, 오타모반, 몽고반점, 자반(조직 내의 출혈에 의해 착색이 표피를 통해 보이는 상태) 등이 이에 포함된다.

- **홍반** : 모세혈관의 충혈에 의한 피부의 발적 상태로 시간의 경과에 따라 크기가 변한다.
- **구진** : 경계가 뚜렷한 피부의 단단한 융기물(직경 1cm 미만)로 주위 피부보다 붉고 표피에 형성(상처 없이 치유)한다.

구진(Papule)

- **결절** : 구진보다는 크고 경계가 명확하며 단단한 것으로 진피, 피하 지방층까지 자리 잡고 있다, 섬유종과 황색종이 있다.
- **종양** : 2cm 이상의 지름 크기의 종양(표면은 무르고 단단한 형태는 다르다).
- **낭종** : 액체나 반고형 물질이 표피, 진피, 피하 지방층까지 침범해 있어 피부의 표면이 융기되어 있는 상태, 심한 통증을 동반하고 여드름의 4단계에서 생성되며 치료 후 흉터가 남는다.
- **소수포** : 표피 안에 액체나 피가 고이는 것으로 피부의 융기물이다. 2도 화상에서 주로 볼 수 있으며 0.5~1cm의 지름으로 가볍게 터지기도 한다.
- **수포** : 소수포보다 크며 액체를 포함한 피부의 융기물로 직경 1cm 이상의 혈액성 내용물을 가진 물집이다.
- **농포** : 표피 부분에 가시적인 고름이 잡히는 것으로 여드름 등 염증을 동반한 형태를 말하며 주로 모낭이나 한선 내에 형성된다.
- **팽진** : 표재성의 일시적 부종으로 주로 가려움을 동반한 쿠풀어 오르는 발진 현상이다. 모기 등의 곤충에 물렸거나 두드러기, 알레르기 등의 일과성 피부 증상으로 크기나 형태가 변하며 수 시간 내에 소실된다.

🌸 속발진(Secondary lesion)

- 피부 질환의 후기 단계이다.

속발진	미란, 찰상, 인설, 가피, 균열, 위축, 궤양, 켈로이드, 태선화, 반흔 등

::속발진의 종류::

- **미란, 짓무름** : 표피가 벗겨진 조직의 결손, 치유 후 반흔(상처)을 남기지 않는다.
- **찰상, 표피박리** : 긁어서 생기는 표피의 결손, 기계적 자극
- **인설, 비늘** : 각질층에서 떨어져 나온 각질(죽은 표피 세포)이나 비듬 등으로 표피성 진균증, 건선 등에서 나타난다.
- **가피, 딱지** : 병적 기전에 의해 표피층의 소실 부위에 혈청, 농, 세포, 표피성 물질과 분비물이 말라 붙은 것
- **균열** : 심한 건조나 장기간의 염증으로 인해 피부의 탄력성이 없어지면서 생기는 갈라짐
- **위축** : 진피 세포나 성분의 감소에 의해 피부가 얇아진 상태, 피부 탄력 감소에 의해 주름 형성, 피부의 층이 얇아져 정맥이 비치는 증상으로 노인성 위축 등에서 볼 수 있다.
- **궤양** : 진피와 피하 지방층까지의 조직 결손으로 치유 후 반흔(상처)을 남긴다. 피부의 손실 증상을 동반한 몸의 점막
- **켈로이드** : 상처의 치유가 이루어지면서 진피층의 교원질이 과다 생성되므로 흉터가 표면 위로 크고 굵게 융기한 흔적이다.
- **태선화** : 장기간에 걸쳐 반복하여 비비거나 긁어서 표피나 진피의 일부가 건조화가 되면서 가죽처럼 두꺼워지는 상태로 광택은 없으며 만성 소양증에서 흔히 나타난다.
- **반흔, 흉터** : 일반적인 상처나 흉터를 말하며 상흔이라고도 한다. 표피의 손상이 복구가 되지 못한 상태, 진피 이하까지 조직의 결손, 모공이나 한구도 없어져 광택을 나타낸다.

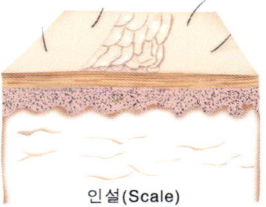
인설(Scale)

궤양(Ulcer)

4 피부 질환

피부는 정상을 유지해야 하는데 정상을 벗어난 상태를 피부의 질환이라고 한다.

4-1 색소 질환

- 멜라닌의 결핍이나 피부 내 증가는 피부색에 변화를 초래한다.
- 색소 질환이 생기는 요인으로는 자외선, 내장 장애, 내분비 장애, 정신적인 스트레스, 물리적·화학적 요인, 피부 발진 및 피부 염증 등이 있다.

저색소 침착 질환	과색소 침착 질환
백반증, 백색증	기미, 주근깨, 노인성 반점, 지루성 각화증, 릴 안면흑피증, 베를로크 피부염, 표피의 종양, 멜라닌 세포 종양(멜라닌 세포 모반, 선천성 멜라닌 세포 모반, 흑자, 오타씨 모반, 후천성 양측성 오타씨 모반양반, 몽고반, 악성 흑색종)

- 지루성 각화증(Seborrheic keratosis)은 각질 형성 서포 고정에서 국소적 정지 현상, 기름 성분의 산화 작용으로 발생한다고 하며 경계가 뚜렷한 갈색이나 흑갈색의 구진 또는 판으로 표면이 우둘투둘하다.
- 릴 안면흑피증(Riehl's melansosis)은 일광 노출 부위에 넓게 나타나는 갈색이나 암갈색의 색소 침착이며 진피 상층부에서 멜라닌이 증가한 것이다.
- 베를로크 피부염은 알레르기성을 유발하는 성분으로 생기는 반점으로 향수나 오데코롱 등의 사용 후 일광을 쐬이면 노출 부위에 생기는 피부의 색소 침착이다. 목 주위의 발생이 높아 목걸이(Berlock)의 의미에서 비롯된 Berloque dermatitis라 이름이 붙여졌다.
- 청색모반은 표피의 바로 아래에서부터 진피층 깊은 곳까지 자리잡고 있는 새까만 색소의 반점이며 빛의 산란 현상으로 피부 밖에서는 푸르스름한 색을 띠어 청색모반이라고 한다.
- 화염성 모반 혈관종은 적색에서 암적색의 색깔로 출생 때부터 갖고 태어난다. 부위의 범위는 다양하며 혈관종의 두께에 따라 색이 진하다.
- 섬망성 혈관종은 진피의 유두층에 위치한다. 거미줄 모양의 빨간점으로 조금 돌출되어 있으며 얼굴, 가슴, 손등에 생길 수도 있다.

4-2 기타 질환

🍀 물리적 요인에 의한 피부 질환

물리적 요인으로 발생하는 피부 질환의 분류에는 열에 의한 질환, 한냉에 의한 질환, 기계적 자극에 의한 질환으로 나눈다.

열에 의한 질환	• 화상 : 1도 화상(붉은 피부), 2도 화상(수포 형성), 3도 화상(흉터 남음) • 한진, 땀띠 : 에크린선의 각질에 의해 막혀 땀이 배출되지 못하고 한관이 파괴되어 소수포 형성 • 홍반 : 진피 내의 작은 혈관이나 유두하층의 혈관층의 확장으로 피부의 발적 및 충혈이 일어난 상태이며 약물, 자외선, 방사성에 장기간 노출, 직접적인 피부조직의 손상으로 나타난다.
한냉에 의한 질환	• 동상 : 차가운 냉기(빙점 이하의 기온)에 오래 방치되었을 경우 조직이 동결되어 혈액 공급이 감소되거나 안되는 상태이며 장시간 노출되면 조직의 괴저가 일어난다. • 동창 : 한냉에 의한 비정상적인 국소적 반응(가벼운 동상 – 혈관 수축, 부종과 소양증 동반)

기계적 자극에 의한 피부 질환	• 굳은살 : 압력에 의해 발생하는 국소적인 과각화증, 통증 없음 • 티눈 : 각질층의 증식 현상. 중심부에 핵심이 있다. 사마귀와는 구별되어져야 한다. • 욕창 : 압력을 받은 부위가 허혈 상태가 되어 발생(움직임이 어려운 환자에게서 많이 발생)

- 화상은 불이나 기타 뜨거운 물질, 화학적 물질 등으로 피부에 손상을 입는 것을 말하며 단계별로 1도, 2도, 3도 화상으로 나누어진다.
- 홍반(Erythema)은 피부 조직의 손상이나 약물 등에 의해 진피 혈관의 확장으로 발생하는 피부 질환이다.
- 굳은 살은 각질층이 두터워지는 현상이며 압박이 제거되면 없어지는 것으로 발바닥, 손바닥, 관절의 돌출 부위에 주로 생긴다.
- 티눈은 신발의 계속적인 압박으로 생기는 현상으로 작은 둥근 원의 형태를 갖춘다. 경성티눈(발가락위, 발바닥)과 연성티눈(발가락 사이)으로 나누어진다.

소양증(Pruritus)

소양증은 피부가 가려운 증상으로 갑자기 또는 지속적으로 나타나기도 한다. 의주감은 개미가 기어가는 듯한 불쾌감이고 동통은 깊이 통증을 주는 감으로 나타나며 작열감은 쿡쿡 쑤시는 아픔 등으로 나타난다. 무감각증은 반점으로 나타나기도 하며 이상 각화증은 표피의 각질층에서 각화가 제대로 이루어지지 않는 상태를 말한다.

습진(Eczema)

초기에 소양증을 동반하고 홍반, 수포, 부종, 구진 등의 원발진으로 시작하여 만성화되면서 인설, 태선화 등의 속발진을 보이는 질환 모두를 포함한다.

주부 습진	• 물, 합성세제, 알칼리성 물질 • 산성막의 파괴로 피부 보호 작용이 없어지고 건조로 인한 갈라짐 • 고무장갑을 잘 이용하고 물 사용 후에는 유분이 많은 크림으로 손 보호
유아 습진	• 기저귀로 인한 습진
아토피성 피부염 (태열 습진)	• 만성 습진의 일종으로 어린아이에게 주로 발생된다. 소아 습진에서부터 성인에 나타나는 태선화 피부염까지 이르는 질환으로 유전적 소인이 있다. • 증상은 피부의 건조에 의한 가려움증이 있으며 증상이 오래 경과되면 태선화된 병변이 있게 된다. • 피부가 건조하기 쉬운 가을과 겨울에 더 심해지고 천식, 알레르기성 비염과 동반 • 적절 온도와 습도 유지, 목욕 횟수를 줄이고 면직물의 의복을 착용하는 것이 좋다.

🍀 접촉 피부염 - 알레르기(Allergie)

- 외부물질 접촉으로 어떤 성분에 대한 특정 반응을 일으키는 접촉성 피부염이다.
- 특정 음식, 동물, 식물, 염색제, 퍼머약, 고무 종류, 금속 종류, 방부제, 농약, 화장품, 향료 등에 의해 유발된다.
- 알레르기의 특징은 초기에는 접촉 부위의 홍반과 가려움이 발생하며 악화로 부종, 소수포(작은 물집), 진물로 인한 급성 습진성 병변으로 발전된다.
- 알레르기를 일으키는 식물에는 옻나무, 은행나무, 알로에, 야생초 등이 원인이 될 수 있으며 화장품 성분에는 라놀린, 메칠살리신산, 금분, 콜라겐, 올케온산, 구아닌 등으로 알려져 있고 염색약의 주성분 파라페닐렌디아민이 있고 금속은 수은, 니켈, 크롬 등이 있다.

🍀 지루성 피부염(Eczema seborrhoicum)

- 피지 분비 과다 현상(기름기 있는 비듬 덩어리가 특징)이다.
- 지성 피부에 잘 생기며 신선한 야채와 과일을 섭취한다.

🍀 주사

- 지루성 피부의 피부 질환 형태로 40~50대 연령층어 주로 생긴다. 원만하지 않은 혈액의 순환으로 충혈과 피부 조직의 확장, 모세혈관이 파손된 형태이다.
- 면포의 형성이 없고 바로 구진과 농포가 코를 중심으로 볼에 나비 모양으로 형성되며 결막염, 각막염이 동반 형상으로 나타날 수 있다.
- 더운 음료나 알코올은 혈관을 더 팽창시킨다.
- 과도한 햇빛, 한냉에는 노출을 삼가는 것이 좋다.
- 얼굴의 양 볼에 대칭적으로 발생하는 만성 출혈성 피부 질환으로 코나 이마 부위에도 발생된다.

🍀 모낭염

세균 감염에 의한 농포의 일종으로 모낭염이 깊이 자리잡아 만성적인 현상이 되면 모창으로 발전한다.

🍀 감염성 질환

세균성 피부 질환	전염성 농가진, 절종, 옹종, 단독
바이러스성 피부 질환	전염성 연속종, 수두, 대상포진, 사마귀, 단순포진
진균성 피부 질환, 피부 진균증	족부백선, 수부백선, 완선, 체부백선, 조갑백선, 캔디다증

- 전염성 농가진은 어린이에게 전염성이 높은 표재성 전염성 농피증이다.
- 대상포진(Herpes zoster)은 바이러스성 피부 질환이며 노화 피부에 발생이 잘된다. 심해지면 발진, 수포, 부종, 통증의 증상이 있다.
- 단순 포진(Herpes simplex)은 바이러스성 질환으로 입술, 콧등에 급성적인 수포가 형성되고 같은 부위에 재발된다.
- 사마귀(Warts)는 피부를 통한 바이러스 균의 감염으로 피부에 과각질화 현상이 나타나는 것으로 심상성, 족저, 편평 사마귀 등 종류가 다양하다.
- 무좀균(진균)이 발에 나타나면 족부백선, 손에 나타나면 수부백선 몸에 나타나면 체부백선, 사타구니에 나타나면 완선, 손톱에 나타나면 조갑백선이다(통풍과 면내의가 도움이 됨).
- 캔디다증은 조갑, 피부, 점막 및 내장에 감염, 구강이나 질, 장 등에 상재균이다.

안검 주위의 종양

비립종	• 모래알 크기 정도의 작은 황백색의 낭포 • 눈 아래 부위에 잘 발생, 뺨과 이마에도 발생 • 모공과 땀구멍에 주로 생성
한관종	• 표피에 조금 솟아오른 분홍색이나 황색의 에크린 한관의 구진 • 눈 주위에 호발, 흉부, 이마, 목에도 발생

- 비립종(Miliums)은 신진대사의 저조가 원인이 된다. 표피의 유핵층에서 형성된 백색구진의 형태로 한관종과 비슷하며 중년 여성에게 잘 생긴다.
- 한관종(Syringoma, 안검 황색종)은 물사마귀라고 부르는 것으로 땀샘관의 출구 이상으로 피지 분비가 막혀 생성되는 일종의 피부 양성 종양이다. 주로 30~40대 여성 눈의 가장자리에 잘 생긴다.

Section 03
피부 노화와 색소, 면역 및 광선

1 피부 노화

1-1 피부 노화의 원인

🍀 생리적 노화(Physiological ageing)

자연적으로 25세를 기점으로 나이가 들어감에 따라 인체 기관의 기능이 저하되는 현상으로 모발의 감소와 안구 조절 기능의 장애, 피부의 구조와 생리적 기능 저하에 따른 탄력성 감소와 주름, 노인 반점 등의 노화 현상이 나타나는 것이다.

::생리적 노화 현상 – 내인성 노화::

- 표피와 진피의 구조적 변화
- 표피와 진피사이의 영양 교환의 불균형
- 세포와 조직의 탈수 현상(건조, 잔주름 발생)
- 기저 세포의 생성 기능 저하(세포 재생주기의 지연)
- 색소 침착, 얼룩 반점, 자외선에 대한 방어 능력 저하
- 면역, 신진대사 기능의 저하
- 피부 감각 기능의 저하
- 분비 세포의 재생이 줄어 피지선의 분비 감소
- 탄력 섬유와 교원 섬유의 감소와 변성
- 무코 다당질의 감소(피부의 탄력성 저하, 주름 형성)

🍀 환경적 노화(Environment ageing)

외적 영향(생활 여건, 주변 환경)으로 일어나는 노화 현상으로 일광, 더위, 추위, 바람, 스모그 등의 자연적 요인과 공해나 흡연 등은 내적 노화를 촉진시킨다. 환경적 노화의 대표적인 것은 일광욕으로 지속적인 자외선에 노출되면 광노화를 유발한다.

::환경적 노화 현상 - 광노화::

- 광선 노출이 장기간에 이루어지면서 조직학적인 피부 변화나 임상적인 변화를 일으켜 노화로 진행되는 형태이다.
- 장기간에 걸쳐 피부가 햇빛에 노출 되었을 때 피부의 건조와 함께 각질층 두께가 두꺼워지고 탄력성이 감소되면서 주름이 생기는 것으로 주근깨나 노인성 흑자, 불규칙한 색소 소실 등의 색소 변화가 있게 된다.
- 진피층의 섬유질 손상으로 콜라겐과 엘라스틴의 가교 결합의 증가는 자외선에 의한 광노화 현상으로 인해 피부의 탄력 감소로 주름을 형성한다.
- 광노화에 따라 각질 형성 세포의 증식 속도가 증가되어 표피는 두꺼워지고 멜라닌 세포도 증가하며 광노화에 의해 손상된 부위에서 색소 침착이 일어나게 된다. 면역 세포인 랑게르한스 세포의 활성도와 세포 수의 감소로 면역성이 감소된다.
- 광 노화를 일으키는 주된 파장은 UVB로 인식되어 있지만 UVA도 노화를 일으키는 파장이 될 수도 있다고 한다. UVA보다 UVB가 홍반 발생 능력이 1,000배 정도 강하지만 UVB의 노화를 촉진할 수 있다.

- 노폐물 축적에 의한 표피의 두께가 두꺼워짐
- 피부의 민감화와 악건성화
- 모세혈관 확장, 쉽게 멍이 든다.
- 색소 침착(노화 반점, 주근깨 등)
- 면포(여드름)나 피지선의 증식 유발
- 탄력 섬유와 교원 섬유의 감소와 변형에 의한 탄력 감소 및 주름 형성
- 표피층의 랑게르한스 세포수의 감소
- 자외선에 의한 DNA의 파괴는 피부암으로 연결

1-2 피부 노화와 화장품

피부 노화 화장품에는 레티노이드, AHA(알파-히드록시산), 항산화제, 멜라닌 생성 저해제가 있다.

🌼 레티노이드

- 비타민A와 그 유도체(레티날, 레틴산)를 일컬어 레티노이드라고 한다.
- 상피나 비상피 세포의 분화와 성장에 중요한 역할을 한다.
- 이중 유도체인 레틴산(Retinoic acid)은 건선이나 여드름, 각질 이상증에 효과적이며 최근에는 자외선에 의한 피부 손상에도 효과적인 것으로 알려져 있다.

🍀 AHA(알파 - 히드록시산)

- 흔히 아하(AHA)라고 하며 과일이나 요구르트, 사탕수수에서 발견된다.
- 카르복시산(Carboxylic acid)에서 알파 위치의 탄소에 히드록시기(-OH)를 갖는 화합물을 말하는 아하(AHA)라고도 한다. 의약용으로는 어린선, 여드름의 치료나 피부 표면을 벗기는 물질로 사용되어 왔으나 화장품 분야에서는 보습, 피부 주름 감소, 노화 반점의 감소, 피부 연화제 등으로 사용되고 있다. AHA는 각질 세포의 세포간 졸합력을 약화시키고 각질 세포의 탈락을 촉진시켜 줌으로써 세포 증식 및 세포 활성의 증가로 주름이 감소한다.

🍀 항산화제

대사과정 중 생성되는 활성 산소, 산소 라디칼 및 반응성 산소종은 반응성이 매우 높아 세포의 주요 구성 물질인 지질, 단백질, 다당류 및 핵산을 파괴하여 세포의 기능 저하를 초래한다. 정상 생체에서는 이들의 생성과 소거가 균형을 이루고 있으나 특수한 상황과 생리적 노화에 의해 산소 라디칼 생성이 급격히 증가하거나 산소 라디칼을 제거하는 방어 능력이 저하되면 생체는 산소 라디칼에 의해 손상을 받게 된다. 대표적인 항산화제로는 카로틴, 녹차 추출물, 비타민 E, 비타민 C, SOD(Superoxide dismutase) 등이 있다.

🍀 멜라닌 생성 저해제

- 멜라닌의 침착을 방지하기 위한 방법으로 멜라닌 합성 경로를 차단하는 방법들이다.
- 단계별 차단 방법에는 1단계는 자외선에 피부 노출 방지, 2단계는 티로시나제 저해 작용, 3단계는 멜라닌 세포에 독성을 나타내는 물질의 투여, 4단계는 생성 멜라닌을 외부로 배출하게 촉진하는 방법이다.
- 색소 침착 방지를 위한 물질을 분류하면 1단계 자외선 흡수 제외 자외선 산란제가 있고 2단계는 비타민C와 코직산이 티로시나제 저해제이며 3단계는 하이드로키논류는 멜라닌 세포에 독성을 나타낸다. 4단계의 토코페롤(멜라닌 생성 촉진을 소거하는 물질), AHA(각질 박리 촉진으로 생성된 멜라닌을 제거) 등이 있다.
- 하이드로퀴논, 알부틴, 코직산, 아젤라인산, 비타민 C 등이 있다.

2 피부의 색소와 면역

2-1 피부의 색

피부의 색을 결정하는 것은 카로틴, 헤모글로빈, 멜라닌이다. 카로틴은 황색을, 헤모글로빈은 붉은 색소를 나타내며 멜라닌은 흑색과 황갈색을 나타내는 색소이다. 이중에서도 멜라닌의 경우 양과 타입(유멜라닌, 페오멜라닌), 피부 내의 분포 위치에 따라 피부 타입이 결정되는데 자외선 등의 영향에 의하지 않는 유전적 요인으로 결정된 자연적 피부색과 이차적인 멜라닌의 변화 요인(과색소 현상, 저색소 현상)으로 나타나는 피부색이 있다. 인종간의 피부색은 멜라닌 세포의 수적 차이가 아닌 활성도의 차이에 기인하며 피부색이 검을수록 태양에 견디는 능력이 크고 멜라닌 세포가 많이 활성화된다. 같은 인종이더라도 피부 색상에 차이가 나타나는 것은 멜라닌 색소(뉴멜라닌과 페오멜라닌)의 분포 정도에 따라 결정되기 때문이다. 피부색을 결정하는 색소의 양, 분포와 피부 두께 등에 의해 피부색이 결정된다.

색소의 양은 멜라닌의 크기와 관련되고 멜라닌의 크기는 뉴멜라닌이 페오멜라닌보다 크며 검은 피부는 흰 피부에 비해 큰 멜라닌 형성 세포를 지니고 있다. 즉, 검은 피부는 뉴멜라닌이 더 많이 분포하고 있다. 헤모글로빈(Hemoglobin)은 호흡에 관계하는 물질로 주로 혈액 내 적혈구 속에만 존재한다. 헤모글로빈은 산소 분자와 가역적으로 결합해서 산소를 세포와 조직에 운반해 주는 역할을 한다. 산소와 충분히 결합된 헤모글로빈은 붉은 색을 나타내고 산소와 결합하지 못한 헤모글로빈은 푸른색을 나타내는데 그 결과 건강한 사람의 피부는 활력이 있고 붉게 보이며 건강하지 못한 사람의 피부는 산소가 부족하여 활력이 없고 푸르스름하여 창백하게 보인다. 피부 표면 가까이에 모세혈관이 분포해 있는 안면, 목 부위 등에서는 헤모글로빈의 붉은색이 피부색에 크게 영향을 주고 있다.

카로틴(Carotene)은 카로티노이드(Carotenoid) 색소의 일종으로 알파, 감마, 베타 3종의 이성체가 있다. 피부의 황색은 카로틴에서 유래하며, 여성보다 남성에게 많다. 카로틴은 인체 내에서 합성되지 않고 당근, 토마토 외부 식물을 통해 섭취된다. 카로틴은 주로 피하 조직에 존재하며 비타민A의 전구 물질로 작용한다.

2-2 색소에 따른 피부의 이상 증상

피부 색소 이상 증상에는 멜라닌 색소가 정상보다 적게 생성되는 백반증(Vitiligo), 백색증 등의 저색소 침착증과 기미, 주근깨, 오타씨 모반, 흑자 등의 과색소 침착증으로 나눌 수 있다.

🍀 기미(Melasma, 간반)

- 기미는 연한 갈색, 암갈색, 검정색 등의 다양한 크기의 색소반이 태양 광선 노출 부위, 특히 얼굴에 발생하는 과색소 침착성 질환으로서 주로 30~40대의 중년 여성에게서 발생하나 간혹 건강한 남성에게서도 나타난다. 가장 흔한 질환이면서도 정확한 원인이 알려져 있지 않으나 일광 노출은 절대적인 악화 요인이며 임신 기간이나 폐경기에 흔히 발생한다. 난소의 종양이나 내분비 질환 외에 정신적인 건강 상태에 영향을 미치는 스트레스, 각종 질환과도 연관이 있으며 화장품 등의 부작용에 의해서도 발생할 수 있다.
- 경계가 명확한 갈색의 점이며 썬탠기에 의해서도 기미가 생길 수 있다.
- 기미를 악화시키는 원인은 경구 피임약의 복용, 임신, 자외선에 노출, 내분비 이상이다.

🍀 주근깨(Freckle, 작란반)

- 얼굴이나 목, 어깨와 손 등에 빈발하는 일광 노출에 의해 황갈색이나 흑색의 불규칙한 모양의 5~6mm 이하의 선천성 과색소 침착증이다.
- 봄, 여름에 악화되며 한 번의 심한 노출로 주로 발생된다. 자외선 B가 작용하며 자외선 A는 이미 존재하는 색소반을 더 검게 만든다.
- 주근깨가 많은 피부는 되도록 햇볕을 쐬는 것을 자제하며 비타민C의 섭취를 늘리고 외출시에는 썬크림을 바른다.

🍀 오타씨 모반

오타씨 모반은 중년 한국인에게 흔한 질환으로 흔히 악성 기미로 불린다. 대체로 사춘기 이후에 광대뼈 부위에 기미의 형태로 조금 나타나다가 점차 눈밑과 콧등까지 퍼지는 색소성 질환이다.

🍀 흑자(Lentigo, 점)

- 안정하고 분명하게 과량으로 색소가 침착된 색소만을 말한다. 단순성 흑자(Lentigo simplex), 노인성 흑자(Lentigo senilis), 일광성 흑자(Solar lentigo), 악성 흑자 등이 있다.

단순 흑자	멜라닌 세포의 이상 증식으로 생기는 반점
노인성 흑자	노화 현상으로 생기는 반점
일광성 흑자	태양 광선에 의해 생기는 반점
악성 흑자	지루 각화증으로 불리는 양성 종양

- 단순성 흑자는 표피의 기저층에 멜라닌 세포가 이상 증식되어 있고 멜라닌의 침착이 증가한다. 경계가 명확하고 둥근 갈색 또는 검은색 반점이 한 개 또는 그 이상이 피부나 점막 부위 등 어느 곳이나 생길 수 있으며 일단 생기면 태양 광선 노출에 의해 더 검어지지는 않으나 자연적으로 사라지지도 않는다. 조직학적으로는 기저층에 있는 멜라닌 세포의 증식이 있으며 표피 내에 멜라닌이 과량 침착된 것이 관찰된다.
- 노인성 흑자는 일명 검버섯이라고도 한다. 일광 노화현상으로 생기는 반점으로 일광성 흑자라고도 한다.
- 일광성 흑자(Solar lentigo)는 태양 광선에 많이 노출된 부위에 주로 발생하는 것으로 발생 원인은 잘 알려져 있지 않으나 멜라닌 세포의 활성 증가에 의한다고 생각되고 있다. 임상적으로 태양 광선을 많이 받는 손이나 얼굴에 생기는 갈색 반점으로서 그 크기와 수가 점점 증가하는 경향을 보인다.
- 조직학적으로는 표피의 멜라닌 세포의 수가 증가하며 진피-표피 경계부에 멜라닌 세포가 응집되기도 한다. 증상 부위의 각질 형성 세포의 크기는 보통의 경우보다 큰 편이며 멜라노좀 복합체가 가득차 있다.

🍀 백색증(Albinism)

- 백색증은 피부, 모발 및 눈 등에서 멜라닌 색소가 결핍되어 나타나는 선천성 질환으로서 보통 피부가 건조하고 유백색을 띠는 경향이 있으며 멜라닌의 결핍으로 자외선에 대한 방어능력이 약화되어 쉽게 일광화상을 입는 등 자외선에 의한 상해를 쉽게 받는 특징을 갖는다.
- 백색증의 피부에 존재하는 멜라닌 세포의 수는 정상이지만 멜라닌 합성에 필요한 효소인 티로시나제 등의 불량으로 완전한 멜라닌 소체를 만들어내지 못한다.

🍀 백반증(Vitiligo)

- 멜라닌 세포가 어떤 이유에 의해 파괴되어 그 숫자가 감소되거나 소실됨으로써 발생하는 질환으로 표피에 멜라닌 색소가 결핍된 백색이나 탈색된 원형, 타원형 또는 부정형의 희색 반점이 나타난다.
- 일반적으로 후천적인 색소 결핍 질환으로 분류되며 발병 원인은 자가 면역, 유전적 요인, 신경 전달 물질 관련성, 세포 파괴 및 화학 물질에 노출 등이 원인이다.

2-3 피부 면역

- 어떤 질병을 앓고 난 후 앓고 난 질병에 대해 저항성이 생기는 현상으로 알려져 있다.
- 면역이란 외부로부터 침입하는 미생물이나 화학 물질을 자기가 아니라고 인식하기 때문에 이들을 공격하여 제거함으로써 생체를 방어하는 기능, 생체가 자기와 비자기를 식별하는 기구로서 비자기를 항원(Antigen)으로 인식하고 특이하게 항체(Antibody)를 만들어 개체를 방어하고 유지하는 일련의 생명 현상이라 할 수 있다.
- 면역계는 생명체가 가장 기본적이고 필수적인 기능인 자기와 남을 구분하는 역할에서 더 나아가 일차 접촉된 침입자를 기억하고 있다가 재차 동일한 침입자가 침범할 경우 이를 강력하게 막아내어 질병까지 가지 않게 하는 기억 장치를 갖고 있다. 이 기억 장치는 면역 세포에 담겨져 있고 이들 면역 세포인 각종 림프구와 항체들은 혈액 속에 존재하기 때문에 단순한 기계적 기능을 담당하는 심장, 폐, 위장관 등 일반적인 기관과 달리 혈액은 면역계와 불가분의 관계에 있다고 할 수 있다. 혈액은 적혈구, 백혈구 등의 혈구와 혈장 및 혈소판으로 이루어져 있으며 혈구 가운데 적혈구가 수적, 양적으로 백혈구 보다 훨씬 많지만 혈구 중 아메바 운동을 하며 식작용에 의해 병원성 미생물을 처치하고 면역에 관여하는 것은 백혈구이다. 따라서 면역체를 이해하기 위해서는 먼저 혈액 중의 백혈구를 살펴 볼 필요가 있다.
- 항원, 항체 및 항원 - 항체 복합체
  - **항원(Antigen)** : 자신의 정상적 구성 성분과 다른 이물질로 면역계를 자극하여 항체 형성을 유도하고, 만들어진 항체와 반응하는 물질
  - **항체(Antibody)와 면역 글로블린(Immunoglobulin : Ig)** : 항원에 대하여 형성되어 항원과 반응하는 물질로 소량의 당을 함유하는 폴리펩타이드(Polypeptide)로 이루어진 당단백으로서

혈액 중에 비교적 많은 양이 존재한다. 면역 글로블린은 당이 결합된 4개의 폴리펩타이드 사슬로 이루어져 있다. 면역 글로블린은 IgA, IgD, IgE, IgG, IgM 의 5개의 군으로 분류된다 (참고, 항체는 항원에 대응하는 개념상의 용어이며 면역 글로블린은 그 기능을 담당하는 실제 물질을 칭한다).
- 면역은 어떤 특정한 병원체나 독소에 대해 특이한 저항성을 갖는 상태를 말한다.

3 피부와 광선(자외선, 적외선)

3-1 자외선(Ultra violet ray)

피부는 생활 중에 자외선에 노출되어 있으며 이러한 자외선으로부터 피부는 긍정적인 측면과 부정적인 측면을 갖고 있다. 피부는 자외선에 어느 정도까지는 보호할 수 있는 생리적 작용을 갖고 있으나 장시간에 걸친 자외선의 조사나 강한 자외선 조사는 피부의 색소 침착, 주름, 노화, 광과민, 여드름 등의 피부 트러블을 야기시키는 요인이 된다.

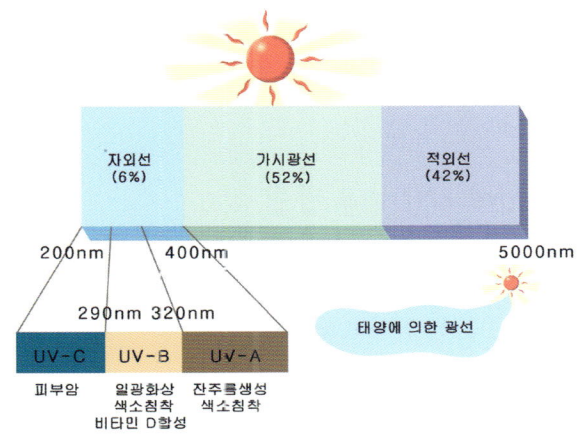

일반적으로 태양 광선은 파장에 따라 3가지의 분류인 자외선, 적외선, 가시광선으로 나누어지며 이중 자외선은 피부와 밀접한 관계가 있다. 피부와 관계있는 자외선은 다시 3개의 파장으로 나누어서 UV-A(장파장), UV-B(중파장), UV-C(단파장)로 구분되며 단파장 이하의 경우 대기상의 오존층 및 수증기 등에 흡수되거나 산란되어 지표상에는 거의 도달하지 못한다. UV-A(장파장)는 가장 긴 파장이며 피부 깊숙한 진피층까지 침투되고 피부를 검게 하고 색소 침착 유발, 각화 이상, 피부 탄력 감소, 피부 노화 촉진, 피부의 건조화를 갖게 한다. UV-B(중파장)는 피부의 진피 상부까지 침투되고 홍반, 색소 침착, 수포, 선번(Sun-burn)을 일으킨다. UV-C(단파장)은 짧은 파장으로 대부분은 오존층에서 흡수되므로 지구상에는 도달하지 않는 파장이다. 살균과 소독 효과가 있으나 발암성이 높은 것이 특징이다. 200~400nm의 짧은 파장(단파장)으로 보이지 않는 광선이다. 비타민 D의 생성으로 구루병을 예방하며 적혈구, 백혈구 수의 증가와 철분(Fe) 성분 증가로 저항력을 증가시킨다. 신진대사와 혈액 순환을 촉진시키고 살균, 소독 작용에 의해 여드름 치료 및 비듬성 두피에 적용한다. 기미, 주근깨의 증가, 주름살에 의한 피부 노화 촉진과 피부암을 유발한다.

UV-A	• 320~400nm(장파장 자외선) • 주름 생성(진피층까지 도달), 기미, 주근깨
UV-B	• 290~320nm (중파장 자외선) • 홍반, 수포 생성, 일광화상이 되는 선번과 선탠이 동시에 일어남. 기미, 주근깨
UV-C	• 200~290nm (단파장 자외선) • 피부암의 원인

❁ 자외선이 피부에 미치는 작용

긍정적인 측면은 살균, 소독, 비타민D 합성 유도와 혈액 순환 촉진이 있다. 부정적인 측면은 일광 화상, 색소 침착, 홍반 반응 유발, 광 과민, 광 독성이 있으며 지속적인 노출 시 광 노화와 피부암 등을 촉진시킨다.

❁ 자외선에 의한 피부 반응

급성 반응은 홍반 반응, 멜라닌 세포의 반응, 피부 두께의 변화이며 만성 피부 반응은 광 노화, 광 발암 등이다.

3-2 자외선과 피부 보호

피부 보호를 위한 외용제로 자외선 차단제가 개발되고 있으며 차단제는 광선을 반사시키는 것과 여과시키는 기능이 있다. 자외선으로부터 피부를 보호하는 물질로는 자외선 흡수제, 자외선 산란제, 경구 투여 차단제가 있다.

::자외선 차단지수(SPF - Sun protecting factor)::

자외선 차단제는 태양 광선이 피부에 닿을 때 자외선의 분산과 반사시키는 작용 성분이 함유된 것으로 화장품에 자외선 차단지수가 표시되어 있다. 자외선 차단지수는 SPF(sun protection factor)로 표시한다. 자외선 차단 제품을 사용했을 경우 피부가 보호되는 정도를 나타낸 지수를 자외선 차단지수라고 한다.

• 자외선 차단지수(SPF) = $\dfrac{\text{자외선 차단제품을 사용했을 때의 최소홍반량(MED)}}{\text{자외선 차단제품을 사용하지 않았을 때의 최소 홍반량(MED)}}$

최소 홍반량(MED-Minimal Erythema Dose)은 자외선이 최초 홍반을 일으키는데 최소로 필요한 자외선의 양이며 최소 홍반량과 멜라닌 생성량(MMD)은 비슷하고 남녀 간에도 거의 차이가 없다. 최소 홍반량은 개인의 감수성이나 지역, 날씨, 부위, 연령에 따라 다르다.

Section 04 피부 미용 기기학

1 기초 과학의 이해

1-1 물질

- 물질은 산소, 수소와 같은 원소로 구성되어 있다.
- 원소는 자신의 특성 변화가 없으면 다른 종류의 물질로 분리될 수 없다.
- 물질은 전기적 성질을 갖고 있다. 순 물질은 다른 물질과 섞이지 않은 물질을 말하며 혼합 물질은 둘 이상의 순 물질이 자체의 성질을 잃지 않고 섞여있는 물질이다.

원자

- 더 이상 쪼갤 수 없는 물질로 물질 구성의 단위이다.
- 원자는 (+) 전하를 띤다.
- 원자의 구성은 양성자(+)와 중성자, 그리고 전자(-)로 구성되어 있으며 양성자와 중성자가 원자핵으로 자리하고 주변에 음전하의 전자가 퍼져서 위치한다.
- 원자핵의 (+) 전하는 전자의 (-) 전하의 양과 같아 전기적으로는 중성을 나타낸다.
- 구성 전자 중 원자핵에서 멀리 있는 전자는 자유롭게 움직이기도 하는데 이런 자유 전자가 움직이며 다니는 것이 전류이다.

이온

- 원자핵 안에서만 움직일 수 있는 양성자는 전자의 자유로운 움직임으로 중성인 원자가 전기를 띠게 되는 상태를 이온(Ion)이라 한다.
- 원자가 전자를 얻거나 잃으면 전하를 띤다. 이온은 전하를 띤 입자를 말하며 다른 전하끼리 끌어당기고 양이온과 음이온 사이에는 정전기적인 인력이 작용하여 결합을 형성한다(이온 결합).
- 중성인 원자가 전자를 얻으면 음(-) 이온, 전자를 잃으면 양(+) 이온이 된다.
- 전기적으로 중성을 띠면 양성자(+)의 수와 전자(-)의 수가 같다.

::이온의 방향::

- 이온은 한 방향이거나 양쪽 방향으로 흐를 수 있다.
- 이온은 전하를 띤 입자이며 양전기, 음전기를 띠게 된다.
- ++나 −− 등의 같은 전하 끼리는 밀어내며 +−의 상반된 경우에는 전하끼리 당긴다.
- 애노드(Anode) 양극에는 양이온이 밀리며 음이온은 당긴다.
- 캐토드(Cathode) 음극에는 음이온이 밀리며 양이온이 당긴다.
- 양극과 음극에 따라 밀리고 당기는 방식에 의해 이온토포레시스(Iontophoresis)가 일어난다.
- 이온토포레시스는 피부에 전위차를 주어 피부의 전기적 환경을 변화시킴으로써 이온성 약물의 피부 투과를 증가시키는 방법으로 건강한 피부가 필요로 하는 영양을 공급해 주는 효과가 있다.

1-2 전기

- 전자가 이동하는 현상이며 전자의 방향은 (−)극에서 (+)극으로 이동, 전류의 방향은 양(+)극에서 음(−)극으로 이동한다.
- 전기는 동전기와 정전기로 나눌 수 있으며 정전기는 마찰 전기이다. 동전기는 직류 전기(갈바닉 전류)와 교류 전류(고주파, 중주파, 저주파)로 나누어진다.

1-3 전류

- 전류란 전자들이 전도체를 따라서 한 방향으로 흐르는 것이다. 전도체를 따라 (−) 전하를 지닌 전자의 흐름이며 도체란 전류가 쉽게 흐르는 물질이고 전류에는 직류와 교류가 있다.
- 볼트(V)는 전압의 단위이며 전류의 세기 단위는 암페어(A)이다.
- 직류(DC)는 전류의 흐름 방향이 시간의 흐름에 따라 변화가 없는 전류이며 갈바닉 전류는 직류이다. 교류(AC)는 전류의 방향, 크기가 시간의 흐름에 따라 주기적인 변화가 있는 전류이고 교류 전류에는 정현파, 감응, 격동 전류가 있다.

2 피부 분석기기

확대경(Magnifying lamp)

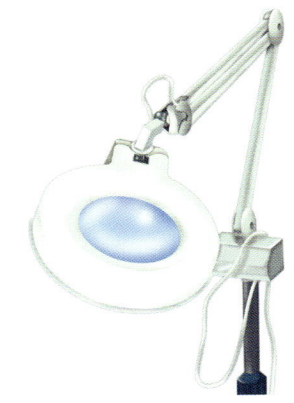

- 형광 램프가 부착되어 있으며 육안으로 판별할 수 없는 잔주름, 면포, 색소 침착, 여드름 등의 상태를 판별한다. 여드름을 짜야할 경우에 효과적으로 사용된다.
- 3.5~5 배율의 확대경을 일반적으로 사용한다.
- 사용시 고객의 눈 보호를 위해 아이 패드(Eye pad)를 반드시 착용시키며 확대경 주변의 형광 램프는 열을 발생하지 않는 것을 사용해야 피부의 자극이 없다.
- 바이러스 번식의 최소화 효과를 주기도 한다.

우드램프(Wood Lamp)

- 특수한 자외선을 이용한 광학피부 분석기로 눈으로 판별하기 어려운 피부의 상태를 측정하고 피부의 문제점을 확실하게 분별할 수 있는 기기이다.
- 피부 표피의 상태(민감, 보습, 피지, 여드름, 색소 침착, 염증 등)를 다양한 색상으로 나타낸다.
- 주의사항은 세안된 청결한 상태에서 사용해야 하며 실내 전등을 끄거나 검은 후드로 덮어서 어두운 상태에서 사용한다.
- 피부 상태에 따른 색상

반응 색상	피부 상태
오렌지색	지성 피부, 피지, 지루성 피부, 면포
청백색	정상 피부
흰색(백색)	두꺼운 각질화 피부
진보라	민감성 피부, 모세혈관 확장 피부
연보라	건성 피부, 수분 부족 피부
담황색	산화된 피지, 흰 여드름
노란색	비립종
암갈색	색소 침착 피부

🍀 스킨 스코프(Skin scope)

- 전문가와 고객이 함께 볼 수 있게 제작된 우드램프로 고객이 기기 속에 얼굴을 넣으면 고객이 스스로의 얼굴을 볼 수 있게 기기 내부에 거울이 내장되어 자신의 피부를 관찰할 수가 있는 피부 분석기기이다.
- 스킨 스코프의 장점은 전문가와 고객이 동시에 피부의 상태를 보면서 상담할 수 있는 것이다.

🍀 모니터 피부 분석기(Derma scope)

- 피부와 두피, 모발의 상태를 확대해서 비교, 분석, 관찰할 수 있는 기기이다.
- 모니터로 상태를 보거나 출력해서 사진으로 볼 수도 있다.
- 피부와 두피의 상태는 80배율을 적용하며 모공이나 모근, 모발의 상태는 200~300 배율을 적용한다.

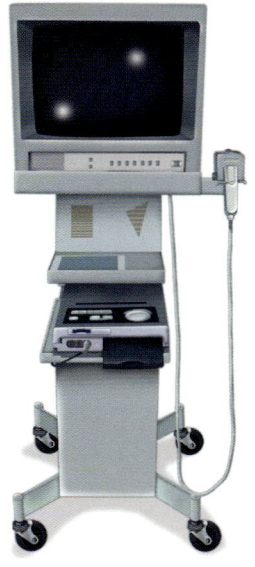

🍀 수분 측정기(Cormeoneter)

- 수분의 함유량이 계기에 수치로 표시되며 피부 각질층에 있는 수분의 함유량을 측정하는 기기이다.
- 수치 기준에 따라 매우 건조, 건조, 보통의 등급으로 분류되며 정확한 측정을 위해서는 온도와 습도가 고려되어야 한다.
- 온도는 20℃, 습도는 40~60%가 적당하다.
- 땀은 수분량에 영향을 주는 부분으로 계절적인 인자도 고려되어야 하며 운동 직후에는 휴식을 취한 후(10~20분) 측정하도록 한다.
- 직사광선, 직접 조명 아래에서 측정은 피하며 세안 후 2시간 정도 경과한 다음에 측정한다(메이크업이 되어있지 않은 상태).

🍀 유분 측정기(Sebum meter)

- 유분 측정의 가장 간단한 방법이다. 특별 제작된 플라스틱 테이프를 이용하여 묻은 유분의 투과성을 측정하는 방법으로 광도 측정법으로 측정한다.
- 정확한 데이터를 위해 세안 2시간 이후에 실시하며 메이크업을 하지 않은 상태이어야 한다.

🌸 피부 pH 측정기

- 피부의 pH를 알아보는 기기로 주변 환경(대기 온도, 습도, 육체적 상태)의 영향을 많이 받게 되므로 사전에 처리해 두는 것이 좋다.
- pH 측정 부위로는 손등, 뺨, 이마, 상완부 등이 좋으며 신체의 다른 부위도 가능하다.
- 세안이나 화장품의 사용 후 원상태의 pH를 회복하려면 약 5시간이 걸린다.

3 안면 미용기기

3-1 안면 미용기기

🌸 전동 브러시(프리마돌)

- 천연모, 산양이나 염소의 털을 이용해 만든 다양한 크기의 브러시를 기기에 연결하여 회전하는 상태의 속도 조절을 통해 피부 미용에 적용하는 기기이다.
- 클렌징과 딥 클렌징을 할 경우 클렌징과 필링 제품을 얼굴에 고르게 바른 상태에서 스팀과 함께 사용하는 것이 더 효과적이다.

🌸 스티머, 증기연무기

- 안면 피부 미용 관리 시 가장 많이 사용되는 기기로 대부분의 스티머는 물이 가열되면서 증기가 방출되는 것이다.
- 오존(O_3) 발생기가 부착되어 있는 경우 방출되는 오존의 산소가 소독 및 살균 작용을 한다.

🌸 분무기(스프레이)

- 안개상의 스프레이로 로션, 유연 화장수, 아스트리젠트, 미네랄 워터 등을 내용물로 담고 있다.
- 흡입기 사용 후, 트리트먼트의 마무리, 피부 진정 효과에 쓰인다.
- 면포를 짜낸 이후 소독과 수렴, 화장수의 분무에 적절하며 신진대사를 촉진한다.

🌸 갈바닉 기기(디스인크러스테이션, 이온 도입법)

- 갈바닉 전류에서 음(-)극의 효과는 알칼리성 반응, 혈액 공급 증가, 신경 자극, 모공과 한선의 확장과 피부 조직의 이완, 디스인크러스테이션 작용(먼지, 피지, 노폐물 제거관리)이다.
- 갈바닉 전류에서 음(-)극을 이용하여 제품을 피부속에 스며들게 하는 것은 아나포레시스이다.

🍀 디스인크러스테이션(Desincrustation)

화학적인 전기 분해에 기초를 두고 있으며 직류가 식염수를 통과할 때 발생하는 화학 작용을 이용한다. 모공에 있는 피지를 분해하는 작용을 하며 지성과 여드름 피부 관리에 적합하게 사용될 수 있다.

🍀 고주파기

테슬러 전류를 말하며 진동 에너지인 단파를 발생시킨 기기이다. 딥 클렌징과 여드름 압출 후 바로 사용하면 효과적이다.

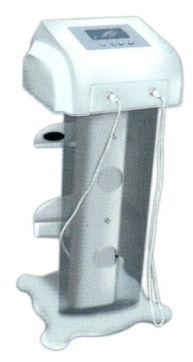

🍀 초음파 기기(Ultrasound machine)

- 인체 조직과 세포 간에 미세한 진동을 만들어 신진대사 촉진 등의 효과를 얻는 기기로 피부 미용에도 많이 이용된다.
- 저초음파와 고초음파가 있으며 저초음파는 스크러버 프로브 핸들 방식으로 세안 스켈링 목적으로 사용되고 고초음파는 전극형 둥근 헤드 방식으로 리프팅이나 영양 침투를 목적으로 사용된다.

4 전신 미용기기와 광선을 이용한 기기 및 열 관리기

🍀 진공 흡입기(Vaccum machine, 석션기)

피부 표면을 진공화시켜 세포와 조직에 적정 압력을 가해 세포와 조직 사이에 물리적 자극으로 림프관 배수를 돕는 방법으로 압면과 전신에 모두 사용된다.

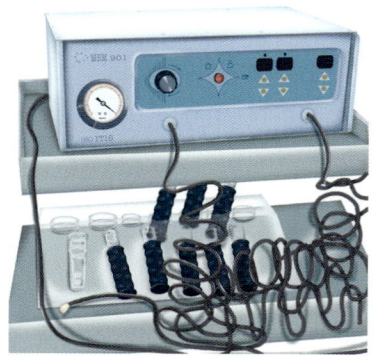

🍀 바이브레이터기(Vibrator, 진동 마사지기)

- 다양한 크기의 마사지기 헤드를 신체에 움직여서 마사지 효과를 얻는 기기로 손마사지 효과를 얻기 위해 사용된다.
- 관리 부위와 목적에 따라 선택 사용된다.
- 종류로는 순환 진동기, 음파 진동기, 고타 진동기, 벨트 마사지기 등이 있으며 고타 진동기의 경우 손으로 잡고 사용하며 가볍고 휴대나 사용이 간편하다.

🍀 스파테라피(Spa-therapy)

- 스파테라피는 하이드로 테라피(Hydrotherapy)라고도 하며 수천개의 기포에 의한 바디 마사지로 수압에 의해 뿜어 나오는 물로 혈액 순환을 자극하는 방법이다.
- 물을 이용한 방법으로 부드럽게 또는 힘있게 나오는 물이 혈액 순환을 촉진시켜 체내의 독소 배출이나 세포 재생 등의 효과를 증진시킨다.
- 자율 신경계에 영향을 주며 효과로는 진정 및 긴장 완화와 통증 완화, 경련을 없애주며 순환계의 순환을 돕고 노폐물 배설이 용이하도록 한다.

4-2 광선을 이용한 기기

🍀 원적외선 기기

- 적외선을 이용해 피부에 효과를 주는 기기이다.
- 적외선등은 열선으로 온열 자극을 통해 피부 흡수를 돕는다.
- 온열 작용으로 혈액 순환을 돕고 노폐물의 배출을 원활하게 하며 피부 깊이 영양분의 침투를 돕는다.
- 클렌징 후나 팩을 하기전, 팩을 하는 동안에 조사한다.
- 45~90cm의 안전거리를 유지한다.
- 눈과 피부에 젖은 패드를 덮어 보호한다.
- 조사 시간은 15~30분으로 하며 높이와 각도를 조절해 준다.
- 악성 종양, 출혈, 심부 종양, 심장병, 신장병, 피부 이식 직후는 피한다.
- 금속 물질의 착용은 금한다.

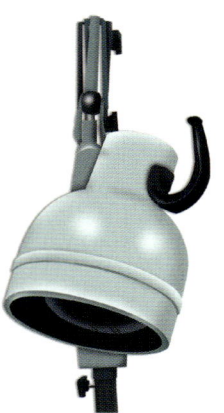

🍀 자외선 기기

- 자외선은 파장에 따라 관리적, 치료적 효과가 달라 적합한 등을 선택해야 한다.
- 자외선등은 일반적으로 탄소 방전등, 수은 증기등, 형광등의 3가지로 구분된다.

피부의 영양과 호르몬

1. 피부의 영양과 호르몬

1-1 피부의 영양

🍀 단백질과 피부

진피의 망상층에 있는 결합 조직과 탄력 섬유 등은 단백질이 주성분이므로 단백질의 섭취는 피부 미용에 필요한 요소이다. 각질, 털, 손톱, 발톱의 주성분은 케라틴 단백질이다. 쇠고기, 돼지고기, 생선, 버터, 계란은 산성 식품이므로 알칼리성 식품인 야채, 과일류와 함께 섭취하는 것이 좋다.

🍀 비타민과 피부

비타민은 피부의 기능상 중요하며 피부 미용에도 중요하다. 수용성 비타민은 비타민B 복합체(B_1, B_2, B_6, B_{12}), 비타민 C, 비타민 H 등이다.

비타민 B_1	• 수용성으로 결핍 시 피부의 윤기가 없어지고 피부가 붓는다. • 부족 시 각기병 • 쌀의 배아, 두류(두부), 돼지고기에 많다.
비타민 B_2	• 수용성으로 리보플라빈이라 하며 미용상 중요하고 영유아의 성장에 중요한 비타민이다. • 부족 시 구순염, 구각염, 피로감, 콧등, 혀끝, 눈주위가 빨개진다. • 우유, 치즈, 달걀 흰자 등에 많다.
비타민 B_3	• 부족 시 비듬이 많아지고 입술에 염증 • 효모, 밀, 옥수수 등에 많다.
비타민 C	• 수용성으로 피부를 퇴색시키는(희게) 작용이 있어 기미, 주근깨 등의 치료에 쓰이며 피부 손상과 멜라닌 색소 형성을 억제한다. • 결합 조직 재생을 촉진(피부 상처에 효과) • 부족 시 괴혈병, 빈혈, 피부는 청백색 • 과일, 야채(양배추, 파슬리, 고추, 무잎 감귤류 등)에 많다.

지용성 비타민은 비타민 A, D, E, K이다.

비타민 A	• 지용성으로 피부 각화에 중요, 과용시 탈모를 유발한다. • 결핍시 야맹증, 건성 피부, 각막 연화증 • 계란, 간유, 버터, 유색 채소(풋고추, 시금치, 당근 등), 뱀장어에 많다.
비타민 D	• 프로 비타민으로 자외선 조사에 의해 만들어져서 체내 공급, 뼈의 발육을 촉진시킨다. • 부족 시 구루병(곱사병), 골연화증 • 버섯, 효모에 많다.
비타민 E	• 호르몬 생성 및 생식 기능과 관계, 항산화 작용으로 노화 방지, 혈액 순환을 촉진시킨다. • 부족 시 불임증 • 두부, 유색 채소에 많다.

1-2 피부와 호르몬

남성과 여성 호르몬은 남녀 모두에게 존재한다.

남성호르몬

- 고환에서 분비되는 테스토스테론(Testosteron)을 말하며 여성의 경우는 부신피질에서 분비된다.
- 사춘기 남성 호르몬의 영향으로 피지선의 발육(피지 분비 증가)으로 인한 각질층이 두꺼워지고 지방성 피부가 되기쉽다.
- 남성이 여성에 비해 피부결이 거칠고 지방성인 경향이 많다.
- 음모와 겨드랑이 털의 발육을 담당한다.

여성 호르몬(Estrogen)

- 유두, 음부의 색소 침착을 일으킨다.
- 동상(창)의 치료에 사용한다.
- 갱년기의 피부 변화나 월경 주기에 따른 변화는 난포 호르몬의 분비나 황체 호르몬의 분비와 관계가 있다.
- 갱년기 여성에게 남성 호르몬의 균형이 깨어져서 남성적 피부 변화가 일어난다.

부신피질 호르몬과 피부

- 피부 색소의 침착과 관계
- 부신피질 호르몬의 감소는 피부 색소 침착의 증가, 감수성이 높아지고 각질이 두꺼워지거나 모낭각화 등이 발생한다.

제5장

네일 아트

SECTION 01	네일 미용학 개론
SECTION 02	네일 미용 개론
SECTION 03	네일의 구조와 이해
SECTION 04	네일 도구 및 재료
SECTION 05	네일 미용 기술

Section 01
네일 미용의 역사

1 한국 네일 미용의 역사

현재 우리나라의 네일 미용은 네일샵의 경영이 본격화되기 시작한 1990년대 말부터 시작되어 차츰 샵의 양적인 확장이 이루어져 2014년 이후부터는 확장 추세를 보이고 있다.

1-1 현대 이전

- 고려 시대(918년~1392년) 충선왕 때 손톱에 봉선화를 물들인 궁녀에 대한 전설을 배경으로 그 이전부터 물들였을 것으로 유추되고 조선 시대 세시 풍속집(동국세시기)에 계집애와 어린 애들이 봉선화로 손톱에 물들인다는 내용이 있다.
- 적색은 양의 색으로 음의 기운을 물리친다는 의미에서 전문적으로 울음을 파는 곡비는 손톱을 빨갛게 물들였고 봉숭아물을 손톱에 빨갛게 들이는 벽사(사귀를 물리치는 것) 풍습은 오늘날까지 내려오고 있다.

1-2 현대(1900년 이후, 20C 이후)

- 1920년대부터 시작되어 1933년 화신 미용원을 내면서부터 본격적인 미용실의 규모를 갖추었다고 할 수 있다. 1948년 미용사 자격증 시행 이후 미용실의 보급이 이루어졌으나 손톱의 관리가 같이 이루어지지는 않았던 것으로 보여진다.
- 1960년 미용실의 보급이 서서히 진행되었으며 네일 관리의 개념은 네일 케어가 아닌 컬러색상을 입히는 것이 주를 이루었다. 색상은 무색이거나 맑은 핑크빛을 일반 여성들이 조금씩 발랐으며 네일 도구로 푸셔와 금속 가위가 있었지만 사용 범위가 넓지는 않았고 일부에서는 네일 케어와 함께 손톱의 색상을 다양하게 하였다. 60년대 후반으로 가면서 차츰 미용실에도 네일 관리의 개념이 도입되었으며 일반인들도 조금씩 네일 관리를 하게되었다.
- 1970년대 이후에는 미용실에서 네일 관리가 일반화 되기 시작했다. 네일 관리는 현대적 의미의 네일 관리와 유사한 형태로 손톱을 물에 불린 후 콜드 크림이나 오일을 발라 금속 네일 푸셔로 밀어 큐티클 층을 쉽게 자르게 만든 다음, 금속 가위를 이용하여 큐티클 층을 잘라내어 손톱의 길이를 길게 보이게 한 후 금속 파일을 이용하여 손톱의 모양을 다듬고 네일 에나멜을 바르는 형태였다.

- 1980년대 미용실에서 네일 관리는 일반인들에게도 일상적인 형태로 이루어졌으며 여전히 금속 가위에 의한 손톱 관리 후 에나멜을 바르는 형태로 에나멜의 다양한 색상과 색상에 의한 디자인을 하는 형태였으며, 탑 코트 개념은 무색의 에나멜을 덧입히는 과정을 걸쳤다(습식 네일 관리의 형태가 이루어 졌으며 네일 니퍼 대신 메탈 가우가 사용되었다).
- 1988년 네일 산업의 급성장을 토대로 외국인 상대의 전문 네일샵이 서울 이태원에 생겼다.
- 1992년 인기 스타들에 의해 대중화되기 시작하고 한국 최초의 네일 관리실은 서울 이태원의 상가라고 알려져 있다. 1995년 네일 전문 유통업체가 생겨 본격적인 네일 시장이 형성되었고 백화점 내 문화센터에서 네일 교육이 이루어졌으며 네일 산업이 활성화되었다. 미국제품이 국내에 소개되었으며 압구정 백화점에 네일 코너가 입점하여 대중들에게 좀 더 빠르게 다가섰다.
- 1997년 네일 협회가 발족되었으며 1998년 네일 협회에서 네일 민간 자격 시험이 실시되었고 네일 대회도 치루어졌다. 2012년 이후 네일 아티스트들의 증가로 미용 분야의 하나로 자리매김하여 소비자들에게 전문적인 기술로 인정받는 서비스를 제공했다. 2014년 미용사(종합, 일반) 자격증에 포함되었던 네일이 미용(네일)로 독립적인 국가 자격증으로 분리되어 2014년 11월 16일 첫 네일 필기시험, 2015년 실기시험이 처음 시행되었다.

2 외국 네일 미용의 역사

- 기원전(B.C 3000년경)부터 이루어진 네일 관리는 고대 이집트의 미이라와 중국의 상류층 문화에서 찾아 볼 수 있다.
- 신분이나 종족 표시, 주술적 의미, 장식적 의미가 있었으나 현대에는 청결과 건강적 기능(손톱 보호), 미적인 표현이 주를 이루고 있다. 매니큐어가 세계적으로 유행의 물결을 탄 것은 19세기에 들어와서부터이다.

2-1 고대(기원전~ 476년)

 이집트

- 기원전 3000년 손톱의 색깔이 신분을 나타내는 중요한 기준이 되었으며, 손톱을 관리한 기록이 남아 있다.
- 헤나(관목에서 추출된 붉은 오렌지색 염료)로 손톱에 물들였는데 신분에 따라 진한 적색(붉은색)은 왕족, 하위 계급으로 갈수록 옅은 색이 이용되었다(손톱 색상으로 신분과 지위 파악).
- 클레오파트라(BC, 69~30년)는 검붉은 색을 선호했으며 아름다움과 종교적인 이유로 손톱, 손가락 끝, 손바닥까지 물들였다고 한다.
- 쿠오왕(BC, 2000년)의 모친(왕비)의 무덤에서 손톱 관리 도구(금속 오렌지 우드스틱)가 발견되었다.

제5장 네일 아트 | **135**

- 미이라의 손톱에 색상을 입히고 제사와 관련하여 사용하기도 했다고 한다.
- 네페르티티 여왕(BC. 400년)은 발톱에도 빨간색으로 칠했다고 한다.

🍀 그리스, 로마
- 상류층에서 '마누스 큐어'라는 용어가 유행하였다.
- 자연스럽고 건강한 아름다움을 이상적인 아름다움으로 보고 손의 관리 또한 그러한 아름다움에 포함시켰다.
- 로마 시대의 남성들은 전쟁터에 나가기 전 향수를 사용하고 손톱에 윤을 냈다.

🍀 중국
- 기원전 3000년경 입술 연지를 만드는 홍화의 재배로 손톱에도 색을 입혀 붉어진 손톱을 '조홍'이라 하였다(특권층 신분을 과시하기 위해 바르기 시작).
- 기원전 3000년 특권층의 신분 수단 표시로 밀랍, 계란 흰자위, 아라비아 고무나무의 수액, 아교 등을 이용해 다양한 색상의 용액을 만들어 손톱에 칠했다.
- 상류층 남자와 여자들이 부의 상징으로 손톱을 길렀다.
- 기원전 600년 왕실의 귀족들은 금색 옷에 손톱에는 은색 칠을 하였다.
- 기원전 주왕조 시대에는 금색 및 은색이, 그 이후에는 흑색(검정)과 적색(붉은색) 등의 색상이 사용되었다.

2-2 중세시대(476년 이후 ~ 1500년)

🍀 유럽
- 15세기 전쟁터에 나가는 군사(남성)들이 염료를 이용하여 입술과 손톱에 같은 색을 칠해 용맹과 승리를 기원했다.
- 매니큐어는 스스로의 건강을 관리하는 차원에서 사용되었다.
- 기독교의 금욕주의의 영향으로 치장이 경시되는 풍조가 생겼다.

🍀 중국
- 당나라 현종(719~756)의 황후 양귀비도 손톱에 물을 들였다.
- 15세기 명나라 왕조 지배층은 손톱에 흑색(검은색)과 적색(빨간색)을 칠하였다.

2-3 근세(1501년~ 1800년), 근대(1801년~1900년)
- 네일 케어가 점차 일반인에게도 퍼지면서 대중화되기 시작하였다.

🍀 프랑스
- 17C 프랑스 베르사이유 궁전에 한손의 손톱들만 길게 하여 노크대신 손톱으로 살짝 문을 긁는 에티켓이 있었다.
- 18C 로코코시대 고위층 기사들에게서 매니큐어가 유행되었고 유럽 전역으로 손톱 관리 기술이 전파되었다.

🍀 미국
- 1803년 짧고 뾰족한 손톱 모양인 아몬드 손톱을 선호, 장밋빛으로 물들이기 위한 투명한 붉은 오일을 사용하고 염소 가죽의 일종인 샤머스 가죽을 이용하여 손톱에 윤기와 광택을 내었다.
- 1830년 유럽의 발 전문의가 발톱에 사용하기 위해 치과용 도구를 사용하게 되었는데 이것이 오렌지 우드스틱으로 발전되어 케어에 사용되었다.
- 1885년 니트로 셀룰로오스(네일 에나멜의 필름 형성제)가 개발되었다.
- 1892년 유럽의 발 전문의 조카에 의해 네일 케어가 새로운 직업으로 미국의 여성들에게 인식되었다.
- 네일 끝을 뾰족하게 한 아몬드형의 네일 형태가 유행하였다.

🍀 영국
- 19C 초 상류층 섬세한 장밋빛 손톱 선호로 가루 모양의 물질로 손톱에 칠한 다음 윤기가 나게 하였다.

🍀 인도
- 17C 인도의 상류층 여성들은 조모(매트릭스)에 문신용 바늘을 이용하여 색소를 주입하였다.
- 손톱에 색을 내어 상류층 신분을 과시하는 역할을 하였다.

🍀 중국
- 17C 5인치의 손톱을 길러 부의 상징을 표시했으며 대나무 부목이나 보석으로 치장된 금으로 손톱의 손상을 방지하고 손톱을 보호했다.
- 19C(청나라) 서태후(1835~1908)의 손톱 미용법이 알려졌다.

🍀 일본
- 에도 시대(1603~1867년)에 붉게 화장하는 적화장이 있었으며 입술 연지와 함께 손톱도 붉게 칠하는 손톱 연지가 행해졌다.
- 메이지 시대(1868~1912년)에는 프랑스에서 전해진 손톱에 광택이 나게하는 마조술이 전파되어 서양식 손톱 관리 기술이 발전하기 시작했다.

2-4 현대(1901년 이후, 20C 이후)

🍀 미국

- 1900년 메탈(금속) 가위와 메탈(금속) 파일이 이용되어 네일 관리가 시작되었고 붓(낙타 털 이용)으로 손톱에 에나멜을 칠하기 시작했고 크림이나 가루로 광을 내었다.
- 1910년 매니큐어 제조회사가 뉴욕에 세워지고 금속 네일 파일과 사포로 된 파일이 제작되었다.
- 1917년 보그 잡지에 '큐티클을 자르지 마세요'라는 문구를 통해 홈 매니큐어링 세트 구입의 광고를 했다. 이때 세트의 구성은 큐티클 리무버, 네일 폴리시, 손톱 표백제, 손톱 광택제, 파일, 오렌지 우드스틱, 레슨 책 등이었다.
- 1919년 미국의 화학 출판사에서 손톱의 상태로 컨디션을 평가하는 것과 손가락과 손톱의 관리가 중요하다는 책을 출판했으며 연한 폴리시의 유행으로 연분홍색의 폴리시를 특허받았다.
- 1925년 네일 에나멜 산업의 본격화로 가게에서도 에나멜 구입이 가능하게 되었으며 투명한 자연색이 주로 이용되었고 반월과 가장자리를 뺀 부분을 발랐다.
- 1927년 큐티클 크림, 큐티클 리무버가 제조되었고 프렌치 매니큐어에 사용되는 흰색 에나멜도 제조되었다.
- 1930년 적자색의 에나멜이 유행했고 반달 모양의 루눌라 부분과 프리에지 부분에 에나멜을 바르지 않았다. 햇빛에 탄 검은 피부가 선호되어 손톱을 빨갛게 칠하였다.
- 1932년 화학자에 의해 불투명하고 변색이 되지 않는 염료로 최초의 염료가 들어간 네일 폴리시(무지개 색)가 발명되어 다양한 색상의 에나멜이 제조되었으며 금색과 은색 폴리시도 나왔다.
- 1935년 인조 네일(네일 팁)이 개발되었다.
- 1937년 손톱의 연장과 보수를 위한 네일 팁의 사용 기술을 특허 내었다.
- 1938년 베이스 코트가 폴리시를 오래 유지시켜줌으로 인해 네일 케어에 대한 수요층을 증가시켰으며 페디큐어에 대한 관심도 갖게 되었다.
- 1940년 2차 세계 대전이후 밝게 채색된 손톱이 직장 여성들에게 인기가 있었으며 1930년대 보다 긴 손톱을 선호하고 여배우 리타 헤이워드에 의해 빨강색 에나멜을 길고 뾰족한 손톱 전체에 바르는 것이 유행하였다. 남성들도 습식 매니큐어를 시술하였고 네일 패션이 시작되었다.
- 1948년 매니큐어 관리 시 네일 기구가 사용되기 시작했다.
- 1950년 자연 네일에 가까운 색상의 유행으로 자연적인 색상이 개발되었다.
- 1957년 처음으로 미용학교에서 헬렌 걸리에 의해 네일 케어를 가르치기 시작했고 네일폼(호일)이라는 제품을 사용해서 자연 네일에 연장을 할 수 있는 패티 네일이라 불렸던 아크릴릭이 행해졌으며 이후 패디큐어가 등장되었다.
- 1960년 인조 손톱의 유행과 스퀘어형 네일과 흰색 펄 네일이이 인기 있었으며 실크나 린넨을 이용한 네일의 보강(네일 랩핑)이 시술되었다.
- 1970년 인조 손톱의 시술이 본격화되었고 1973년 접착식 인조 손톱의 개발로 연예인들에게 인기를 끌었다.

- 1974~75년 미국의 식약청에 의해 아크릴릭 화학 제품(메틸 메타크릴레이트)의 사용이 금지되었다.
- 1980년 네일 시장이 미국에서 산업으로 발전하였고 베이스 코트, 탑 코트와 핸드 제품이 출시되었다.
- 1994년 라이트 큐어드 젤이 등장하고 뉴욕 주에서 네일 면허 제도가 도입되었고 1994년 이후 아크릴릭, 네일랩, UV젤, 네일 아트, 네일 관리 기술의 발달은 전세계적인 교류 시대로 이어지면서 네일 시장의 급성장이 이루어졌다.
- 2000년 욕구와 연령에 맞는 다양한 이미지 표현을 위한 네일 관리와 예술적인 개념의 네일 아트가 성행되고 있다.

중국

- 2000년대부터 네일 시장이 본격화 되기 시작하여 상해를 중심으로 대중화를 이루고 있다.

일본

- 1940년 미국으로부터 들어온 네일 컬러의 영향으로 빨강과 핑크빛 컬러를 선호하게 되었다.
- 1960년대 후반 일반인에게 보급되기 시작되었다.
- 1980년대 이후 급속히 보급되었으며 미국으로부터 인조 손톱 및 네일 아트 제품과 기술이 도입되어 새로운 네일 시장이 활성화 되었으며 일본의 네일 제품도 시장성을 갖기 시작했고 1980년대 중반 네일 전문점과 기관이 생겼다.
- 2000년 다양한 네일 아트 기술까지 행해지고 있다.

네일 미용 개론

1 네일 미용의 안전관리

1-1 네일 미용

🍀 **네일 미용의 정의**

네일은 손톱과 발톱의 관리를 총칭하며 네일 미용은 미용의 한 분야로 손톱과 발톱을 관리하여 아름답게 꾸미는 작업을 의미한다. 현행 법령에 따른 미용업(손톱, 발톱)은 손톱과 발톱을 손질·화장하는 영업이다. 또한 관련 규정의 미용업(네일)의 직무 범위는 손톱·발톱을 건강하고 아름답게 하기 위하여 적절한 관리법과 기기 및 제품을 사용하여 네일 미용을 수행하는 직무이다.

🍀 **네일 미용의 목적**

네일 미용의 목적은 미용의 목적과 동일시 된다. 인간의 심리적, 미적 욕구를 만족시켜주고 생활 의욕을 높이며 자신감을 향상시켜주고 외관상 아름다움을 유지시켜주는 목적이 있다.

🍀 **네일 미용의 영역**

네일 미용의 영역은 일반적으로 네일 케어, 인조 네일, 아트 네일의 세 가지 영역으로 나눈다.

🍀 **네일 케어**

네일 케어의 경우 습식 매니큐어와 페디큐어 및 컬러링을 포함하고 있다.

습식 매니큐어	볼을 사용하여 미지근한 물에 10~15분 정도 손톱을 담가 큐티클을 불린 후 네일 케어를 시술하는 것으로 레귤러 매니큐어라고 한다.
건식 매니큐어	물을 대신하여 큐티클 리무버의 사용으로 큐티클을 불린 후 네일 케어를 시술하는 것이다.
프렌치 매니큐어	손톱의 원래색이 표현되게 풀 코트로 바른 후 손톱 끝부분에 흰색이나 유색을 바르는 방법으로 시원해 보이는 효과가 있어 여름에 주로 많이 이용된다.
파라핀 매니큐어	파라핀을 녹여 손과 손톱에 씌워 혈액 순환과 보습에 도움을 주는 방법으로 손과 손톱의 통증, 건조나 갈라짐을 완화하는 효과가 있다.

핫 크림 매니큐어	워머기에 핸드 로션을 데운 후 손을 담가 주는 방법으로 건조하고 갈라진 손과 손톱에 효과적이다.

🍀 인조 네일

손톱 모양을 인위적으로 만들어 주는 방법으로 손톱의 길이 연장과 손톱의 견고성을 높이며 기술성과 예술성을 함께 요하는 방법이다. 팁(Tip), 랩핑(Wrapping), 실크 익스텐션(Silk extension), UV젤(UV gel), 아크릴릭 스컬프처(Acrylic sculptured)가 시술되고 있다.

🍀 네일 아트 디자인

네일 관리와 함께 손톱에 예술적인 그림 등 여러 가지 네일 재료를 이용하여 문양을 표현하는 기법들을 말한다. 예술성, 창의성, 대중성을 요하며 컬러, 스티커, 스트라이프 테이핑, 사진, 콘페티, 스톤, 아크릴릭, 구슬, 에어브러시, UV젤, 포크아트, 마블링, 라인스톤, 워터데칼, 스테인드 글래스, 3D 아트, 액세서리 등을 이용하여 다양한 표현을 한다.

1-2 네일 미용의 안전관리

🍀 제품 안전관리

네일 미용의 시술에서 사용되는 제품들을 네일 화장품으로 분류해 볼 수 있으며 화학 제품들은 작업자의 건강을 위협할 수 있으므로 안전한 관리와 사용이 요구된다.

:: 네일 제품의 유해 물질 ::

- 네일 제품에 함유되어 있는 화학 물질은 아세톤, 에틸초산염이나 부틸초산염, 포름알데히드, 글리콜에테르, 라놀린, 메틸에틸케톤, 나트륨수산화물이나 칼륨수산화물, 톨루엔 등이다.
- 유해 물질은 주로 용기를 열거나 용기에 덜어서 사용할 때, 화학 제품을 혼합할 때, 아크릴 혼합물을 사용할 때 등이다.

:: 안전관리 ::

- 유해 제품은 서늘하고 통풍이 잘 되는 곳에 보관한다.
- 모든 제품은 용기의 뚜껑을 잘 덮어서 보관해야 한다.
- 모든 제품에 라벨을 붙여 잘못 사용하는 일이 없게 한다.
- 유해 성분의 용액으로 오염되었을 경우 즉시 닦아서 오염을 없앤다.
- 작업장의 환기를 자주 시켜준다.
- 스프레이 제품은 화기에 가까운 곳에서 사용하지 않는다.

- 1974년 FDA(미국 식품 의약국)에서 금지한 메타크릴레이트가 첨가된 제품은 사용하지 말아야 한다.
- 시술자는 보호 안경 및 마스크, 장갑 등의 안전 장비를 착용하여 직접적인 호흡이나 피부의 접촉을 피한다.
- 시술자는 항상 손을 청결히 하며 화학 물질의 사용 시 손이 눈이나 피부에 닿지 않도록 하며 사용 후에는 손을 씻는다.
- 네일 관리 시 콘택트 렌즈 사용은 피하는 것이 좋다.

❀ 네일 전문점의 안전관리

:: **작업장의 안전관리** ::

- 작업장의 환기가 잘 되도록 해야 한다.
- 작업대의 관리를 철저히 하여 세균의 번식을 막는다.
- 작업장의 기구들은 위생적인 상태가 되도록 한다.
- 작업장 내에서 음식물, 흡연은 하지 않는다.
- 전열기는 안전하게 설치되게 한다.
- 사용된 쓰레기 들은 위생적인 처리가 되도록 덮개가 있는 휴지통에 바로 버린다.
- 인체의 일부를 다루는 곳으로 실내 공간 및 사용 기구나 도구는 항상 청결하고 위생적이어야 한다.

::고객의 안전관리::

- 제품에 과민 반응이 있는 고객은 제품의 사용을 삼간다.
- 제품의 사용량은 필요한 적당량만큼만 사용한다.
- 일회용 기구나 도구는 1인 1회 사용한다.
- 감염 방지를 위해 상처가 나지 않을 범위에서 시술되어야 한다.
- 소독해야 하는 도구는 반드시 소독기를 이용한다.
- 이상이 있을 경우 사용을 중단하고 필요한 처방을 한다.
- 시술된 물은 다른 고객이 사용되지 않도록 관리한다.

::기구와 도구의 관리::

- 소독이 필요한 금속 제품은 소독기를 이용하거나 70%의 알코올에 20분간 담근 소독을 한다.
- 일회용으로 사용되는 도구는 반드시 일회용으로 사용한다.
- 플라스틱이나 유리 제품의 경우 세제를 사용하거나 소독제를 사용하여 닦아서 사용한다.
- 세탁해야 하는 물품의 경우 덮개가 있는 통에 보관 후 매일 세탁 처리한다.
- 테이블 및 의자 등의 소독이 필요한 경우는 70%의 알코올을 묻힌 솜을 사용하여 소독한다.
- 기계의 경우 필요한 부분은 설명서에 의해 소독한다.

2 네일 미용인의 자세

2-1 네일 미용인의 자세

- 네일 미용인은 미용인으로서 미용인이 가져야 할 기본적인 사명과 교양, 준수 사항을 갖추기 위한 자세가 필요하다.
- 네일 미용에 대한 다양한 지식을 통해 전문가의 위치는 물론이고 기본적인 소양도 갖추어야 한다.

🍀 고객에 대한 네일 전문인의 자세

고객의 네일 상태를 파악할 수 있어야 하며 선택 가능한 시술 방법을 설명할 수 있어야 한다. 선택 가능한 관리 방법을 설명할 수 있어야 하고 네일에 대한 전문적인 지식을 갖추어야 한다. 고객관리 카드 작성시 기록해야 할 것과 그렇지 않은 것을 구별하여 작성할 수 있어야 한다.

🍀 고객 응대에 대한 기본 자세

고객에게 공정함과 공평함을 유지해야 하며 예약제로 이루어질 경우 약속을 충실히 이행하고 안전 규정과 수칙을 지키고 충실히 준수하여야 한다. 고객에게 알맞은 서비스를 하며 기술적인 향상을 위해 항상 노력한다.

2-2 네일 미용인의 작업자세

작업 자세

네일 미용의 경우 거의 앉아서 작업하게 되므로 장시간의 시술 시에는 중간에 일어나서 근육이 뭉치지 않게 풀어주는 것이 좋다. 작업 자세는 등을 구부리지 않고 어깨를 수직으로 세워 체중의 중심이 양 발에 균등히 실려 있는 자세를 취하는 것이 좋다. 작업대와 작업 대상의 높이를 고려한 안정적인 자세가 되도록 해야 하며 시술 시 눈의 피로가 많이 쌓일 수 있으므로 눈에 피로감이 적은 조명을 사용하고 적당히 휴식 시간을 활용하여 눈을 보호한다.

네일 미용의 준비 상태

작업장은 냉·난방 시설을 갖추고 네일 테이블은 항상 깨끗함이 유지되어야 하며 네일 받침대는 이용 고객마다 갈아주거나 위생적인 처리가 되게 하여 사용한다. 타월은 면 소재를 사용하고 고객마다 새 타월을 사용하고 고객마다 세팅은 새 제품들로 구성되어야 한다. 시술에 방해되는 반지나 팔찌 등은 미리 빼어놓고 작업자는 깨끗한 가운을 입어 전문성을 갖는다.

확인 사항

예약 시간	예약 시간의 엄수는 상호간 시간 절약이 된다.
준비 상태	고객의 시술에 맞는 시술 준비를 미리 한다.
건강 상태	시술자의 건강 상태와 고객의 손톱과 발톱의 건강 상태를 확인한다.
시술 형태	원하는 시술 형태를 확인한다.
복장	시술자는 전문가의 이미지로 신뢰감을 주는 복장이 되게 한다.

네일의 구조와 이해

1. 네일의 구조

1-1 손톱의 명칭

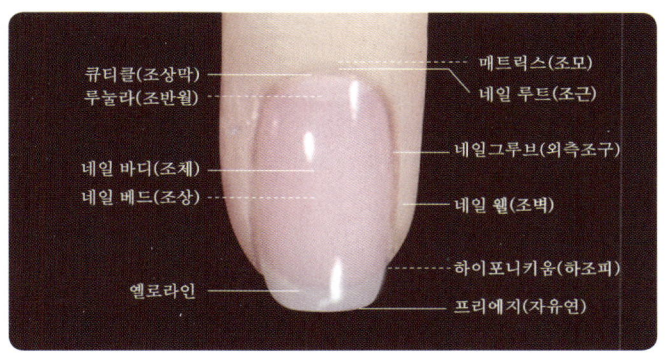

손톱은 네일 바디(조체, 조판), 프리에지(자유연), 네일루트(조근), 루눌라(반월), 스트레스 포인트가 있다.

네일 바디(조체/조판)	• 손톱의 본체로 네일 플레이트(조판)라고도 한다. • 조상(네일 베드)을 보호하는 역할을 하고 단단한 각질 구조로 신경과 혈관이 없는 죽은 단백질이다.
프리에지(자유연)	• 네일 베드(조상)와 분리되어 자라는 부분으로 조체의 끝부분을 말하며 손톱의 길이와 모양을 자유롭게 조절하여 만들 수 있다.
네일 루트(조근)	• 손톱의 뿌리 부분으로 신경이나 혈관은 없으며 손톱이 자라나기 시작하는 성장의 시작점이다. 매트릭스(조모) 윗부분에 위치하며 세포 조직을 형성한다.
루눌라(반월)	• 유백색의 반달 모양으로 조모, 조근과 조체를 연결해준다.
스트레스 포인트	• 조체가 조모에서 떨어져 나가 자유연이 되는 시작점의 양쪽옆 부분이다. • 쉽게 금이 가고 부서지기 쉬운 부분이다.

1-2 손톱 밑 피부의 명칭

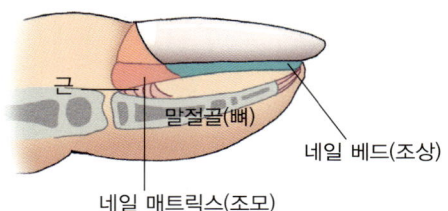

매트릭스(조모), 네일 베드(조상)이 있다.

매트릭스(조모)	• 새로운 손톱의 각질 세포를 형성하며 손톱의 생성과 손톱의 성장이 진행되는 곳으로 조근(네일 루트) 아래에 위치한다. • 모세혈관과 림프, 신경조직이 있다. • 상처를 입으면 손톱의 변형을 초래한다.
네일 베드(조상)	• 조체(네일 바디) 밑의 피부로 조체가 자라는 것을 도우며 지각 신경이 있다. • 모세혈관이 있으며 모세혈관을 통해 산소를 공급받고 조체에 수분을 공급한다. • 조모 바로 앞에서 하이포니키움 바로 전까지가 범위이다.

1-3 손톱 주변 피부의 명칭

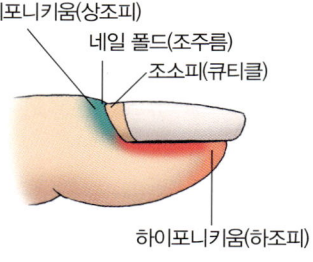 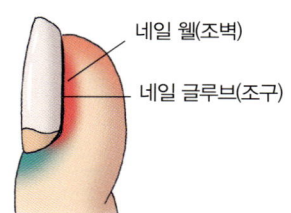

큐티클(조소피), 네일 폴드(조주름), 네일 글루브(조구), 네일 웰(조벽), 에포니키움(조상피), 하이포니키움(하조피)가 있다.

큐티클(조소피)	• 손톱 위쪽을 덮고 있는 피부로 신경과 주름이 없는 피부이다.
네일 폴드(조주름)	• 손톱이 자라나오는 곳의 피부와 조소피(큐티클) 사이 경계선이다.
네일 글루브(조구)	• 손톱과 손톱 옆면의 경계를 이루는 골로 움푹 패여진 곳이다.
네일 웰(조벽)	• 손톱 측면의 피부로 조구를 이루는 경계면의 피부를 말하며 네일 베드와 연결된다.
에포니키움(상조피)	• 손톱이 자라기 시작하는 큐티클의 바로 위쪽 피부로 큐티클과 경계를 이루는 부분이다.
하이포니키움(하조피)	• 손가락 끝부분의 프리에지(자유연) 밑에 있는 피부이다. • 손톱 아래 살과 연결된 부분이며 박테리아 침입을 막아준다.

2 네일의 이해

네일은 손톱과 발톱을 지칭하는 말로 아름다움을 위한 손톱과 발톱의 관리 자체를 네일에 포함시킨다. 매니큐어(Manicure)라는 말의 유래는 라틴어의 마누스(Manus, 손)와 큐라(Cura, 관리)에서 파생되어 큐티클의 정리, 컬러링, 손 마사지 등의 전반적인 손의 관리(Hand Care)의 의미도 가진다. 패디큐어는 Pedis(foot)와 Cura(care)의 합성으로 발과 발톱의 관리를 말한다.

2-1 네일의 특징

손톱과 발톱은 피부의 부속 기관으로 케라틴 단백질로 구성되어 있으며 인체의 건강 상태나 노동의 정도, 청결도에 따라 손톱의 상태도 달라진다. 네일은 반투명의 각질판으로 지각 신경이 집중되어 있고 함유된 수분의 함량 및 각질의 조성에 따라 손톱의 경도가 달라진다.

2-2 네일의 역할과 기능

손끝과 발끝을 보호하며 손끝과 발끝에 힘을 실을 수 있게 돕는 역할을 한다. 기능으로는 물건을 잡고, 집고, 긁을 때, 들어 올릴 때, 성상을 구별하는 기능이 있고 방어와 공격의 기능, 손과 발의 장식적인 기능이 있다.

2-3 건강한 네일

네일은 15% 내외의 수분을 함유하고 5% 내외의 유분을 함유하고 있어야 하며 유연하고 탄력성이 좋으며 손톱의 경도가 적당해야 한다. 반투명한 연한 핑크빛을 띠는 손톱으로 내구력이 좋아야 하고 매끄럽고 광택이 있어야 하며 튼튼해야 한다. 손톱의 모양은 둥근 아치형을 형성해야 하고 모양이 고르고 표면이 균일해야 한다.

2-4 네일의 성장

네일의 성장은 손톱의 세포를 생성하는 네일 매트릭스(조모)에서 시작되며 네일 매트릭스(조모)에 이상이 생기면 손톱의 기형이나 손톱에 성장 장애가 온다. 네일 베드(조상)의 모세혈관으로부터 영양과 산소를 공급받는다. 네일 매트릭스(조모)에서 성장되는 네일 바디(조체)가 네일 베드(조상)에 부착되어 밀려 나오는 기간은 일반적으로 4~6개월이며 1일 성장은 약 0.1mm으로 1달에 약 3~5mm이다.

손톱은 남성이 여성보다 빨리 자라며 젊을수록 잘 자라고 다뜻한 날씨에서 더 잘 자란다. 임산부의 손톱 성장은 느리며 흡연자의 경우도 느리게 성장된다. 또한 왼손잡이의 경우 왼손의 손톱 성장이 더 빠르며 중지 손톱이 가장 잘 자라고 엄지 손톱이 가장 늦게 자란다. 발톱은 손톱의 1/2의 속도로 성장된다.

2-5 네일의 특성과 형태

🍀 네일의 특성

케라틴이라는 섬유 단백질로 구성되어 있다(탄소 51.9%, 산소 22.39%, 질소 16.9%, 황 2.8%, 수소 0.82%). 시스테인이 많이 포함되어 있으며 12~18%의 수분을 함유하고 있다. 손톱의 경도는 케라틴 단백질의 조성과 수분량에 따라 달라지며 반투명의 각질판으로 되어 있고 각신경이 집중되어 있다.

🍀 네일의 형태

손톱의 형태는 기본적으로 가지고 있는 형태에서 모양을 잡아 주는 것이다. 직업이나 환경과 취향을 고려하고 손모양과 손가락의 길이나 두께, 손의 상태 등을 고려하여 손톱 모양을 잡게 된다. 손톱의 모양은 크게 라운드형, 오발형, 포인트형, 스퀘어형의 4가지로 나누어 살펴볼 수 있다.

스퀘어   라운드 스퀘어   라운드   오발   포인트   스틸레토

::라운드형(Round Shape)::

- 가장 일반적인 형태로 자연스러운 둥근 형태이다.
- 손가락 끝의 둥근 모양 그대로 손톱 모양이 이루어지도록 하면 된다.
- 둥글게 파일링하는 형태이며 누구나 편안해하는 모양으로 부드러운 손톱에 적절하다.
- 손질 시 파일 각도는 45°로 손톱의 모서리에서 중앙쪽으로 파일링한다.

::오발형(Over Shape)::

- 손톱의 중심 부분을 더 길게 하는 형태로 매력적인 손톱으로 보여진다.
- 손가락 자체가 가늘어 보이는 효과가 있고 손의 노출이 많은 직업의 여성들에게 알맞다.
- 손톱의 옆면이 쉽게 찢어지고 손상되는 단점이 있다.
- 파일 각도는 15°로 모서리를 많이 둥글게 처리하는 파일링을 한다.

::포인트형(Point Shape)::

- 손톱의 중심 부분을 뾰족하게 하는 형태로 아몬드형에 가깝고 감각적이며 강한 인상을 줄 수 있어 개성 있는 여성에게 알맞다.

- 손가락을 길고 가늘게 보이게 하는 효과가 있으나 부러지기 쉬운 단점이 있다.
- 프리에지(자유연) 부분이 길면 작업하기에 용이하다.
- 파일의 각도는 10° 정도로 뉘인 상태에서 모서리를 파일링한다.

:: 스퀘어형(Square Shape) ::

- 네모 모양으로 손톱의 모양을 만드는 형태로 완전한 스퀘어형과 라운드 스퀘어형으로 나눌 수 있다.
- 잘 부러지지 않아 약한 손톱에 알맞고 파고드는 손·발톱을 예방하기 위한 모양으로도 적합하며 활동적인 직업이나 손톱 끝을 많이 사용하는 사람에게 알맞다.
- 튼튼한 형태이지만 손가락을 짧고 굵게 보이게 할 수 있는 단점이 있다.
- 파일 각도는 90°로 모서리의 굴림이 없이 그대로 일자형이다.
- 컴퓨터 종사자나 타이핑 리스트 등의 직업에 알맞으나 양쪽 모서리가 직각이라 일상 생활에는 불편을 줄 수 있는 단점이 있다.
- 강한 느낌을 주는 쉐입으로 대회용으로 많이 사용된다.
- 발톱의 일반적인 쉐입으로 많이 이용된다.

:: 라운드 스퀘어형(Round Square Shape) ::

- 가장 이상적인 손톱 모양으로 90°로 파일링한 후 양쪽 모서리를 60° 정도로 해서 조금씩 둥글게 파일링한 형태이다.
- 세미 스퀘어, 스퀘어 오프 등의 용어로도 사용된다.

3 네일의 병변

손톱은 우리 몸의 건강 상태를 나타내 주기도 하는데 손톱의 색과 형태로 불균형이나 이상 징후를 파악하게 된다.

3-1 시술 가능한 손톱과 발톱

종류		설명
조갑비대증 (오니콕시스, Onychauxis)		• 손톱이 비정상적인 형태로 두꺼워지는 현상으로 손, 발톱의 과잉 성장이다. • 질병, 유전, 장시간 작은 신발의 착용 등이 요인이다. • 부드러운 네일 파일로 두께를 감소시킨다.
조갑위축증 (오니코아트로피, Onychoatrophy)		• 손톱이 부서지며 손톱에 광택도 없어지고 오그라들며 떨어져 나가는 현상이다. • 내과적 질병, 메트릭스(조모)의 손상, 강한 푸셔나 강한 세제의 사용이 요인이다. • 푸셔는 적당한 세기로 사용, 부드러운 파일을 사용한다.
교조증 (오니코파지, Onychohpagy)		• 손톱을 습관적으로 물어뜯어 나타나는 현상으로 손톱이 자라지 못하고 자유연 자체가 없이 짧은 상태가 된다. • 스트레스나 심리적 불안감에서 나타날 수 있다. • 인조 손톱의 시술 및 매니큐어링을 하여 관리한다.
조내생증 (오니코크립토시스, Onychocryptosis)		• 손톱과 발톱이 살을 파고 들어가며 자라는 현상이다. • 인그로운 네일(Ingrown Nail)이라고도 하며 작은 신발, 잘못된 파일 방법이 요인이다. • 손톱과 발톱 모양을 스퀘어(네모)로 만들어주고 파고 들어 가는 부분에 얇은 솜을 이용하여 끼워준다.
조연화증 (에그셸 네일, Eggshell Nail)		• 손톱이 얇으며 희고 프리에지(자유연)가 심하게 휘어져 있는 현상이다. • 계란껍질 손톱이라고도 하며 영양상태가 좋지 않거나 신경계통의 이상증상, 내과적인 질병이 요인이다.
조갑종렬증 (오니코렉시스, Onychorrhexix)		• 손톱이 갈라지거나 부서지는 현상으로 손톱에 세로로 골이 생기는 증상이다. • 갑산성기능항진의 현상으로도 나타나며 아세톤과 솔벤트의 과다 사용이 요인이다. • 아세톤(리무버)의 사용을 금하며 핫오일 매니큐어로 증상을 완화시킨다.
조백반증 (루코니키아, Leuconychia, 백색조갑)		• 손톱에 흰색의 반점이 생기는 현상이다. • 원인은 불분명하나 외상이나 질환에 의해서도 나타날 수 있다.

명칭		설명
조갑익상증 (테리지움, Pterygium, 표피조막)		• 큐티클의 과잉성장에 의해 생긴 현상으로 큐티클이 정상적인 형태를 벗어나 손톱의 일부 표면을 덮으며 자라는 것이다. • 피부의 손상이 요인이다. • 핫 크림 매니큐어로 꾸준히 관리한다.
거스러미 손톱 (행네일, Hang Nail)		• 손톱 주변의 피부와 큐티클이 너무 건조해 거스러미가 일어난 현상이다. • 손톱을 뜯거나 상조피 부분이 갈라져서 나타난다. • 핫 크림 매니큐어로 치료 가능하다.
스푼형 조갑 (Kolionychia)		• 손톱의 표면이 숟가락처럼 우묵하게 함몰되는 현상이다. • 조체의 발육이상으로 조체가 얇고 건선이나 갑상선기능장애 등에서도 나타나며 철분의 결핍과 알칼리성 세제의 사용이 요인이 된다.
고랑파진 손톱 (커루제이션, Corrugation, 휘로우 네일)		• 가로와 세로로 긴 골이 생기며 주름이 잡힌 것처럼 보인다 (세로줄은 정상인의 경우도 나타날 수 있다). • 휘로우(Furrow)라고도 하며 영양부족, 빈혈, 위장병, 고열, 홍역, 순환기 질환, 유전적 요인에 의해 생긴다.
멍든 손톱 (브루즈 네일, Bruised Nail, 헤마토마, 혈종)		• 네일 베드(조상)의 손상으로 외부적 요인에 의해 피가 응결된 현상이다. • 멍든 손톱은 네일 바디(조체)가 아닌 네일 베드(조상)에 퍼런 멍이 들어 나타나는 것으로 매트릭스(조모)에 손상을 입지 않았다면 서서히 자라 나온다. • 손톱이 떨어져 나갈 수 있으므로 특히 인조네일의 시술은 금한다.
검은 반점 (니버스, Nevus, 모반점)		• 색소작용 이상에 의해 손톱의 표면에 검은색이나 밤색의 얼룩이 생긴 현상이다. • 모반점이라고도 하며 멜라닌 색소가 착색되어 나타난다.
청색조갑 (변색된 손톱, Discolored Nails)		• 손톱의 색상이 황색이나 청색, 검 푸른색 및 자색, 적색 등의 다양한 색상을 나타내는 현상이다. • 빈혈 및 혈액순환장애, 심장이 좋지 못한 상태, 영양결핍, 곰팡이균 감염 등에 의해 나타난다. • 베이스 코트를 바르지 않고 컬러 사용 시 변색이 나타날 수 있다.

3-2 시술 불가능한 손톱과 발톱

종류	설명
조갑 탈락증 (오니콥토시스, Onychoptosis)	• 손톱과 발톱의 전체나 일부분이 주기적으로 탈락되는 현상이다. • 매독, 당뇨, 고열, 약물에 의한 외상이 요인이다.
조갑 박리증 (오니코리시스, Onycholysis)	• 조체(네일 바디)와 조상(네일 베드) 사이에 틈이 생겨 차츰 벌어지는 현상으로 자유연(프리에지)에서 루눌라까지 번질 수 있다. • 내과적 질환(갑상선, 감염), 철 결핍성 빈혈, 특정 약물 치료 등이 요인이다.
조갑 구만증 (오니코그리포시스, Onychogryphosis)	• 손톱이 심하게 휘어 구부러지는 현상으로 두께도 두꺼워지며 범위가 넓어져 손가락이나 발가락 밖까지 확장되기도 한다. • 염증을 동반할 수 있고 손톱이 피부로 파고 들면 통증이 있다.
조갑 사상균증 (네일 몰드, Nail mold)	• 손톱의 색상이 황록색에서 청록색으로 다시 검은색으로 변하는 현상이다. • 손톱에 발생되는 사상균으로 인조네일과 자연네일 사이에 습기가 있는 상태에서 사상균의 번식으로 생긴다.
조갑 진균증 (오니코마이코시스, Onychomycosis)	• 희미한 점이나 황색의 줄무늬가 생기는 현상이다. • 진균이 자유연(프리에지)에 침투하여 루눌라 쪽으로 퍼져 나가면서 감염부위는 탈락되고 손톱이 불규칙하게 얇아지며 네일 베드(조상)가 드러난다.
조갑 주위염 (파로니키아, Paronychia)	• 손톱 주변의 조직이 박테리아에 감염되어 붉게 부어 염증이 생긴 현상으로, 살이 물러지며 오랫동안 계속적이면 손톱 자체를 손상시킨다. • 큐티클의 과다 제거와 비위생적인 도구가 요인이 된다.
조갑염 (오니키아, Onychia)	• 손톱 아래에 살이 붉어지거나 염증이 생긴 현상이다. • 비위생적인 도구의 사용이 요인이다.
화농성 육아종 (파이로제닉 그래뉴로마, Pyrogenic Granuloma)	• 심한 염증 상태에서 네일 베드(조상)의 붉은 살이 네일 바디(조체) 위로 자란다. • 비위생적인 도구, 박테리아의 감염이 요인이다.

Section 04
네일 도구 및 재료

1 네일 기기 및 기구

1-1 네일 기기

∷ 온장고(Heating cabinet) ∷

- 타월을 쓰는 용도에 맞게 하기 위해 따뜻함을 유지하기 위한 저장고이다.
- 온장고를 사용하지 않을 시에는 안에 타월이 없도록 해야 세균의 서식을 피할 수 있다.
- 타월은 장기간 보관하지 않는 것이 좋다.

∷ 기구 소독기(Machine sterilizer) ∷

- 네일에 사용되는 니퍼나 푸셔, 콘커터 등을 소독할 수 있는 소독기이다.

∷ 습식 소독기(Wet sanitizer) ∷

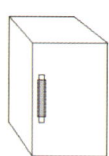
- 네일 도구의 소독 및 살균을 위해 소독액을 담는 용기이다.
- 사용하지 않을 시 뚜껑을 덮을 수 있게 뚜껑이 있는 것으로 투명한 용기를 사용해야 한다.
- 소독액이 오염되었을 경우 바로 즉시 교체하여야 한다.

∷ 패디 스파 기계(Pedi spa machine) ∷

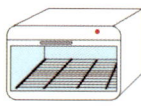
- 발관리를 위해 설계된 의자이다.
- 시술 시 편안함과 진동을 주어 피로를 풀어 주는 기능이 있다.
- 스파시에는 바이브레이션의 기능도 가지고 있다.

∷ 파라핀 워머(Paraffin warmer) ∷

- 파라핀 왁스를 녹여주는 기기이다.
- 온도가 52℃~55℃가 유지되게 조절하는 기능이 있다.
- 왁스가 녹는 시간은 보통 4시간이다.

:: 램프(Lamp) ::

- 눈을 보호하기 위한 각도조절용 램프이다.
- 40와트 이상이 좋다.
- 형광등이 백열전구보다 시술하기 편하다.

:: UV 램프 ::

- 젤 큐어링 카이트기로 젤 네일 시 젤을 건조시켜 굳힐 때 사용되는 전기 기기이다.

:: 컬러 드라이어(Color dryer) ::

- 손톱의 컬러를 빠르게 건조시키기 위한 전기 기기이다.

:: 각탕기(Foot Bathtub) ::

- 패디큐어를 하거나 발마사지 시에 사용되며 혈행을 좋게하고 피로를 풀어주며 피부를 부드럽게 해준다.

1-2 네일 기구

:: 네일 테크니션 의자(시술용 의자) ::

- 네일 아티스트의 의자로 바퀴와 등받이가 있는 것이 좋으며 높낮이 조절이 되는 안락하고 시술하기 용의한 것이 좋다.
- 천보다는 레자나 가죽으로 된 것이 좋으며 폴리시가 묻었을 때 제거가 잘 되는 것이 좋다.

:: 고객 네일 의자 ::

- 손톱관리를 받을 때 불편함이 없는 의자가 좋으며 팔걸이가 있는 의자가 고객에게 편안함과 안락함을 준다.
- 의자의 크기는 여유가 있는 것이 좋다.

:: 고객 쿠션 ::

- 손톱관리 시 다양하게 사용되며 손목이나 팔이 편안하게 받치는 역할도 하고 등받이용으로도 사용된다.

::재료 받침대(Supply tray)::

- 손톱관리 시 시술에 필요한 손톱재료를 얹어 놓는 받침대이다.

::네일 테이블::

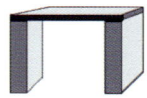
- 손톱관리 시 사용되는 테이블로 고객과 시술자 간의 간격이 알맞게 되어 있는 것이 좋다.
- 재료 보관이 용이하고 견고하며 화학제품에 손상이 쉽게 되지 않는 것으로 호마이카 재질이 좋다.

::손목 받침대::

- 손톱관리 시 편하게 시술을 받기 위해 만들어진 손목을 받치는 받침대이다.
- 다양한 재질이 있으나 레자나 가죽제품이 시술에는 더 알맞다.

::비닐 장갑::

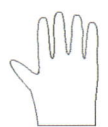
- 비닐로 된 장갑으로 파라핀이 장갑에 묻는 것을 방지하고 외부로 열이 빠져나가지 못하게 하는 용도로 사용된다.

::전기 장갑과 천 장갑::

- 파라핀 매니큐어 시 외부로 열이 빠져 나가지 않게 도와주는 장갑이다.

2 네일 재료 및 도구

2-1 네일재료

::큐티클 리무버(Cuticle remover)::

- 큐티클 용해제(Cuticle Solvent)라고도 하며 단시간에 큐티클을 부드럽게 만들어준다.
- 큐티클이 단단한 사람에게 사용하면 효과적이다.
- 성분은 물, 글리세린, 수산화칼륨, 소듐이다.
- 리퀴드나 크림타입으로 되어 있다.

::큐티클 오일(Cuticle oil)::

- 큐티클에 유분과 수분을 공급해 주는 것으로 큐티클을 부드럽게 하고 큐티클의 갈라짐을 방지한다.
- 성분은 비타민 E, 조조바, 야자수, 식물성 유지이다.
- 글리세린을 함유하고 있다.

:: 네일 폴리시(Nail polish) ::

- 네일 컬러(Nail color), 에나멜(Enamel), 락커(Lacqeur)라고도 한다.
- 폴리시는 다양한 색상으로 구성되어 있으며 니트로셀룰로오즈(Nitrocellulose)를 휘발성 용해액에 의해 용해시킨 것이다.
- 휘발성이 강하고 일반적으로 광택을 갖는다.

:: 폴리시 리무버(Polish remover) ::

- 컬러 리무버(Color remover)라고도 하며 아세톤과 비아세톤이 있다.
- 폴리시를 제거할 때와 인조 손톱(네일 팁)을 제거할 때 쓰인다.

퓨어 아세톤(Pure acetone)	아세톤 성분이 함유되었으며 인조 손톱을 제거할 때 사용
넌 아세톤(Non acetone)	아세톤 성분이 함유되어 있지 않으며 폴리시를 제거할 때 사용

:: 베이스 코트(Base coat) ::

- 폴리시를 바르기 전 손톱의 표면에 바르는 것으로 투명한 색상이다.
- 손톱 표면의 보호와 손톱이 누렇게 변색 되는 것을 방지하기 위해 사용한다.
- 베이스 코트의 성분으로 손톱에 밀착력을 높인다.
- 주성분은 송진과 레진, 니트로셀루로이드, 이소프로필 알코올, 에틸 아세테이트, 부틸 아세테이트, 용해제, 포름 알데히드 등이다.

:: 탑 코트(Top coat) ::

- 씰러(Sealer)라고도 하며 폴리시 위에 바르는 것으로 광택을 부여하고 폴리시의 탈락을 막아주는 역할을 한다.
- 성분은 송진과 레진, 니트로셀루로이드, 폴리에스터, 용해제 알코올이다.

:: 띠너(Thinner) ::

- 폴리시가 굳어져서 사용이 불가능할 때 넣는 것으로 폴리시를 묽게 만든다.
- 굳어진 폴리시의 양에 따라 넣는 양을 달리해야 한다.
- 너무 많은 양의 띠너는 폴리시의 색상을 옅게 만들 수 있다.

:: 네일 화이트너(Nail whitener) ::

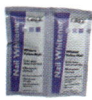

- 손톱의 프리에지(자유연) 부분을 희게 하는 것으로 크림 형태와 페이스트(치약 형태), 연필 형태와 노끈 형태 등이 있다.
- 주성분은 산화아연, 디옥사이드, 티타늄이다.

:: 네일 블리치(Nail bleach) ::

- 네일 표백제로 자연 손톱이 누렇게 변색되었을 때 사용하면 효과적이다.
- 피부에 닿지 않도록 하면서 손톱의 표면에만 바른다.
- 20볼륨의 과산화수소, 구연산을 함유하고 있다.

:: 에나멜 드라이어(Enamel dryer) ::

- 주로 폴리시가 빠르게 건조되도록 뿌리는 스프레이 타입이다.
- 광택과 코팅효과까지도 부여하며 10~15cm 떨어져서 한번에 분사한다.
- 2~3분 정도면 건조된다.

:: 네일 보강제(Nail hardner/strengthener) ::

- 자연손톱에만 사용하는 손톱의 영양제로 손톱의 균열이나 찢어지는 것을 방지하여 튼튼하게 만드는 것으로 베이스 코트 전에 사용한다.
- 성분은 푸로틴하드너, 나일론 섬유, 포름알데히드가 있다.

푸로틴하드너	무색의 폴리시와 영양제의 혼합(콜라겐류)
나일론 섬유	무색의 폴리시와 나일론 섬유의 혼합
포름알데히드	포름알데히드를 함유(약 5%)하고 있는 보강제

:: 알코올 ::

- 손과 손톱, 발과 발톱의 소독과 청결을 위해 사용한다.
- 일반적으로 70% 농도의 알코올이 사용된다.
- 기구나 도구의 소독 등 소독이 필요한 경우 사용한다.

:: 새니타이저(Sanitizer) ::

- 안티셉틱(Antiseptic)이라고도 하며 손과 손톱을 소독하는데 사용하는 피부소독제로 액상 타입과 젤 타입이 있다.

:: 항균비누 ::

- 손이나 발을 깨끗이 씻을 때 사용한다.
- 곰팡이, 무좀 등을 방지한다.
- 형태는 액체형, 젤형, 구슬 형태가 있고 미온수에 풀어서 사용한다.
- 성분은 세척제와 박테리아 살균제이다.

:: 로션(Lotion) ::

- 주로 손이나 발의 마사지용으로 사용한다.
- 피부에 유분을 공급해 준다.

:: 지혈제(Styptic liquid/Powder) ::

- 출혈을 멈추게 하는 지혈제로 액상과 분말 형태가 있다.
- 아드레날린, 젤라틴, 식염수, 칼슘 등의 수렴성 약제로 되어 있다.

:: 파라핀(Paraffin) ::

- 양초성분인 고체 파라핀에 미용에 도움이 되는 성분을 첨가한 것이다.
- 일반적으로 고체를 녹여 액체로 사용하며 손의 관리에 유용하게 사용한다.

2-2 네일 도구

:: 핑거볼(Finger bowl) ::

- 습식 매니큐어에 사용되며 자연손톱을 물에 담그어 큐티클을 불릴 때 사용한다.
- 플라스틱, 도자기, 유리재질의 제품들을 사용한다.

:: 솜 용기(Cotton can) ::

- 솜을 보관하는 용기로 소독이된 솜이나 일반적인 솜을 보관하는 용도로 두껑이 있어야 한다.

:: 타월(Towel) ::

- 손을 닦거나 손마사지 시 온타월과 냉타월의 사용에 쓰인다.
- 흡수력이 좋고 때가 잘 지며 건조성이 빠른 것이 좋다.

:: 페이퍼 타월(Paper towel) ::

- 종이로 되어 있는 타월로 손의 물기나 많이 묻혀진 글루를 덜어낼 때 사용한다.
- 기타 용기나 더러워진 부분을 닦을 때도 사용한다.

:: 타월 집게 ::

- 온장고에 있는 뜨거워진 타월을 집는 용도이다.
- 알맞은 집게 길이를 택한다.

:: 쟁반 ::

- 핫 타월을 온장고에서 꺼내어 담는 용도이다.
- 너무 크지 않는 것을 택한다.

::솜(Cotten)::

- 주로 폴리시를 지울 때 사용되며 인조 손톱 제거 시에도 사용한다.
- 소독액을 묻혀 소독용 솜으로도 사용한다.

::디스펜서(Dispenser)::

- 폴리시 리무버나 아세톤을 담는 용기로 펌프식으로 편리하게 사용한다.
- 도자기와 플라스틱의 재질이 있으며 수동펌프와 자동펌프 형태가 있다.

::파일(File)::

- 에머리보드(Emery board)라고도 한다. 손톱의 모양을 잡고 손톱을 다듬을 때 사용되며 길이 조절도 가능하다.
- 자연 손톱과 인조 손톱에 사용하는 것을 구분하여 용도에 맞게 사용한다.
- 소독이나 살균처리가 불가능하여 일반적으로 일회용으로 사용되어야 한다.
- 파일의 거친 정도에 따라 그릿(Grit) 번호로 구분하며 높은 숫자의 번호일수록 부드러운 파일이다.
- 보통 100 그릿에서 240 그릿으로 나누어져 있다.

::메탈 파일(Metal file)::

- 철제 파일로 손톱의 프리에지(자유연)를 매끄럽게 하는 데 사용되며 손톱의 길이 조절도 가능하다.
- 재사용이 가능하며 소독은 반드시 해야 한다.

::광 파일(2Way/ 3Way/ 4Way buffer)::

- 버퍼(Buff)라고도 하며 손톱 표면의 광택을 내거나 손톱의 표면 정리에 사용한다.
- 거친 정도(그릿수)가 다른 면으로 구성되어 있다.
- 블록 버퍼, 샤미스 버퍼, 보드형 등 여러가지 형태가 있다.

샤미스 버퍼	염소나 양의 부드러운 가죽을 이용해 만든 광택용 버퍼로 버핑 크림과 같이 사용된다.

::샌딩 블록(Sanding block)::

- 샌딩 버퍼라고 하며 손톱의 표면을 매끄럽게 정리할 때 사용한다.

::네일 클리퍼(Nail clipper)::

- 손톱과 발톱의 길이를 자르는데 사용하는 것으로 둥근형과 일자형이 있다. 손톱깎기라고도 한다.
- 소독처리 후에 살균기에 보관한다.

::니퍼(Nipper)::

- 큐티클을 잘라낼 때 사용하는 것으로 손톱 주위의 거스러미나 굳은살을 정리하는 용도로도 사용한다.
- 소독처리에 특히 신경을 써야 하는 도구이다.

::콘 커터(Corn cutter)::

- 발바닥의 굳은살 제거용 도구로 칼날이 있다.

::패디 스톤(Pedi stone)::

- 발에 사용하는 거친 파일로 발바닥에 있는 굳은살을 제거한 후 피부를 부드럽게 만들어 주기 위한 파일이다.

::패디 파일(Pedi file)::

- 발에 사용하는 부드러운 파일로 발바닥의 굳은살을 제거한 후 피부를 부드럽게 만들어 주기 위한 파일이다.

::토우 세퍼레이터(Toe separator)::

- 발가락에 끼워 발가락이 서로 닿지 않게 사이를 벌려주는 것으로 베이스 코트를 바르기 전에 사용한다.
- 발가락 사이의 피부에 묻는 것을 방지하고 서로 겹쳐지는 발톱의 폴리시(컬러)의 뭉침을 방지하기 위해 사용한다.

::네일 브러시(Nail brush)::

- 더스트 브러시라고도 하며 손톱을 파일링한 후 잔여물을 제거해 주는 브러시이다.
- 일반적으로 이물질은 위에서 아래로 제거해준다.

::디스크 패드(Disc pad)::

- 라운드 패드(Round pad)라고도 하며 파일링을 끝낸 후 먼지나 손톱 밑의 거스러미를 제거하는 용도로 사용한다.

::푸셔(Pusher)::

- 큐티클을 손톱으로부터 분리시키기 위해 밀어올리는 역할을 하는 것으로 메탈푸셔, 스톤푸셔, 고무푸셔, 나무푸셔가 있다.
- 소독 처리가 잘 이루어져야 한다.

메탈푸셔	금속으로 만들어져 큐티클과 손톱주변의 굳은살, 각질층을 밀어올릴 때 사용한다(45°로 사용). 손톱의 표면이 벗겨지거나 매트릭스가 상할 수 있어서 너무 세게 밀지 않아야 한다.
스톤푸셔	돌로 만들어진 푸셔로 메탈푸셔의 사용 후 손톱의 표면과 거스러미를 깨끗이 제거할 때 사용한다.

고무푸셔	재질이 고무로 된 푸셔
나무푸셔	재질이 나무로 된 푸셔

:: 오렌지 우드스틱(Orange wood stick) ::

- 큐티클을 밀어 올릴 때 사용되며 손톱 주위에 폴리시가 묻었을 때 제거용으로도 사용한다.
- 우드 스틱에 솜을 말아 이물질 제거 시에도 쓰인다.
- 다양한 용도로 사용되나 일회용으로 처리해야 한다.

3 인조 네일의 재료와 도구

3-1 인조 네일의 재료

:: 네일 팁(Nail tip/인조 손톱) ::

- 네일 팁은 손톱이나 발톱의 길이 연장을 위해 만들어진 다양한 크기의 손톱과 발톱 모양의 인위적인 인조 네일이다.
- 네일 팁(인조 손톱)은 자연손톱 위에 올려 접착한 후 손톱의 길이를 길게 하는데 사용한다.
- 인조 네일의 재질은 플라스틱, 아세테이트, 나일론 재질로 되어 있다.
- 모든 네일 팁은 접착을 위한 부분에 약간의 턱이 있으며 이 접착면의 턱부분을 웰(Well)이라고 한다. 풀 웰과 하프 웰로 나누며 웰 부분이 얇은 팁이 자연스럽고 좋은 팁이다.
- 팁의 종류에는 풀 팁, 하프 팁(반 팁), 클리어 팁, 크리스탈 팁, 디자인 팁, 프렌치 팁, 메탈 팁, 롱 커브 팁, 슈퍼 롱 커브 팁 등이 있다.

풀 팁	손톱 전체를 덮은 팁으로 풀 커버팁이라고도 한다.
하프 팁(반 팁)	자유연 부분에 붙여 적당한 길이를 선택 후 잘라 사용한다. 레귤러, 화이트, 스퀘어 팁이 있다.
클리어 팁	팁의 색이 투명한 팁으로 풀 팁, 하프 팁, 롱 커브 팁이 있다.
크리스탈 팁	색이 투명한 팁으로 무늬가 있으며 하프 팁이다.
디자인 팁	컬러 팁으로 색상이나 문양이 있는 아트 팁이다. 풀 팁과 하프 팁이 있다.
프렌치 팁	프렌치 컬러가 디자인 된 팁으로 프리에지 부분에 부착하면 프렌치 팁의 모양이 빠르게 완성된다. 하프 팁이 있다.
메탈 팁	금속 소재로 컬러가 입혀져 있는 디자인 팁으로 풀 팁이 있다.
롱 커브 팁	길이가 긴 팁으로 대회나 네일아트 작품용으로 많이 사용된다.
슈퍼 롱 커브 팁	길이가 롱 커브 팁보다 더 긴 아트 팁으로 대회나 작품용으로 사용된다.

::글루(Glue)::

- 스틱 글루(라이트 글루)라고도 하며 인조 네일을 자연 손톱 위에 접착시켜 부착되게 하는 액체형 손톱 전용 접착 제이다.
- 팁 전용 글루로 랩의 접착이나 네일 표면의 전체적인 보강을 위해서도 사용한다.
- 2~3초 내에 굳으며 필러파우더와 함께 두께감을 줄 때도 사용한다.

::글루 드라이어(Glue dryer)::

- 건조를 위해 뿌려서 사용하는 스프레이형으로 글루나 젤을 빨리 건조시켜주는 촉매제이며 젤 글루 드라이어로도 사용된다.
- 10~15cm 간격을 두고 뿌려야 한다(가까이서 뿌리면 뜨거워진다).

::젤 글루(Gel glue)::

- 인조 네일의 접착 강도를 더 강하게 할 때 사용한다.
- 글루보다 점성도가 높아 접착성이 강하여 네일 팁의 마지막 도포 시에 주로 사용한다.
- 주로 글루를 도포한 위에 덧발라 주는 것으로 코팅효과가 높아 인조 손톱(네일 팁)이나 랩을 오래 유지시켜 준다.
- 일반 글루보다는 가격이 비싸고 접착력이 뛰어나다.

::필러 파우더(Filler powder)::

- 손톱의 표면을 메울 때, 랩이나 인조 손톱(네일 팁)을 튼튼하게 할 때 사용한다.
- 손톱의 연결 두께를 만들거나 손톱의 떨어져 나간 부분이나 찢어진 부분의 형태를 만들거나 보강할 때 주로 사용한다.
- 인조 네일이나 랩의 시술, 실크 익스텐션 시술 시에도 사용한다.

::네일 랩(Nail wrap)::

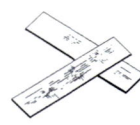

- 네일 랩(랩핑)을 위한 것으로 천이나 종이를 오려 손톱의 찢어지거나 깨진 부분에 접착제를 사용하여 인위적으로 붙여 튼튼하게 보강시키거나 손톱의 길이 연장으로도 사용되는 방법이다.
- 찢겨지거나 균열이 생긴 자연 손톱을 보수할 때 사용한다.
- 인조 손톱(네일 팁)을 붙인 후 부러지는 것을 막기 위해 그 위에 랩을 붙인다.
- 랩의 종류에는 페브릭랩(섬유종류)의 실크(비단), 린넨(마), 화이버글래스(광섬유, 유리섬유)와 페이퍼(종이)랩이 있다.

페브릭 랩	실크	가는다란 명주실로 명주 소재의 천이다. 얇고 투명하며 강도가 높아 많이 사용된다.
	린넨	굵은 실로 짜여져 있어 두껍고 투박한 천이다. 강도가 높지만 천의 조직이 보여 짙은 컬러를 발라야 한다.
	화이버 글래스	투명하고 가느다란 인조섬유의 천으로 강도는 강하지만 모서리가 잘 떨어지고 금이 잘 생긴다.
페이퍼 랩	페이퍼 랩	매우 얇은 종이로 주로 임시 랩으로만 사용되며 리무버나 용해제에 쉽게 제거된다.

:: 프라이머(Primer) ::

- 손톱에 잘 부착되게 도와주는 촉매제로 손톱의 pH 밸런스를 조절하고 손톱의 유분과 수분을 제거하며 건조시켜 아크릴릭의 접착력을 높이기 위해 사용한다.
- 강한 산성으로 주성분은 메티크릴산이며 피부에 닿으면 화상을 입힐 수도 있어 최소량만 사용한다.
- 젤 네일 시 베이스 젤을 바르기 전에 발라주기도 한다.
- 자연 손톱에 바르는 것으로 단백질 성분을 파괴시켜 접착력을 강화한다.

:: 아크릴릭 파우더(Acrylic powder) ::

- 분말 형태의 파우더로 손톱의 연장 및 보강을 위해 사용한다.
- 파우더는 클리어, 핑크, 내추럴, 화이트, 컬러 파우더 등이 있다.

:: 아크릴릭 리퀴드(Acrylic liquid) ::

- 아크릴릭 파우더와 혼합하여 사용하는 액체 형태의 물질로 아크릴릭 파우더를 녹여 반죽하는데 사용한다.
- 보라색, 녹색 등의 다양한 컬러의 리퀴드가 있다.
- 냄새가 매우 심하다.

:: 브러시 클리너(Brush cleaner) ::

- 브러시를 세척할 때 사용되는 액체로 아크릴릭에 사용된 브러시를 깨끗이 세척하는 용도이다.

:: 젤(Gel) ::

- 젤 타입의 폴리머로 길이 연장과 오버레이, 컬러로 사용한다.
- 젤의 종류에는 라이트 큐어드 젤과 노 라이트 큐어드 젤이 있으며 하드 젤과 소프트 젤로 나누기도 한다.
- 라이트 큐어드 젤은 자외선 램프의 빛이나 특수광선을 이용하여 굳게 하는 방법이고, 노 라이트 큐어드 젤은 분사형식 스프레이 형태의 응고제로 굳게 하는 방법이다.
- 하드 젤은 단단하며 투명도가 높고(투명함), 소프트 젤은 부드러우며 투명도가 낮다(조금 탁함).

클리어 젤	전체 오버레이 할 때 사용하며 투명한 젤이다.
베이스 젤	베이스 용도의 젤로 폴리머와 폴리시의 형태가 있다.
핑크 젤	전체나 베드 부분의 오버레이 할 때 사용하며 투명한 핑크색이다.
화이트 젤	젤 프렌치 스컬프쳐에 사용하며 흰색이다.
컬러 젤	다양한 컬러로 사용되며 디자인 할 때 사용되고 폴리시 타입의 컬러 젤은 일반적인 컬러처럼 사용한다.
탑 젤	코팅의 역할로 마지막에 사용되고 폴리머와 폴리시 형태가 있는 마무리 젤이다. 투명도가 높다.

:: 젤 클리너(Gel cleaner) ::

- 젤을 닦아내는 역할을 하는 액체이다.
- 큐어링(굳히는 작업) 후 표면에 남아 있는 이 물질을 제거하는데 사용한다.
- 젤 브러시를 세척하기 위해서도 사용된다.

3-2 인조 네일의 도구

:: 팁 커트기(Tip cutter) ::

- 인조 손톱(네일 팁)을 자르는데 사용한다.
- 네일 팁의 길이 조절을 위해 사용된다.
- 네일 팁을 90° 직각으로 세워 자를 수 있다.
- 자연 네일에는 사용하지 않는다.

:: 랩 가위(Wrap scissors) ::

- 실크 가위(Silk Scissors)라고도 하며 천으로 된 랩을 자르는데 사용한다.
- 패브릭 랩(실크, 린넨, 화이버글래스)을 모양내어 자를 때 사용한다.

:: 디펜 디쉬(Dappen dish) ::

- 아크릴릭 리퀴드를 덜어 담아서 사용하는 용기이다. 아크릴릭 시술 시 리퀴드를 조금씩 덜어서 사용하는 유리 용기이며 젤 클리너를 담는 용기로도 사용한다.
- 리퀴드 볼로도 불리며 플라스틱보다는 녹을 염려가 없는 유리 용기가 주로 사용된다.

:: 아크릴릭 브러시(Acrylic brush) ::

- 세이블 브러시라고도 하며 아크릴릭 파우더를 리퀴드와 혼합하여 네일에 얹어 모양을 만들 때 사용하는 붓이다.
- 붓의 모양과 크기, 길이가 다양하다.

::젤 브러쉬(Gel brush)::

- 젤을 바르는데 사용하는 브러시이다.
- 탄력이 좋은 합성수지 브러시가 좋다.
- 페이퍼 타월로 닦아 사용하기도 한다.
- 빛에 노출되면 젤 성분에 의해 굳어지므로 주의해야 한다.

::네일 폼(Nail form)::

- 손톱의 모양을 잡아주는 틀로 스컬프쳐 네일 시술에 프리에지 부분에 끼워 사용한다.
- 손톱의 길이 연장을 위해 사용되며 종이 형태, 알루미늄, 비닐 재질로 되어 있다.
- 아크릴 네일, 젤 네일의 스컬프쳐에 사용한다.
- 형태는 라운드형, 오발형, 스퀘어형이 있다.

::큐어링 라이트(젤 램프)::

- 빛을 발산시켜 라이트 큐어드 젤을 굳히는 기계로 할로겐 전구가 들어 있다.

4 파일의 사용법

파일은 메시, 에머리보드, 아브라 시브라고도 부르며 색상과 모양이 다양하다. 재질로는 철제 파일(메탈 파일)에서 나무 파일(우드 파일), 고무 파일 등이 있으며 일반 파일, 샌딩 파일과 광 파일 등 다양한 디자인의 형태로 되어 있다.

파일링은 손톱 모양내는 작업에서 가장 기본이 되는 것으로 손톱의 길이 조절, 손톱 표면 다듬기, 손톱 형태 갖추기, 손톱 매끄럽게 다듬기 등의 역할을 한다.

4-1 파일잡는 방법

파일의 한쪽 면을 잡는 형태로 엄지와 소지를 받친 상태에서 나머지 세 손가락은 다른 면에 올려놓아 잡으며 파일 전체 길이의 1/3 정도 끝에 잡고 한쪽 방향만 이용해서 시술하여야 한다(양쪽 방향을 모두 이용하여 파일링을 하면 손톱에 손상을 초래한다).

4-2 파일링 하는 방법

자연적인 손과 발의 모양을 잡아 줄 때는 우드 파일이나 약간 부드러운 240 정도의 그릿을 사용한다. 인조 손톱의 경우 100그릿, 150그릿, 180그릿을 다양하게 이용하고 샌딩 블록으로 매끄럽게 표면 정리한 후 4Way 광 파일을 이용하여 광택을 내어준다. 파일링 과정은 손톱 모양내기 - 사이드 모양내기- 파일에 의해 표면 정리하기- 샌딩하기이다.

4-3 그릿(Grit)

그릿은 파일 표면의 거친 정도에 따라 정해진 숫자이다.

그릿	표면의 정도와 사용
60	가장 강한 거친 파일로 길이 조절에 사용한다.
80	강한 거친 파일로 길이 조절, 손톱 형태를 만든다.
100	거친 파일로 손톱 모양을 만드는데 사용한다.
180	부드러워진 파일로 손톱의 표면과 큐티클 주변 정리, 손톱 모양내기에 사용한다.
320	부드러운 파일로 손톱 표면 정리(흠집을 없애는 정리)에 사용한다.
400	표면이 많이 부드러운 파일
4000	표면이 아주 많이 부드러운 파일, 광택이 난다.
12000	매우 반짝이며 광택이 난다.

5 네일의 기본 시술 용어

시술 용어	방법	효과
핀칭주기	양쪽 옆(사이드) 부분을 누르기	C자 형태를 만든다.
에칭주기	손톱의 표면을 파일로 긁기	접착력을 높여주고 자연 손톱의 손상을 줄인다.
샌딩하기	손톱의 표면을 샌딩 블록(샌딩버퍼)으로 매끄럽게 정리하기	손톱 표면의 유분기 제거로 접착력을 높임, 박테리아 번식을 억제
파일링	네일 파일에 의해 손톱을 갈아주기	손톱의 형태를 잡아주고 길이를 조절
큐어링	제품을 굳게 하기	UV젤 네일 시 젤을 굳히는 과정
스마일 라인 만들기	옐로우 라인으로 위로 향한 입꼬리 형태로 만들기	자연스럽게 프리에지 부분이 만들어짐
리프팅	박리로 생기는 현상	들떠서 사이가 벌어져 벗겨지는 현상으로 표면이 비틀리거나 주름짐

네일 미용 기술

1 손톱 및 발톱 관리

1-1 습식 매니큐어

가장 기본적이고 보편화되어 있는 방법으로 손을 물에 불린 후 관리하는 방법이다. 매니큐어는 크게 습식과 건식 매니큐어로 나누어 살펴 볼 수 있다. 습식 매니큐어는 손톱과 발톱의 손질을 위한 큐티클을 제거하기 위해 큐티클을 물에 불려서 시술하는 방법이며 건식 매니큐어는 물을 대신하여 큐티클 리무버를 사용하여 큐티클을 불려서 시슬하는 방법이다. 습식 매니큐어 시에는 큐티클 리무버 대신 핑거볼을 사용하여 큐티클을 불려서 시술하게 된다.

재료 및 도구
- **재료** : 알콜, 소독제, 핸드로션, 리무버, 베이스 코트, 탑 코트, 폴리시(컬러), 오일, 지혈제, 네일 보강제
- **도구** : 핑거볼, 니퍼, 푸셔, 클리퍼, 샌딩, 광 파일, 파일, 오렌지 우드스틱, 더스트 브러시, 솜, 소독 용기, 타월, 손목 받침대, 사각 패드

습식 매니큐어 시술 준비사항
- 재료 정리 및 준비와 기구 소독을 한다.
- 고객의 피부 및 손톱의 상태를 확인한다.
- 핑거볼에 향균 비누를 푼 적정 온도의 물(미지근한 물)을 준비한다.

습식 매니큐어 기본적 준비 시술 순서
- 시술자의 손을 소독한 후 고객의 손을 소독한다.
- 고객 손톱의 기존 폴리시를 컬러 리무버로 제거한다.
- 파일을 이용하여 손톱의 길이를 조절한다.
- 파일을 이용하여 손톱의 모양을 낸다.
- 샌딩 버퍼(샌딩 블럭)에 의해 손톱의 표면을 샌딩하여 매끄럽게 한다.
- 사각 패드나 더스트 브러시(네일 브러시)로 피부와 손톱의 먼지 및 이물질을 털어낸다.

습식 매니큐어 시술 순서

- 준비된 핑거볼에 고객의 손을 불린다(5~15분).
- 페이퍼 타월을 이용하여 물기를 제거한다.
- 큐티클의 건조를 막기 위해 큐티클 오일을 바른다.
- 푸셔를 이용해 45° 각도로 큐티클을 밀어 올린다.
- 니퍼로 밀어 올린 큐티클을 제거한다(과도한 큐티클의 정리는 출혈을 발생시킬 수도 있으므로 적당히 조절한다).
- 손톱 주변을 안티셉틱으로 소독한다(큐티클 주변 피부에 세균 침투 방지).

습식 매니큐어 마무리 시술 순서

- 로션 도포 후 손 마사지를 한다(필요시 손의 유분기는 핫 타월이나 페이퍼 타월로 제거한다).
- 손톱에 묻은 로션과 오일 등을 폴리시 리무버를 묻힌 솜을 이용하여 유분기를 제거한다.
- 오렌지 우드스틱을 이용해 손톱 밑과 손톱에 남은 유분기를 제거한다.
- 손톱에 색상 입히기(베이스 코트 1회- 폴리시 2회- 탑 코트 1회)

1-2 파라핀 매니큐어

건조한 손과 갈라진 손톱에 효과적인 파라핀을 이용하여 관리하는 방법으로 파라핀은 왁스 자체에 콜라겐 성분, 식물성 오일, 비타민 E 등이 첨가되어 있어 수족냉증, 피로 회복, 통증 완화, 혈액 순환, 보습, 영양, 세포 재생 능력이 강화된다고 한다. 파라핀 관리 시 파라핀의 온도에 예민한 사람이거나 상처, 염증, 종양, 당뇨병, 습진, 부은 혈관 등 몸이나 피부에 이상이 있는 사람은 피해야 한다.

재료 및 도구

- 습식 매니큐어 재료 및 파라핀 액
- 파라핀 워머기, 비닐 봉투, 비닐 장갑, 천 장갑, 전기 장갑

파라핀 매니큐어 시술 준비 사항

- 고객의 건강 상태를 확인한다.
- 파라핀 왁스의 온도가 52℃~57℃(125~135℉)로 되어 있는지 확인한다.
- 고체의 파라핀을 녹이는 시간은 약 6~8시간 정도이다.
- 비닐 장갑, 천 장갑을 준비하고 전기 장갑을 준비한다.

🍀 파라핀 매니큐어 기본적 준비 시술 순서

- 습식 매니큐어에서 마무리 시술을 뺀 상태가 되게 한다.
- 손을 깨끗이 닦는다.

🍀 파라핀 매니큐어 시술 순서

- 베이스 코트를 손톱 표면에 발라 건조시킨다(파라핀 자체의 유분기가 손톱에 스며들지 않게 한다).
- 손에 아로마 오일이나 로션을 바른 상태에서 천천히 파라핀 왁스에 손을 3~5회 정도 담갔다가 뺀다(파라핀이 손을 두텁게 감싼다).
- 비닐 장갑을 끼운다(파라핀 왁스가 천 장갑이나 전기 장갑에 묻는 것을 방지하고 열이 빠져나가는 것을 막는다).
- 천 장갑이나 전기 장갑을 씌워 10~15분 정도 둔다. 이때 지성의 경우는 5분 정도 짧게 두고 건성의 경우는 5분 더 많이 둔다.
- 열기가 사라지면 천 장갑과 전기 장갑을 벗긴다.
- 비닐 장갑과 굳은 파라핀은 동시에 벗겨내며 제거한다.

🍀 파라핀 매니큐어 마무리 시술 순서

- 손 마사지를 한다.
- 폴리시 리무버를 묻힌 솜을 이용하여 베이스 코트와 유분기를 제거한다.
- 오렌지 우드스틱을 이용해 손톱 밑과 손톱에 남은 유분기를 제거한다.
- 손톱에 색상 입히기(베이스 코트 1회– 폴리시 2회– 탑 코트 1회)
- 폴리시(컬러)를 건조시킨다.

1-3 손 마사지

손에 적당한 자극을 주어 혈액 순환과 신진대사를 돕고 피부의 탄력성과 유연성을 주기 위하여 하는 일련의 동작이다. 매니큐어 시술 시 손의 마사지를 가볍게 시술한다(시술자마다 차이가 있는 것이 일반적이다). 손과 발은 인체의 중요 기관의 축소판이라고도 하므로 고혈압, 심장병, 관절염, 중풍 환자 등 마사지를 피해야 하는 고객에게는 시술하지 않아야 한다.

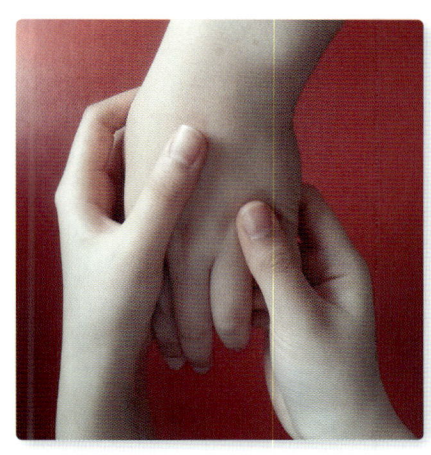

🌸 손 마사지 순서

- 손에 로션을 전체적으로 발라준다.
- 손등을 쓰다듬거나 엄지 손가락을 이용해 원형으로 돌려준다.
- 손가락 마디를 누르거나 튕겨주며 손가락을 풀어준다.
- 엄지와 검지를 이용해 손가락 사이들을 누르며 문질러 준다.
- 손바닥을 눌러주거나 문질러준다.
- 가볍게 주먹을 쥔 상태로 손등을 가볍게 두드려 준다.
- 손목의 근육을 풀어준다.
- 손을 전체적으로 쓰다듬으며 마무리한다.
- 핫 타월을 이용해 닦으며 마무리한다.

🌸 시술 용어

	파일링 하기		샌딩하기
	푸셔로 밀기		네일 브러시로 이물질 제거하기
	글루 사용하기		네일 팁 붙이기
	베이스 코트 바르기		폴리시(에나멜) 바르기
	탑 코트 바르기		폴리시(에나멜) 제거하기
	우드스틱으로 이물질 제거하기		큐티클 제거하기

2 매니큐어 컬러링

2-1 컬러링의 이해

🍀 컬러링(Coloring)

컬러링은 손톱에 색채와 광택을 부여하여 아름다운 손톱을 만드는 과정이며 손톱 관리 후 폴리시에 의해 색상을 입혀 보호 및 미적인 기능을 담당한다. 컬러링의 다른 명칭은 네일 에나멜, 네일 폴리시, 네일 락커, 유색 컬러라고도 한다.

1	베이스 코트(1회)를 얇게 전체적으로 바른 후 컬러를 손톱의 가로 중심선 위쪽 정중앙에 떨어뜨린다.
2	큐티클 라인의 안쪽으로 밀어올린 후 바르는 솔이 퍼지게 하여(타원형의 모양이 되게) 그대로 아래로 내리며 도포한다.
3	중앙선에서 왼쪽을 채우며 마무리한다. 이때 큐티클 라인은 둥글듯 사선으로 놓은 후 아래로 내리며 도포한다.
4	오른쪽도 왼쪽과 동일하게 채우며 마무리한다.
5	프리에지(자유연) 밑 부분을 바른다.
6	전체적으로 한 번 더 얇게 컬러를 도포한다.
7	탑 코트(1회)를 도포하여 벗겨짐 방지와 광택을 준다.

🍀 좋은 컬러

좋은 컬러는 손톱에 얇고 균일한 피막을 형성해야 하며 색소가 균일하게 용해와 분산되어 있어 얼룩이 지지 않아야 한다. 마르는 속도가 빠른 것이 좋으며 일반적으로 5분 이내로 건조되는 것이 좋다. 일반적인 활동 시에는 쉽게 벗겨지지 않아야 하고 제거 시에는 쉽게 잘 지워지는 것이 좋다.

2-2 컬러링 바르는 순서

손톱의 큐티클 라인에서 프리에지(자유연) 방향으로 폴리시 브러시를 이용해 고르게 바르는 것을 원칙으로 한다. 기본적으로 베이스 코트(1회) – 폴리시(2회) – 탑 코트(1회)의 순으로 바른다. 베이스 코트나 폴리시, 탑 코트를 바를 때 폴리시의 벗겨짐을 막기 위해서는 프리에지 끝부분까지 바른다.

🍀 일반적인 컬러링의 순서

- 컬러링을 하기 전 컬러 용기를 양 손바닥으로 비벼 흔들리게 하여 컬러가 바르기 좋은 상태로 섞이게 한다.

- 컬러 용기의 윗부분에서 브러시에 의한 양의 조절이 이루어지게 한다. 이때 브러시의 한쪽 면에만 양이 묻어있게 한다.
- 손톱에서 브러시의 각도는 45°가 가장 적당하다.
- 베이스 코트를 1회 얇게 전체적으로 바른다.
- 폴리시 컬러를 2회 바른다(컬러는 최대한 얇게 발라 빨리 건조되는 것이 색상도 오래가고 좋다).
- 탑 코트를 1회 전체적으로 발라 마무리한다.
- 큐티클에 최대한 근접하게 바르되 큐티클에 묻지 않게 바른다.
- 큐티클 주변이나 손톱 주위 피부에 묻었을 경우 오렌지 우드스틱을 사용하여 제거한다. 이때 우드스틱에 얇게 솜을 입혀 리무버를 묻힌 후 제거한다.
- 컬러 드라이어, 액체 스프레이를 이용하여 건조시킨다.

베이스 코트	컬러의 밀착성과 손톱의 착색 방지를 위해 얇게 1회 바른다.
컬러(폴리시)	라인에 최대한 가까이 도포하며 얇게 1회 바른 후 프리에지 끝부분까지 발라주고 컬러가 마른 후 1회 더 얇게 도포한다(얇게 바르는 것이 건조를 빠르게 하고 색상을 오래 유지시킨다).
탑 코트	컬러의 오랜 지속력(벗겨짐 방지)과 광택을 위해 1회 도포한다.

🍀 일자형 컬러링 바르는 순서

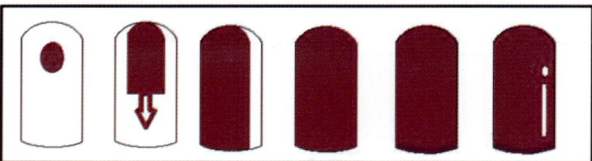

- 베이스 코트 1회 – 컬러링(폴리시) 2회 – 탑 코트 1회
- 붓의 전체 놀림을 일직선으로 한다.
- 두 번째 컬러링의 경우 붓을 세워 얇게 도포한다.

🍀 C자형 컬러링 바르는 순서

1	베이스 코트(1회)를 얇게 전체적으로 바른 후 컬러를 손톱의 왼쪽 위쪽에 떨어뜨린다.
2	왼쪽 큐티클 라인의 안쪽으로 밀어 올리며 왼쪽 큐티클 라인을 채우면서 그대로 아래로 C자 도포한다.
3	오른쪽도 왼쪽과 동일하게 오른쪽을 큐티클 라인에서부터 채우며 아래로 C자 도포한다.
4	가운데는 그대로 채우듯 일자나 C자로 도포한다.

5	프리에지(자유연) 밑 부분을 바른다.
6	다시 한 번 컬러를 얇게 전체적으로 도포한다.
7	탑 코트(1회)를 도포하여 벗겨짐 방지와 광택을 준다.

- 베이스 코트 1회 – 컬러링 2회 – 탑코트 1회
- 붓의 전체 놀림을 C자로 한다.
- 두 번째 컬러링의 경우 붓을 세워 얇게 도포한다.

2-3 종류별 컬러링 바르는 순서

프렌치 매니큐어 컬러링(French manicure coloring)

- 프리에지(자유연) 부분에 유색 폴리시로 컬러를 도포하는 컬러링 테크닉이다.
- 완만한 U자 형태를 옐로우 라인이라고 한다.
- 색상이 흰색이나 컬러의 너비가 규정되어 있지는 않으며 프리에지 부분을 기준으로 컬러링하는 것을 말한다.
- 프리에지 부분의 일정 범위가 정해지면 균형에 맞추어 프렌치 라인을 그려준다.

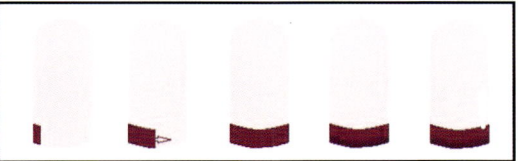

1	베이스 코트(1회)를 얇게 전체적으로 도포한다.
2	자연색 컬러를 풀 코트로 1회 도포한다.
3	프리에지(자유연) 라인 왼쪽에 컬러를 떨어뜨린다.
4	프리에지 라인의 2/3까지 오른쪽으로 선을 긋는다.
5	프리에지 라인 오른쪽에서 왼쪽으로 연결한다.
6	프리에지 끝부분에 붓을 세워 도포한다.
7	한번 더 컬러의 범위에 겹쳐서 도포한다.
8	탑 코트(1회)를 도포하여 광택을 준다.

🍀 프렌치 매니큐어의 4가지 모양

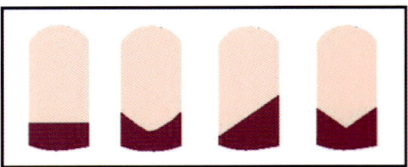

일자형	손톱의 가로 방향으로 일자가 되게 하는 방법이다. 손톱의 모양이 스퀘어형이 된다.
반달형	손톱의 모양이 타원형이 되게 하는 방법이다.
사선형	손톱에 사선을 그어 놓는 형태로 어떤 손톱의 형태이든 잘 어울린다.
V자형	손톱끝의 모양이 V자형이 되게 도포하는 방법이다.

🍀 그라데이션 컬러링

- 색의 농담이나 색상의 차이에 의해 자연스럽게 연결되게 컬러링 하는 것을 말한다.
- UV 젤의 적용에도 이용될 수 있다.
- 색상의 제한은 없으며 한 가지 색상을 이용해 농담의 차이로 컬러링하는 방법과 두 가지색을 이용해 자연스러운 그라데이션이 만들어지게 컬러링하는 방법이 있다.
- 스폰지로 사용하면 시술이 편리하며 스폰지의 크기는 손톱의 크기와 비슷하면 사용하기에 더 편리하다.
- 그라데이션 방법에는 스펀지에 묻혀 문지르듯 누르는 방법과 스펀지로 찍는 방법 등이 이용된다.
- 일반적으로 프리에지 부분으로 갈수록 컬러링 색상이 진해진다.

1	베이스 코트(1회)를 얇게 전체적으로 바른다.
2	스펀지를 이용해 한 가지나 두 가지 컬러를 이용한다.
3	스펀지를 이용해 프리에지 부분을 짙게 표현한다.
4	중간 부분을 잘 표현하면서 큐티클 방향쪽으로 점차 연하게 그라데이션 시키며 표현한다.
5	전체 한 번 더 같은 방식으로 표현하거나 프리에지 부분만 진하게 다시 표현하는 방법을 택한다.
6	탑 코트(1회)를 도포하여 광택을 준다.

2-4 컬러링의 종류

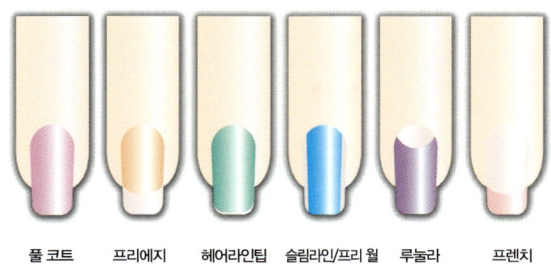

풀 코트   프리에지   헤어라인팁   슬림라인/프리 월   루눌라   프렌치

🍀 풀 코트(Full Coat)

손톱 전체를 빈틈없이 바르는 것을 말하며 베이스 코트나 탑 코트는 일반적으로 풀 코트이다.

🍀 프리 월(Free Wall)

슬림라인이라고도 하며 손톱의 양쪽 측면을 조금씩 남기고 바르는 것으로 손톱이 가늘고 길어 보이는 효과가 있다.

🍀 루눌라(Lunula)

반달(Half Moon) 형의 모양을 남기고 바르는 방법으로 손톱의 위와 아래 범위에서 다양하게 활용한다.

🍀 헤어라인 팁(Hair Line Tip)

헤어라인 팁은 풀 코트 후 프리에지 부분(자유연) 1.5mm를 닦아내어 컬러의 파손을 막는 방법이다. 프리에지(Free edge)는 색상의 벗겨짐 방지를 위해 프리에지(자유연) 부분만 컬러를 바르지 않고 다른 부분만 바르는 방법이다.

🍀 프렌치(French)

프리에지(자유연) 부분에 컬러를 활용해 바르는 방법이다. 딥 프렌치(Deep french)의 경우 프렌치 컬러의 형태가 두껍게 그려지는 형태이다. 자체 손톱이 짧을 경우 손톱이 더 짧아 보일 수 있다.

🍀 그라데이션(Gradation)

프리에지(자유연) 부분에서 진하게 시작하여 점차 연하게 되는 형태로 단계별 색의 농도나 색상의 차이에 의해 그라데이션시키는 방법이다.

3 패디큐어

3-1 패디큐어(Pedicure)

발과 발톱의 관리, 발 마사지, 컬러링 등 발을 건강하고 아름답게 가꾸는 미용을 말한다.

🍀 재료 및 도구

- **재료** : 리무버, 소독제, 알코올, 로션, 베이스 코트, 탑 코트, 오일, 보강제, 지혈제, 폴리시(에나멜), 향균 비누
- **도구** : 분무기, 솜, 파일, 패디 파일, 각질 파일, 푸셔, 니퍼, 오렌지 우드스틱, 콘 커터, 더스트 브러시, 클리퍼, 토우 세퍼레이터(발가락 끼우개), 샌딩, 사각 패드, 족탕기(스파), 타월, 페이퍼 타월(종이 타월), 패디 슬리퍼

🍀 패디큐어 시술 준비 사항

- 재료 정리 및 준비와 기구 소독을 한다.
- 고객의 피부 및 발톱의 상태를 확인한다.
- 족탕기(스파)에 향균 비누를 푼 적정 온도의 물(미지근한 물)을 준비한다.
- 타월을 깔아준다.

🍀 패디큐어 기본적 준비 시술 순서

- 시술자의 손을 소독 후 고객의 발을 소독한다.
- 고객 발톱의 기존 폴리시를 컬러 리무버로 제거한다.
- 파일을 이용하여 발톱의 길이를 조절한다.
- 파일을 이용하여 발톱의 모양을 낸다.
- 샌딩 버퍼(샌딩 블럭)에 의해 손톱의 표면을 샌딩하여 매끄럽게 한다.
- 사각 패드나 더스트 브러시(네일 브러시)로 피부와 발톱의 먼지 및 이물질을 털어낸다.

🍀 패디큐어 시술 순서

- 준비된 족탕기에 고객의 발을 담그고 불린다(5~10분).
- 페이퍼 타월을 이용하여 물기를 제거한다.
- 큐티클의 건조를 막기 위해 큐티클 오일을 바른다.
- 푸셔를 이용해 45° 각도로 큐티클을 밀어 올린다.
- 니퍼로 밀어 올린 큐티클을 제거한다.
- 발톱 주변을 새니타이저(안티셉틱)로 소독한다(큐티클 주변 피부에 세균 침투 방지).

🍀 패디큐어 마무리 시술 순서

- 각탕기나 분무기를 이용해 굳은 살을 불린 후 물기를 제거한다.
- 굳은 살 부분을 콘 커터를 이용해 족문의 결 방향으로 안에서 밖으로 조금씩 제거한다.
- 발가락 쪽 발의 굳은살은 고객의 발가락을 손으로 젖힌 후 시술하며 뒤꿈치 쪽 발의 굳은 살은 고객 발의 중심을 손으로 잡은 후 결 방향으로 조금씩 제거한다.
- 굳은 살 제거 후 로션을 발라 준다.
- 로션 바른 자리에 족문 결 방향으로 파일을 한쪽 방향으로 문질러 준다.
- 발을 깨끗이 씻고 페이퍼 타월로 물기를 제거한다.
- 굳은 살 제거한 부분을 안티셉틱으로 소독한다.
- 로션 도포 후 발을 마사지한다.
- 발톱에 묻은 유분기를 폴리시 리무버로 정리한다.
- 오렌지 우드스틱을 이용해 발톱 밑과 발톱에 남은 유분기를 제거한다.
- 토우 세퍼레이터(발가락 끼우개)를 끼운다.
- 발톱에 색상 입히기(베이스 코트 1회 – 폴리시 2회 – 탑 코트 1회)
- 폴리시(에나멜)를 건조시킨다.

3-2 패디큐어 컬러링

🍀 패디큐어의 컬러링

패디큐어 컬러링은 발톱에 색채와 광택을 부여하여 발톱에 아름다움을 주는 과정이다. 발톱의 관리 후 폴리시에 의해 색상을 입혀 보호 및 미적인 기능을 담당하며 발톱의 컬러도 손톱의 좋은 컬러와 마찬가지로 색소가 균일하고 얇고 균일한 피막을 잘 형성해야 한다.

🍀 패디큐어 컬러링의 순서

- 컬러링을 하기 전 컬러 용기를 양 손바닥으로 비벼 흔들리게 하여 컬러가 바르기 좋은 상태로 섞이게 한다.
- 컬러 용기의 윗부분에서 브러시에 의한 양의 조절이 이르어지게 한다. 이때 브러시의 한쪽 면에만 양이 묻어있게 한다.
- 발톱에서 브러시의 각도는 45°가 가장 적당하다.
- 베이스 코트를 1회 얇게 전체적으로 바른다.
- 폴리시 컬러를 2회 바른다(컬러는 최대한 얇게 발라 빨리 건조되는 것이 색상도 오래가고 좋다).
- 탑 코트를 1회 전체적으로 발라 마무리 한다.
- 큐티클에 최대한 근접하게 바르되 큐티클에 묻지 않게 바른다.

- 큐티클 주변이나 손톱 주위 피부에 묻었을 경우 오렌지 우드스틱을 사용하여 제거한다. 이때 우드스틱에 얇게 솜을 입혀 리무버를 묻힌 후 제거한다.
- 컬러 드라이어, 액체 스프레이를 이용하여 건조시킨다.

베이스 코트	컬러의 밀착성과 손톱의 착색 방지를 위해 얇게 1회 바른다.
컬러(폴리시)	라인에 최대한 가까이 도포하며 얇게 1회 바른 후 프리에지 끝부분까지 발라주고 컬러가 마른 후 1회 더 얇게 도포한다.
탑 코트	컬러의 오랜 지속력과 광택을 위해 1회 도포한다.

3-3 발 마사지

발에 적당한 자극을 주어 혈액 순환과 신진대사를 돕고 피부의 탄력성과 유연성을 주기 위하여 하는 일련의 동작이다. 패디큐어 시술 시 발의 마사지를 가볍게 시술한다(시술자마다 차이가 있는 것이 일반적이다). 손과 발은 인체의 중요 기관의 축소판이라고도 하므로 고혈압, 심장병, 관절염, 중풍 환자 등 마사지를 피해야 하는 고객에게는 시술하지 않아야 한다.

발 마사지 순서

- 발과 발목에 로션을 전체적으로 발라 준다.
- 발등과 발 전체를 쓰다듬거나 엄지 손가락을 이용해 원형으로 돌려 준다.
- 발가락 마디를 누르거나 튕겨주며 발가락을 풀어 준다.
- 엄지와 검지를 이용해 발가락 사이들을 누르며 문질러 준다.
- 발등과 발바닥을 눌러주거나 문질러준다.
- 가볍게 주먹을 쥔 상태로 발바닥을 가볍게 두드려 준다.
- 발바닥을 비벼주며 바이브레이션(진동)시켜 준다.
- 발가락 부분을 전체적으로 꺾으며 스트레칭 시킨다.
- 발을 전체적으로 쓰다듬으며 마무리한다.
- 핫 타월을 이용해 닦으며 마무리한다.

4 인조 네일

인조 네일은 손톱의 보수 및 보강, 손톱의 길이 연장을 위해 이루어지는 인위적인 손톱을 말한다. 파우더 팁, 랩핑, 실크 익스텐션, 젤 스컬프처, 아크릴릭 스컬프처 등이 시술되고 있다.

4-1 네일 팁 오버레이

네일 팁과 오버레이(네일 랩)

::네일 팁(Nail tip)::

네일 팁은 인조 네일을 말하며 짧은 손톱이거나 부러진 손톱, 흠이 있는 손톱 등을 가진 사람들이 인위적으로 손톱의 길이를 연장할 때 시술하는 방법이다. 네일 팁은 손톱의 길이 연장을 위한 기초적인 작업이며 팁의 재질은 플라스틱, 아세테이트, 나일론 재질로 되어 있다. 멋과 개성 연출을 위해 디자인 팁이나 컬러 팁을 사용하기도 한다.

::오버레이(Overlay)::

오버레이(Overlay)는 네일 랩(Nail wrap)이라고도 하며 손톱을 포장한다, 손톱을 보호한다는 의미를 갖는다. 오버레이(Overlay)의 뜻은 어떠한 표면에 완전히 덮어 씌우는 것을 의미하며 네일 팁 자체만으로는 약하기 때문에 팁 위에 랩이나 아크릴릭, 젤 등을 올려서 네일을 강화하는 것이다. 네일 팁에 의한 길이 연장 후 네일의 강도를 높여주기 위해 다양하게 덧씌워 튼튼하게 하는 것을 말하며 오버레이에 사용되는 재료와 시술 방법에 따라 강도의 차이를 나타낸다. 오버레이에 사용되는 재료로는 파우더와 랩, 아크릴 파우더와 젤이 있으며 네일 팁 오버레이는 랩 팁 오버레이(팁 위드 랩), 아크릴릭 팁 오버레이(팁 위드 아크릴릭), 젤 팁 오버레이(팁 위드 젤)로 나누어 살펴볼 수 있다.

네일 팁(Nail tip)의 시술

손톱의 아름다움을 위해 인조 손톱을 부착하는 방법으로 주로 연장에 사용하는 일반적인 팁을 레귤러 팁이라고 하며 프렌치 팁의 경우 흰색으로 되어 있어 프리에지 부분에 부착하는 것을 말한다.

::네일 팁 접착 시 주의점::

- 네일 팁이 자연 네일을 1/2 이상 덮지 않아야 한다.

- 네일 팁 접착 시 공기가 들어가지 않도록 올바른 각도를 잡아 접착한다(네일 끝에 고정하며 45° 정도의 각도로 천천히 내려 붙인다).
- 네일 팁 접착 시 5~10초 동안은 누르면서 잠시 있은 후에 양쪽 꼬리 부분을 살짝 눌러준다.

네일 팁 오버레이(Nail tip overlay)

네일 팁 오버레이는 네일 팁의 접착만으로 연결이 약한 것을 랩이나 아크릴릭, 젤로 보강하는 것을 말한다. 네일 팁 오버레이에는 랩 팁 오버레이, 아크릴릭 팁 오버레이, 젤 팁 오버레이가 있으며 이러한 방법들은 네일 팁의 부착(팁 턱제거) 후 강도의 보강을 위해 랩이나 아크릴릭 파우더, 젤을 이용하여 오버레이 하는 방법들이다.

::랩 팁 오버레이(Wrap tip overlay, 팁 위드 랩)::

네일 팁 위에 랩을 올려놓고 보강하는 방법으로 랩의 종류에는 실크, 린넨, 화이버 글라스가 있다.

::아크릴릭 팁 오버레이(Acrylic tip overlay, 팁 위드 아크릴릭)::

네일 팁 위에 아크릴릭을 올려놓고 보강하는 방법이다.

::젤 팁 오버레이(Gel tip overlay, 팁 위드 젤)::

네일 팁 위에 젤을 올려놓고 보강하는 방법이다.

네일 랩(Nail wraps)

랩핑(Wrapping)이라고도 하며 천이나 종이를 오려 접착제를 이용하여 손톱의 찢어진 부분이나 흠집이 난 부분, 손톱 전체를 인위적으로 보강시켜 주는 오버레이 방법이다. 랩핑에 사용되는 랩은 주로 실크가 이용되고 있다.

실크 익스텐션(Slik extension)

익스텐션은 연장한다는 의미로 실크(천의 일종)와 필러 파우더를 사용하여 손톱의 길이와 형태를 자유롭게 만들어 주며 손톱 자체의 강도를 높여 오버레이의 의미도 갖는다. 고객의 자연 손톱이 넓을 경우, 납작할 경우, 손톱이 깨진 경우, 손톱이 살에 덮여 있는 경우에 시술하면 좋다. 자연 손톱의 연장으로 손톱의 모양을 잡으며 길이를 연장할 수 있기 때문에 네일 팁에 비해 가벼우며 거부감이 덜하다. 네일 랩(랩핑)의 경우는 기존 손톱의 보강이 우선이며 실크 외에도 다른 재료가 이용된다. 실크 익스텐션의 경우 실크를 이용한 길이 연장과 손톱의 강화이며 실크 익스텐션의 경우 세밀하고 숙련된 기술이 필요하고 시간의 소요가 더 된다.

4-2 아크릴 스컬프처

❀ 아크릴 스컬프처(Acrylic sculpture)

아크릴 스컬프처는 손톱에 폼을 사용하여 연장된 인조 손톱을 정교하게 만들기 위한 작업이며 스컬프처는 조각이라는 뜻을 가지고 있다. 아크릴릭 네일의 경우 아크릴릭 리퀴드(액체류의 총칭)와 아크릴릭 파우더를 알맞게 혼합하여 만들어진다. 아크릴 스컬프처에는 원 톤 스컬프처, 프렌치 스컬프처, 디자인 스컬프처가 있다.

::아크릴릭 볼(비드) 만들기::

- 적당한 조합에 의해 둥근 볼이 만들어지며 리퀴드와 파우더의 혼합은 1:1 비율이 적당하다.
- 리퀴드의 양이 많으면 건조 시간이 오래 걸리고, 적을 경우 빨리 건조되나 기포가 생길 수 있다.
- 혼합된 파우더의 경우 온도에 매우 민감하며 아크릴릭 네일의 적당한 시술 온도는 21~23℃이다.
- 머무는 시간에 따라, 리퀴드의 양에 따라, 붓의 각도에 따라서 볼의 크기가 달라진다(적신 브러시가 파우더에 오래 머물면 볼이 커진다, 브러시 각도가 90°에 가까우면 만드는 볼의 크기가 작아진다).
- 유리 볼에 리퀴드를 담아 붓을 이용하여 볼을 만든다.

1	유리볼에 리퀴드를 담는다.
2	브러시에 리퀴드를 저장한다.
3	리퀴드 양을 조절한다.
4	파우더에 리퀴드가 조절된 붓을 담근다.
5	파우더에 리퀴드를 흡수시키며 볼을 만든다.

❀ 아크릴 원 톤 스컬프처(Acrylic one tone sculpture)

손톱의 프리에지 부분에 폼을 부착한 후 폼 위에 아크릴 볼을 올려 손톱의 길이를 연장시키는 방법이다. 투명성이 좋으며 자연 손톱과 가장 흡사하게 보일 수 있다.

❀ 아크릴 프렌치 스컬프처(Acrylic french sculpture)

투톤 아크릴 스컬프처라고도 하며 손톱의 프리에지 부분어 프렌치 네일의 효과를 위해 폼 위에 화이트 아크릴 볼을 올려 손톱의 길이를 연장시키는 방법이다. 연결 부위와 덧입히는 부분은 주로 클리어 파우더나 핑크 파우더를 이용한 아크릴 볼을 이용한다. 화이트 파우더를 사용하므로 흰색의 퍼져 보이는 효과가 있어 핀칭을 줄 때 유의해야 한다.

🌸 아크릴 디자인 스컬프처(Design sculpture)

아크릴 디자인 스컬프처는 네일의 예술미를 잘 표현 할 수 있는 기술 부분이 가미되어 있으며 디자인의 표현 방법이 다양하다. 평면형과 입체형 디자인 스컬프처로 나눌 수 있으며 평면형에 약간의 입체를 겸하여 멋을 내기도 한다.

4-3 젤 스컬프처

🌸 젤 스컬프처(Gel sulpture)

젤 스컬프처는 젤을 이용하여 손톱에 폼을 사용하여 연장된 인조 손톱을 정교하게 만들기 위한 작업이며 스컬프처는 조각이라는 뜻을 가지고 있다. 젤 네일은 손톱의 보강, 교정, 손톱의 두께 조절, 네일 팁 위에도 활용한다. 또한 젤 네일은 UV 빛을 통과해야만 굳어져 만들어지며 UV 램프에 의해 굳어지기 전까지는 원하는 형태로 만들 수 있어 초보자도 시술이 용이하다. 젤 네일은 아크릴 네일에 비해 냄새가 없으나 단단함은 조금 덜하고 지속 효과가 우수하며 투명도도 좋다. 광택이 오래 유지되며 손톱과 친화성이 좋아 이용감이 가볍고 자연스럽다.

::젤(UV 젤)의 특징::

젤은 아크릴의 원료에서 만들어졌으나 화학 구성은 조금 달라 고유의 성질을 가지고 있다. 올리고머 형태의 분자 구조를 가지고 있으며 점성이 있는 액체 덩어리로 미세한 그물 구조를 하고 있거나 현미경으로 볼 수 없을 정도의 작은 입자들이 젤 덩어리 전체에 퍼져 있다. 젤은 농도에 따라 묽기가 조금씩 다르며 퍼짐성이 좋아 작업 시 서서히 번지는 특징을 이용한다. 젤은 상온에서 건조되지 않는 성질(경화 불가능)이 있고 UV 빛에 의해서만 굳어지며 큐어링 하는 동안 냄새가 생기지만 아크릴 스컬프처의 시술 시 나는 강한 냄새로 힘들어 하는 사람들에게 적합하다. 젤 네일은 젤 브러시와 UV 라이트 머신(기계)을 기본적으로 필요로 한다.

::젤(UV 젤)의 응고 방법::

젤의 응고에 따른 구분은 두 가지로 나눌 수 있다. 젤을 굳히는 방법에는 빛을 이용한 기계와 스프레이를 사용하거나 담가서 굳히는 방법이 있다.

젤의 종류	응고 방법
라이트 큐어드 젤	특수 광선이나 할로겐 램프를 이용(빛을 이용)
노 라이트 큐어드 젤	글루 드라이어나 엑티베이터를 이용(분사나 덮그기), 시아노아 크릴레이트 성분의 농도 짙은 글루

:: 젤(UV 젤)의 구분과 제거 방법 ::

젤의 농도에 따라 하드 젤과 소프트 젤이 있으며 중간 농도의 젤로 쏙 오프 젤이 있다. 하드 젤은 강한 접착제로 딱딱하며 탄성은 없으나 지속성이 강하고 손톱의 조임 현상이 올 수도 있으며, 소프트 젤은 하드 젤을 묽게 만들어 사용하므로 탄성이 있고 균열이 없으며 시술하기도 쉽다. 하지만 접착성은 하드 젤이 더 강하다. 쏙 오프 젤은 하드 젤과 소프트 젤이 합쳐진 농도로 접착력은 소프트 젤보다 강하다.

젤의 종류	제거 방법
하드 젤(Hard Gel)	파일이나 드릴로 갈아서 제거하는 방법으로 손상도가 크며 시간이 오래 걸린다.
소프트 젤(Soft Gel)	아세톤(리무버)으로 녹여 제거하는 방법으로 아세톤이 묻은 솜을 제거할 부분에 올린 후 호일로 감싸서 15~20분간 둔 후 제거한다.
쏙 오프 젤 (Soak Off Gel)	아세톤(리무버)으로 제거하는 방법으로 손톱의 직접적인 손상은 덜 하지만 아세톤의 탈수 작용에 의한 표면의 변화는 있다.

:: 젤(UV 젤) 네일 시 주의점 ::

- UV 램프의 빛을 장시간 직접적으로 바라보면 실명의 위험이 있으며 10시간 이상의 노출 시 피부의 색이 변한다.
- 36와트의 기계를 사용할 경우 썬 크림을 피부에 바른 다음 시술한다.
- 젤 제품은 UV 램프의 근거리에 두지 않아야 한다.
- 손톱에 손상이 있거나 뜨거움을 강하게 느끼는 고객의 경우에는 시간을 짧게 나누어 큐어링한다.
- 젤이 흘러내릴 수 있어 정교한 작업은 힘들고 점성과 끈적임으로 인해 먼지가 붙을 수 있다.
- 젤 네일은 붓으로 잘 펴주면 파일링 할 필요가 없어 시간이 단축될 수 있는 장점을 가지고 있으나 파일링을 할 때에는 큐어링 후 표면에 남아 있는 여분의 젤을 젤 클리너로 제거후 작업해야 끈적임이 없다.
- 젤 네일 시 리프팅(박리와 주름)의 원인은 손톱에 유·수분이나 먼지 등의 이물질이 남아있을 때, 피부에 묻거나 큐어링 시간이 적절하지 않았을 경우이다.

:: UV 젤 램프 ::

UV 젤 램프는 UV 라이트 머신이라고도 한다. 젤 네일 시 사용되는 광선은 자외선으로 UV-A

파장 정도이다. UV 램프는 1회 180초(3분) 정도의 큐어링 시간(굳히는 시간)이 소요되며 램프가 1개 있는 제품은 9와트(Watt) 기계이고, 램프가 4개인 제품은 36와트(Watt) 기계이며 시술 시간의 단축은 36와트의 기계이나 6와트와 9와트가 인체에는 더 좋다. 네일용 LED 램프는 400~700nm의 파장이 사용된다.

젤 원 톤 스컬프처(Gel one tone sculpture)

손톱의 프리에지 부분에 폼을 부착한 후 폼 위에 젤을 올려 UV 램프를 사용하여 손톱의 길이를 연장시키는 방법으로, 손톱의 보강도 가능하며 젤의 높은 광택으로 투명도가 높다.

젤 프렌치 스컬프처(Gel french sculpture)

투톤 젤 스컬프처라고도 하며 화이트 젤을 이용하여 프리에지 부분에 프렌치 네일의 효과를 주면서 손톱의 길이를 연장시키는 방법으로 프리에지 부분에 화이트 젤로 스마일 라인을 만든 후 네일 전체를 클리어 젤로 덧입힌다.

젤 디자인 스컬프처(Gel design sculpture)

젤 디자인 스컬프처도 아크릴 네일처럼 예술미를 표현 할 수 있는 기술 부분이 가미되어 있으나 젤의 성분으로 섬세함은 약하다.

4-4 인조 네일(손·발톱)의 보수와 제거

인조 네일의 보수

기본적으로 손톱은 1일 성인 성장 기준 평균 0.1mm 정도이며 발톱은 조금 더 늦게 성장한다. 개인에 따라 차이는 있을 수 있으나 2주 정도가 지나면 1.5mm 정도 자라므로 기본적인 보수를 받는 것이 좋다. 환경, 직업, 손톱의 관리에 따라 차이는 있으나 기본적으로 인조 손톱과 발톱의 경우는 보수를 하여 곰팡이나 진행되는 리프팅 현상(박리로 인한 들뜸과 주름지는 현상)을 막을 수 있다. 인조 네일과 자연 네일 사이에 균이나 습기로 인해 손톱에 손상을 초래할 수도 있으므로 일정 기간(2주 내외) 안에 보수를 해야 한다.

::네일 팁의 보수::

- 길어진 네일의 길이를 조절해 주고 자라나온 자연 네일과 네일 팁 사이에 턱이 있게 되면 글루와 필러 파우더를 이용하여 자연스럽게 표면을 정리한다.
- 보수 순서는 소독 – 폴리시 제거 – 파일링 – 팁의 보수 – 글루 사용 – 필러 파우더 사용 – 글루 사용 – 글루 드라이 – 파일링 – 샌딩 후 이물질 제거 – 광택으로 이루어진다.
- 글루 – 젤 글루 – 글루 드라이 – 샌딩 후 이물질 제거 – 광택은 전에 한번 더 하기도 한다.

::페브릭 랩의 보수::

- 페브릭 랩(섬유 종류)의 보수는 새로 자란 손톱 부분을 필러와 그루를 사용하여 보수하고 랩의 손상이 있을 경우 접착제와 랩을 채우는 보수를 한다.
- 보수 순서로는 소독 – 폴리시 제거 – 파일링 – 랩의 부착 – 글루 사용 – 필러 파우더 사용 – 글루 사용 – 글루 드라이 – 파일링 – 샌딩후 이물질 제거 – 광택 순서로 행한다.
- 글루 – 젤 글루 – 글루 드라이 – 샌딩 후 이물질 제거는 광택 전에 한번 더 하기도 한다.
- 실크 익스텐션의 경우는 페브릭 랩의 보수와 같다.

::아크릴릭 네일의 보수::

- 아크릴릭 네일은 큐티클 부분에 리프팅 되어 있는 부분을 잘 살펴서 파일링 후 채워주어야 한다.
- 심하게 들뜬 부분은 니퍼와 파일을 적절히 사용하여 섬세히 잘라내고 경계가 없도록 파일링 한다.
- 새로 자라난 손톱 부분에는 에칭을 준 후 프라이머를 바른다.

- 적절한 양의 아크릴릭 볼(비드)로 큐티클 부분에 라인을 자연스럽게 만든다.
- 네일 부위에 새롭게 얹은 아크릴릭 볼(비드)은 파일링을 해서 자연스럽게 만든다.
- 보수 순서로는 소독 – 폴리시 제거 – 리프팅 부분 파일링 – 에칭주기 – 프라이머 바르기 – 아크릴릭 볼 올리기 – 파일링 – 샌딩 후 이물질 제거 – 광택 순서로 행한다.

::젤 네일의 보수::

- 젤 네일은 큐티클 부분에 리프팅되어 있는 부분을 잘 살펴서 파일링 후 채워주어야 한다.
- 보수 순서로는 소독 – 폴리시 제거 – 리프팅 부분 파일링 – 에칭주기 – 샌딩 후 이물질 제거 – 베이스 젤 바르기 – 큐어링 – 클리어 젤 바르기 – 큐어링 – 클리너로 젤을 제거 – 샌딩 후 클리너로 닦기 – 탑 젤 바르기 – 큐어링 – 클리너로 젤을 제거한다.

인조 네일의 제거

인조 네일의 제거는 기존에 시술한 인조 네일을 자연 손톱에서 분리하는 것을 말한다. 제거 방법에는 물리적인 제거와 화학적인 제거가 있으며 대부분은 병행해서 제거가 이루어진다. 물리적인 제거는 파일이나 오렌지 우드스틱으로 밀기, 클리퍼의 사용, 샌딩 주기, 호일로 감기 등이며 화학적인 제거는 리무버(아세톤)나 젤 전용 리무버를 사용하여 손톱에 올리거나 손톱을 담그어서 제거하는 것이다.

::물리적 제거::

- 뜯기 : 들뜬 부위를 제거하는 방법으로 자연 손톱에 상처를 유발할 수 있으므로 잘 살펴서 제거해야 한다.
- 갈아내기 : 파일이나 드릴로 갈아내는 방법으로 기술적인 숙련과 기존 자연 손톱의 형성 모양을 파악하지 못하면 손톱에 상처를 낼 수도 있다. 또한 갈면서 발생되는 먼지가 있으며 제거에 시간이 오래 소요된다.
- 밀폐하기 : 호일로 감싸는 방법으로 화학적인 제거와 동반되어 이루어진다.
- 밀어내기 : 화학적인 처리 과정 이후 인조 손톱과 자연 네일의 분리가 기본적으로 이루어졌을 경우에 조금의 힘을 가해 밀어서 제거한다. 오렌지 우드스틱이나 푸셔를 이용한다.

::화학적 제거::

- 용액을 접촉시키기 : 손톱의 크기보다 크게 자른 솜을 이용하여 아세톤을 묻힌 다음 손톱에 올려놓아 인조 손톱이 녹으면 자연 손톱과의 사이에 공간을 형성해서 제거하기 쉽게 하는 것이다. 이때 호일을 감싸서 아세톤이 증발하지 않게 하고 10분 정도의 시간을 두고 호일을 열어 확인한 후 제거한다.
- 용액에 담그기 : 유리 용기를 이용하여 리무버를 넣은 뒤 인조 손톱을 용기에 넣어 제거하는 것

이다. 젤 네일의 경우는 젤 전용 리무버를 사용하여 제거한다. 이때 리무버에 자연 손톱과 피부가 노출되므로 좋지는 않으나 쉽게 녹아 제거가 용이하므로 제거시 이용하게 된다. 노출된 피부는 제거 후 물에 담그어 20분 정도 있으면 어느 정도 피부에 닿았던 리무버가 희석된다.

- 물리적 · 화학적 제거 순서는 소독 – 인조 네일 자르기 – 큐티클 보호 오일 바르기 – 리무버 묻은 솜 손톱에 얹기 – 호일로 감싸기 – 확인 후 제거 – 샌딩에 의해 표면 정리 – 손톱 강화제 바르기 순으로 한다.

제6장

메이크업

SECTION 01   메이크업
SECTION 02   메이크업의 목적에 따른 분류
SECTION 03   얼굴의 특성에 따른 메이크업

메이크업

1 메이크업(화장)

1-1 메이크업의 목적

본능적인 목적(미추구), 실용적인 목적, 표식적인 목적, 신앙적인 목적이 있으며 색채와 광택을 이용하여 얼굴의 결점 커버와 장점을 부각시키고 개성미의 연출을 표현하는 데 있다. 피부에 영양 공급을 함에 의해 생리 기능을 높이고 젊고 건강한 얼굴로 보이게 하고자 한다.

1-2 피부 메이크업

🍀 베이스 메이크업

클렌징 크림(노폐물 제거) → 유연 화장수(비누에 의한 피부의 알칼리 성분을 중화, 피부 확장) → 콜드 크림 → 수렴 화장수(아스트리젠트로 피부 수축) → 로션 → 영양 크림

🍀 언더 메이크업(메이크업 베이스)

피부 메이크업을 오래 지속시켜 주기 위해 파운데이션 바르기 전에 사용하며 파운데이션의 피부 침투를 막아준다. 메이크업 베이스 색상 중 핑크색은 화사한 표현을 하고자 할 경우에 사용되며 녹색은 차분한 느낌을 살리고 싶을 때 사용한다. 핑크색과 노란색은 혈색을 생기있게 표현해 준다.

🍀 파운데이션(Foundation)

피부색의 정돈, 피부를 보호, 피부의 흠집을 커버해 준다. 파운데이션의 색상 선택은 얼굴색, 목선과 동일한 색상을 고르는 것이 좋다.

리퀴드 타입 파운데이션	• 로션 타입, 수분을 가장 많이 함유 • 건성 피부나 화장을 처음한 사회 초년생에게 알맞다.
크림 타입 파운데이션	• 유분을 가장 많이 함유, 피부 결점 커버에 효과적 • 건성 피부나 사진 찍을 경우에 사용

파우더 타입 파운데이션	• 수분+유분(고체 분말), 지성 피부에 적당 • 산뜻한 사용감을 원하는 사람에게 적당
케익 타입 파운데이션	• 여름 자외선 차단용 트윈 케익을 말한다. • 지나친 피지 분비와 발한 작용이 있는 여성에게 적합. 밀착력이 있으며 사용감이 산뜻하다 (강 지성 피부).

파우더(분)

피부 메이크업의 번들거림을 방지하고 지속력이 좋아 오래 유지된다. 피부 메이크업의 마무리로 블루밍 효과(화사하며 보송보송한 상태의 피부를 표현하는 것)를 줄 수 있다.

1-3 색조 화장

아이섀도우

눈을 더 또렷하고 개성 있게 표현하기 위한 색상으로 눈꺼풀에 색감을 주어 입체감을 살려 눈의 표정을 강조한다. 눈두덩이 나온 경우 갈색 계열을 사용하고 눈두덩이 들어간 경우 밝은 색 계열을 사용한다.

:: 아이 섀도우의 기본 색상 ::

베이스 컬러 (Base color)	• 눈두덩 전체에 바르는 색으로 포인트 컬러를 돋보이게 한다. • 펄이 가미되지 않은 색상으로 갈색 계열이 많이 사용된다.
섀도우 컬러 (Shadow color)	• 튀어나온 부분은 들어가 보이게 하며 넓은 부위는 좁아보이게 하는 컬러이다. • 갈색, 암갈색, 회색
하이라이트 컬러 (Hi-light color)	• 컬러의 사용으로 돌출되어 보이거나 넓어 보이게 표현하는 경우에 사용한다. • 펄이 가미된 제품도 적합하며 눈썹뼈나 눈동자 중앙에 칠하는 경우에 이용된다.
포인트 컬러 (Point color)	• 눈의 강조를 위한 포인트 컬러로 시간, 장소, 목적에 맞추는 것이 좋다. • 청색은 밝고 산뜻한 이미지이며 분홍색은 귀여운 이미지, 보라색은 안정되고 성숙한 이미지, 자주색은 온화한 이미지, 녹색은 신선한 이미지, 회색이나 갈색은 세련된 이미지이다. • 인공 조명 아래에서는 금속성의 색상이 잘 어울린다.

아이라이너

눈꺼풀과 아래 라인에 그려주는 것으로 눈매를 또렷하게 살려주는 역할을 한다. 라인 비율이 위:아래 7:3이 되도록 하며 위아래 라인이 맞닿지 않도록 다무리를 가늘게 한다.

🌸 눈썹 그리기

기본 눈썹은 눈썹 머리와 꼬리를 3등분 했을 경우 눈썹 머리에서 2/3 지점에 눈썹산이 위치한다. 장방형 얼굴은 일자 눈썹, 원형 얼굴은 눈썹이 각이 지도록 올려 그리며 사각형의 얼굴형에서 눈썹 모양은 활 모양으로 둥글게 그린다. 눈썹 수정 시 눈썹을 뽑은 후에는 진정 로션을 발라준다.

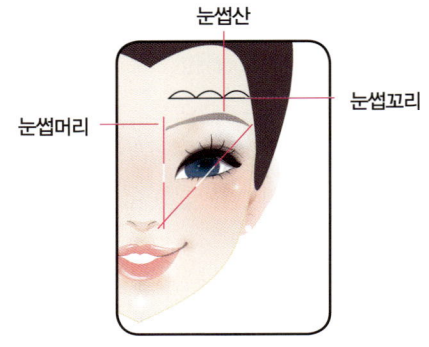

🌸 인조 속눈썹

자신의 속눈썹은 속눈썹 올리는 도구로 올려준 후 마스카라를 칠하고 속눈썹을 붙여준다.

🌸 볼연지(치크)

혈색이 좋아보이게 하기 위하거나 자연스러움을 표현하기 위해 파우더 전에 이용한다.

🌸 루즈

피부와 어울리는 색상을 택하는 것이 좋으며 입술의 수정은 1mm 내외로 크거나 작게 그린다. 연령이나 두발, 의복의 색상과 어울리는 것이 좋다.

루즈 색상	피부색
핑크 계열	흰 피부, 젊은 층
적색 계열	검은 피부(소맥색 피부)
오렌지 계열	모든 피부
자홍색 계열	중년 이후의 흰 피부

::입술 화장법::

윗 입술의 중심 부분이 패인 입술일 경우에는 윗 입술 외곽을 꽉차게 그리며 패인 부위는 잘 드러나지 않도록 작아보이게 수정한다.

입술의 형태	수정, 보완할 점
크고 두꺼운 입술	실제 입술선보다 1mm 작게 처리하고 바깥쪽은 화운데이션으로 감춘다.
얇은 입술	윗 입술과 아랫 입술 모두 1mm 정도 늘리고 곡선 처리
작은 입술	윗 입술과 아랫 입술의 좌우 구간을 늘림
처진 입술	윗 입술을 덧그려 강조 아랫 입술은 자연스럽게
두꺼운 윗 입술	윗 입술을 축소해서 그리고 아랫 입술은 자연스럽게 처리

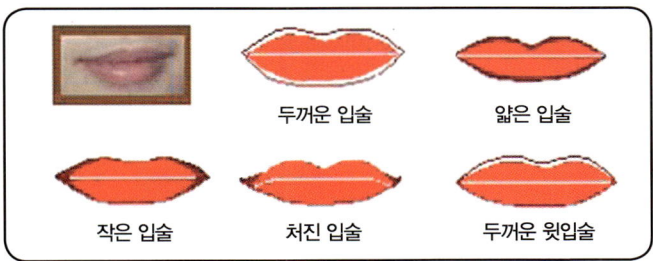

::메이크업의 역사(우리나라)::

고조선	• 돼지기름, 오줌미백세안, 눈썹화장의 기록
삼국시대	• 고구려 : 볼과 입에 연지로 단장된 화장 기록 • 백제 : 일본에게 화장 전수, 자연스런 화장 • 신라 : 백분과 같은 화장품 제조와 연지도 대중화
고려시대	• 분대화장(기생, 짙은 화장)과 비분대화장(여염집, 옅은 화장)이 공존
조선시대	• 분대화장기피, 피부청결강조, 화장제조 기술은 발달되어 있었으나 가내수공업 형태였으며 조선 후기 늦은 산업화로 기술이 활성화 못됨
1900년대 이후	• 1916년에는 박가분이라는 백분 등장, 1930년에는 구리무라는 크림이 등장, 1945년 콜드 크림, 바니싱 크림, 머릿기름, 포마드, 헤어토닉, 향수 등장, 1960년대 로션, 화장수, 립스틱, 마스카라, 오데코롱, 염모제 등장, 1970년대 이후 메이크업의 보편화가 이루어졌으며 1980년대 기초 화장품의 세분화, 1990년대 친자연 화장품, 아로마 오일을 이용한 화장품, 2000년대 기능성 화장품

Section 02
메이크업의 목적에 따른 분류

🍀 데이타임 메이크업 - 보통 화장, 낮 화장(Daytime make-up)

- 낮에 보통으로 하는 화장으로 외출시 가볍게 하는 화장법이다. 윤기있고 산뜻하게 하며 분을 적게 사용한다. 물 화장, 분 화장, 크림 파우더 화장이 있다.
- 물 화장은 화장수(피부 정돈) → 밑 화장 크림 → 물 분 → 파우더 → 볼 연지로 마무리되며 크림 파우더 화장은 단시간의 화장이 가능하도록 화장수로 피부 정돈 후 스펀지를 이용하여 혼합 크림분을 묻힌 후 잘 펴 바른다.

🍀 소셜 메이크업 - 짙은 화장, 성장 화장(Social make-up)

결혼식이나 야외에서도 드러나는 짙은 화장이다.

🍀 스테이지 메이크업 - 무대 화장(Stage make-up)

무대용 화장으로 패션쇼나 무용 등 무대 위에서의 효과를 증대시키기 위한 화장이다. 그리스 페인트 화장과 같다.

🍀 그리스 페인트 메이크업(Grease paint make-up)

텔레비전이나 영화, CF 등의 출연자에게 하는 화장으로 스포트라이트와 하이라이트를 강하게 반사하는 경우를 대비하여 세심하게 한다.

🍀 컬러 포토 메이크업(Color photo make-up)

모델 사진용 화장이다. 피부의 결점(주근깨, 점, 거친 피부 등)을 커버할 수 있는 화장으로 텔레비전, 영화, 광고, 연극, 무용 등에 쓰이며 무대 화장과 달리 자연스럽게 보이도록 처리한다. 천연색 사진을 찍을 경우의 화장이다.

Section 03
얼굴 특성에 따른 메이크업

1 피부색에 따른 메이크업

🌸 흰 피부의 얼굴
흰 피부가 너무 강조되지 않게 하면서 산뜻한 화장법을 택한다. 핑크 계열이나 장미색 계열의 밝은 색을 선택한다.

🌸 검은 피부의 얼굴
투명한 피부가 되도록 한다. 암색 계열을 사용한다.

🌸 창백한 얼굴
핑크계의 색조로 밝은 것을 택하며 백분도 밝은 것을 택한다. 루즈는 장미색 계열의 밝은 색을 사용하며 볼 연지는 핑크계의 밝은 색을 택한다.

🌸 붉은 얼굴
녹색의 언더 메이크업(메이크업 베이스)으로 피부를 정돈한다. 루즈는 밝은 색, 볼 연지는 하지 않는 것이 좋으며 할 경우에는 옅게 바른다.

🌸 잡티가 많은 얼굴(주근깨 얼굴)
암색 계열로 잡티를 감춘다. 부분적으로 강조되는 화장을 택한다.

🌸 솜털이 많은 얼굴
화장이 밀릴 수 있으므로 면도를 하거나 옥시풀로 털을 표백한다.

🌸 여드름이 쉽게 나는 얼굴
모공 수축을 위해 아스트리젠트로 얼굴을 가꾸어주며 밝은 색의 파운데이션을 이용한다.

2 얼굴형에 따른 메이크업

얼굴형의 기본은 계란형에 가까운 얼굴형을 만드는 것으로 축소시켜야 할 부분은 짙게하고 확장해야 할 부분은 밝게 표현한다. 얼굴에서 이마와 볼 부분은 모발로 감추거나 보완을 하기도 한다.

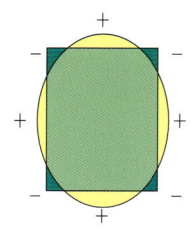

2-1 얼굴형과 메이크업

❁ 계란형(이상적인 얼굴형)

얼굴형을 그대로 표현하면 된다.

❁ 원형 얼굴(둥근 얼굴)

얼굴의 폭이 좁아보이게 한다. 양 볼의 바깥쪽 측면은 짙게, 이마와 턱은 엷게 표현하며 T존은 밝게 하고 눈썹은 약간 각지게 올리듯이 그린다.

 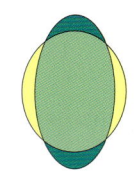

❁ 장방형 얼굴(긴얼굴)

원형의 얼굴과 반대되는 화장법을 택한다. 이마의 상부와 턱의 하부를 진하게 표현한다(이마와 턱은 짙게, 관자놀이 부분은 엷게 표현한다). 눈썹과 입술은 일자 형태로 그린다.

❁ 삼각형 얼굴

턱의 각진 부분은 진하게 하며 이마는 밝게 표현한다. 눈썹은 눈의 크기의 대소와 관계없이 크게 그린다.

❁ 역삼각형

볼을 밝게 표현하며 이마의 양쪽 끝과 턱은 짙게 표현한다. 눈썹은 자연스러운 형태가 되도록 그린다.

 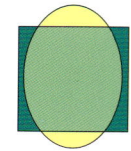

❁ 사각형

이마와 턱의 각진 부분은 짙게 표현한다. 눈썹은 부드러움이 강조되도록 활 모양의 형태로 그린다.

❁ 마름모형

모가 진 부분(광대뼈 부분)은 짙게 표현한다. 눈썹이 약간 올라간 듯 그린다.

2-2 눈의 형태에 따른 화장법

눈의 위치나 형태에 따라 아이라인과 아이섀도우로 수정과 보완을 한다.

미간이 좁은 눈	• 아이라인 : 눈 꼬리 쪽의 아이라인을 길게 그린다. • 아이섀도우 : 눈꼬리 쪽을 강조한다.
미간이 넓은 눈	• 눈머리 쪽을 강조, 눈고리 쪽의 라인이 길어지지 않게 한다.
처진 눈	• 아리라인 : 위로 올라가게 그리며 눈꼬리와 눈썹을 평행하게 그린다. • 아이섀도우 : 눈꼬리 쪽에 처리한다.
올라간 눈	• 아이라인 : 눈꼬리 쪽 아이라인을 수평 느낌이 들도록 내려그린다. • 아이섀도우 : 난색 계열의 섀도우를 사용, 아래 눈꺼풀에도 바른다.
작은 눈	• 아이라인 : 가늘고 길게 두껍지 않게 그려준다. • 아이섀도우 : 갈색 계열의 섀도우를 전체에 발라 눈이 들어가 보이도록 한다.

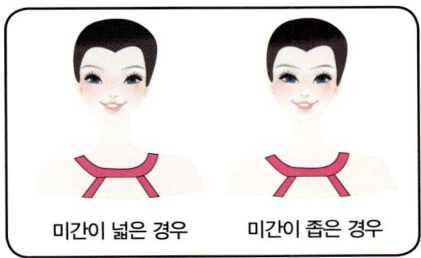

미간이 넓은 경우   미간이 좁은 경우

2-3 코의 화장법

낮은 코	코의 양쪽 측면은 짙은 색, 콧등은 옅은 색을 사용하며 경계선이 잘 드러나지 않도록 한다.
높은 코	코 전체를 짙은 색으로 하며 양측면은 옅은 색을 사용한다.
작은 코	코 전체를 옅은 색으로 사용하고 양측 면은 짙은 색을 사용하여 바른다.
큰 코	코 전체에 짙은 색을 사용하여 바른다.
코끝이 둥근 경우 (주먹코)	콧망울은 짙은 색, 코끝은 옅은 색을 사용하여 바른다.
매부리코	층이 있는 부위부터 코끝까지 짙은 색을 사용하여 바른다.
길이가 짧은 코	눈썹머리에서부터 코의 측면에 짙은 아이섀도우를 사용하여 바른다.

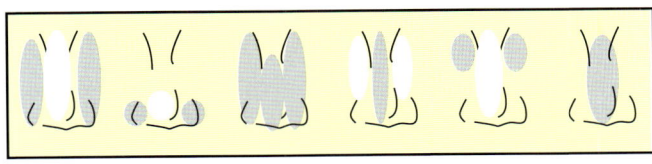

낮은 코   주먹코   큰 코   높은 코   작은 코   매부리 코

제7장

모발 및 두피 관리

SECTION 01   모발
SECTION 02   두피 관리
SECTION 03   제모 관리

Section 01

모발

1 모발

모발의 pH(4.8)는 pH 5.0 내외이며 모발의 발생은 외배엽에서 시작된다.

❋ 모발의 구성 성분

모발은 케라틴이라는 경 단백질로 구성되어 있다.

❋ 모발의 성장

모발은 1일 0.34~0.35mm 자라며 1달 1cm~1.5cm 정도 자란다. 낮보다 밤에 잘 자라며 봄과 여름에 모발이 자라는 성장 속도가 더 빠르다.

❋ 모발 성장 싸이클

모발은 성장과 자연 탈모가 반복적, 주기적으로 일어나는데 이를 헤어 싸이클이라고 한다. 헤어 싸이클은 발생기 → 성장기 → 퇴화기 → 휴지기로 진행된다.

발생기	다시 신생모를 만드는 시기로 발생된 모발은 성장하고 휴지기의 모발은 밀려 빠져나오는 시기이다.
성장기	전체 모발의 80~90%가 성장기 모발이며 왕성한 세포 분열로 모발이 빠르게 성장한다.
퇴화기	약 5년간의 성장기를 마친 모발이 성장을 멈추는 시기로 전체 모발의 1%가 퇴화기 모발이며 퇴화 기간은 1~2개월이다.
휴지기	전체 모발의 14~15%를 차지하며 머리카락이 빠지는 시기로 가벼운 물리적 자극에도 쉽게 탈모가 된다. 휴지기의 기간은 3~4개월이다.

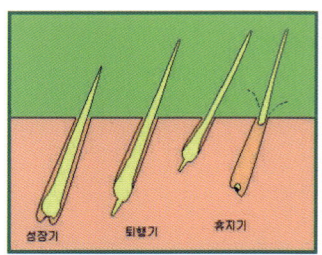

🌸 모발의 구조

모표피(Cuticle)	비늘처럼 겹쳐져 있으며 미세한 틈으로 퍼머, 염색약의 침투가 이루어지고 3겹의 에피 큐티클, 엑소 큐티클, 엔도 큐티클 층 구조를 갖고 있다.
모피질(Cortex)	모발의 70% 이상을 차지하며 멜라닌 색소와 섬유질 및 간충 물질로 구성되어 있어 염색과 퍼머넌트 웨이브를 형성하는 곳이다.
모수질(Medulla)	미세 공기가 존재해 보온 역할을 하며 수질은 없을 수도 있고 수질의 크기도 모발에 따라 다르다.
모낭(Follicle)	피부의 함몰로 생긴 털의 주머니로 모발을 보호하는 역할을 한다. 털과 닿는 안쪽 면이 내모근초, 바깥면이 외모근초이다.

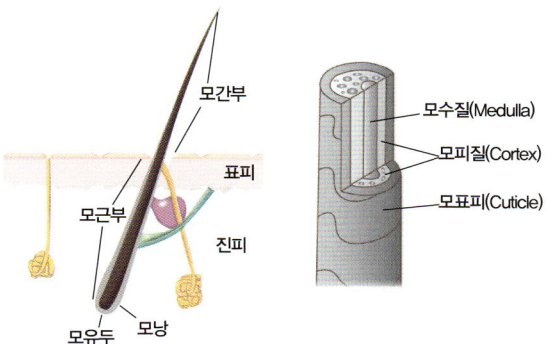

🌸 모발의 수명

일반적인 평균 수명은 3~6년(남성:3~5년, 여성:4~6년)이며 속눈썹의 평균 수명은 2~3개월이다.

🌸 모발의 수분과 신축성

일반 건강모의 수분은 12% 정도이며 머리를 감은 직후는 30% 정도이다. 모발은 잡아당기면 20~50% 늘어나며 놓으면 다시 되돌아가는 성질이 있는데 이를 모발의 탄성 작용이라고 한다.

🌸 모발의 결합

모발의 결합에는 측쇄 결합(펩티드 결합, 수소 결합, 염 결합, 시스틴 결합)과 주쇄 결합(폴리펩티드 결합)이 있다. 퍼머넌트 웨이브에 관련된 결합은 시스틴 결합이며 세팅이나 브로우드라이에 관련된 결합은 수소 결합이다.

🌸 모발의 색상

모발에는 유멜라닌(Eumelanin)과 페오멜라닌(Phecmelanin)이라는 멜라닌 색소가 존재한다. 모 피질에 존재하는 멜라닌 색소의 양에 따라 모발의 색상이 결정되는데 모발에 같이 존재하는 유멜라닌(흑갈색), 페오멜라닌(황갈색)의 양에 따라 모발색이 결정된다.

2 모발 관리

2-1 모발 관리의 목적

손상된 모발을 정상적인 상태로 환원시키는 것으로 내·외적 요인에 의해 손상된 모발에 영양이나 제거 등을 하는 것이다. 손상모, 건조모, 다공성모, 퍼머와 염색, 블리치로 손상된 모발에 필요하다.

내적 요인	선천적, 영양 결핍, 건강 이상 등
외적 요인	햇볕, 눈, 비, 오염된 공기, 헤어 스타일제, 복욕액 등

::헤어 트리트먼트의 종류::

헤어 컨디셔닝 (Hair reconditioning)	• 모발 상태 손질로 손상 전 상태로 회복
클리핑 (Clipping)	• 모발의 모표피가 벗겨졌거나 갈라진 경우에 제거하는 방법 • 모발 숱을 작게 잡아 꼬고 갈라진 모발의 삐져 나온 것을 가위로 모발끝에서 모근쪽을 향해 자르는 것
헤어 팩 (Hair pack)	• 손상 모발에 영양을 공급하는 것 • 건성모나 다공성모에 효과적
신징 (Singeing)	• 불필요한 모발을 제거 • 신징왁스, 신징기로 모발을 그슬리거나 지져서 제거

2-2 컨디셔너제의 사용 목적

모발의 손상 방지와 손상의 악화 방지에 사용 목적이 있다. 퍼머넌트 웨이브, 블리치, 염색 후 산성을 알칼리로 중화시켜 적당한 산성을 유지하도록 하며 모발의 보습 작용에 의한 윤기를 부여하고 손상 모발의 표피에 부드러움을 준다.

🍀 헤어 컨디셔닝

헤어 컨디셔닝의 준비물은 헤어 컨디셔닝제, 브러쉬, 히팅 캡, 헤어 스티머, 적외선이며 시술 순서는 브러싱 → 샴푸 → 블로킹에 의한 섹션뜨기 → 리컨디셔닝 크림 바름 → 스캘프 머니플레이션 → 적외선등 조사(10~15분)이다.

Section 02
두피 관리

1. 모발 질환에 의한 두피 관리

여러 가지 요인으로 모발에 이상이 오는 것을 모발의 질환이라고 한다.

❀ 결절 열모증
모발에 영양이 부족하거나 건조 등의 손상에 의해 세로로 갈라지는 현상을 말한다.

❀ 사모
모발에 모래알 모양의 단단하고 작은 결절이 생기는 것으로 주로 부인들의 머리에 많다.

❀ 탈모
헤어 싸이클에 의한 자연 탈모가 아닌 비정상적으로 모발이 빠지는 것을 탈모라고 한다.

탈모의 원인	영양 부족, 감염성 피부 질환, 혈액 순환 부족, 유전적인 요인, 물리·화학적 요인, 과다 비듬, 유지 성분의 부족시 탈모가 일어날 수 있다.
탈모 방지를 위한 모발 관리	샴푸 전후 두피 마사지, 충분한 수면, 두피와 모발의 청결 유지로 인해 기본적인 탈모를 방지한다.
원형 탈모	다발이나 산발적으로 동전 크기와 비슷한 형태로 모발이 빠져서 경계가 드러나는 탈모 증상이다.
비강성 탈모	비듬이 많은 사람에게서 나타나는 탈모 증상이다. 머리를 자주 감아주어야 한다.
결발성 탈모	물리적인 자극에 의해 나타나는 경우로 여성들이 긴머리를 묶을 때 주로 일어나는 탈모 증상이다.
증후성 탈모	병에 의해 발생되는 탈모로 감염병이나 폐염으로 나타나거나 문둥병이나 성병(매독)에 의한 탈모 증상이다.
탈모균	황모균이라고도 하며 사상균의 일종인 방사성균이 주로 겨드랑이에 기생하는 것을 말한다.

제7장 모발 및 두피 관리 | **203**

2 두피 관리

트리트먼트는 손질, 처리라는 뜻으로 두피 손질을 말한다.

🍀 스캘프 트리트먼트

스캘프 트리트먼트(두피 손질)는 두피의 상태를 파악하여 손질 및 처리를 해 주는 것이다. 두피의 상태 파악은 두피의 종류를 파악하여 종류별 관리를 해야 한다.

건강 두피	정상적으로 각화가 이루어지는 상태
지성 두피	피지 분비가 과다하게 많은 상태로 각화 작용이 정상적이지 않다.
건성 두피	피지 분비가 부족한 상태로 각화 작용이 정상적이지 않다.

🍀 스캘프 트리트먼트의 목적

먼지나 비듬을 제거하여 혈액 순환과 두피의 생리 기능 활성화를 높이고 두피의 성육을 조장한다. 두피나 모발에 지방을 보급하고 모발에 윤택을 준다.

🍀 두피 손질 방법

두피 손질 방법에는 물리적 방법과 화학적인 방법이 있다. 물리적 방법은 두피 및 모발에 마사지나 도구의 사용으로 물리적 자극을 주어 두피의 생리 기능을 활성화 시키는 방법이다. 화학적 방법은 두피 및 모발에 양모제(헤어 로션, 헤어 토닉, 헤어 크림, 베이럼 등)를 사용하여 두피의 생리 기능을 활성화시킨다.

::물리적 방법::
- 브러시나 머니프레이션(마사지)에 의한 방법
- 스캘프 머니플레이션(두피 마사지)에 의한 방법
- 스팀 타올, 헤어 스티머, 자외선, 적외선, 전류를 이용한 방법

🍀 두피 상태와 트리트먼트의 종류

두피가 정상일 때	플레인 스캘프 트리트먼트
두피가 건조할 때	드라이 스캘프 트리트먼트
두피에 피지가 많을 때	오일리 스캘프 트리트먼트
비듬 제거가 목적일 때	댄드러프 스캘프 트리트먼트

🍀 스캘프 머니플레이션(두피 마사지)

근육 자극에 의한 두피에 부드러움을 주고 두피의 혈액 순환을 촉진시킨다. 모발이 건강한 상태로 자라는 것을 돕는다.

제모 관리

1 제모

1-1 제모의 목적 및 효과

제모(Depilation and epilation)란 미관상으로 미용적인 저해 요인으로 작용될 때 털을 제거하는 것을 말한다. 적용 부위는 얼굴, 액와(겨드랑이), 팔과 다리, 서혜부 및 목 뒤 헤어라인 부위이며 얼굴의 경우 눈썹, 코밑, 이마, 턱, 얼굴 전체가 적용 부위가 된다.

🍀 제모의 목적 및 효과

미적인 아름다움을 위해 털을 제거하여 미용적인 아름다움을 추구하는 것을 목적으로 한다. 제모의 효과는 얼굴의 메이크업을 잘 받게하며 노출 부위의 털을 제거함으로 아름다움을 만드는 효과가 있다.

🍀 제모 시술 방법

- 사전에 제모할 부위를 깨끗이 씻고 소독하며 시술자도 제모 전에 손을 소독한다.
- 면 밴드(머절린)의 경우 털이 난 방향과 반대 방향으로 떼어낸다.
- 온도 테스트는 스파츌라에 왁스를 묻힌 후 손목 안쪽에 대고 테스트한다.
- 소독 후에는 시술 부위에 남아 있는 유·수분의 정리를 위하여 파우더를 사용하며 제모 후 진정 제품을 피부 표면에 발라준다.

🍀 제모의 종류와 방법

- 일시적 제모와 영구적 제모가 있다.
- 일시적 제모에는 면도기나 핀셋을 이용한 제모, 화학적 제모, 왁스를 이용한 제모가 있다.

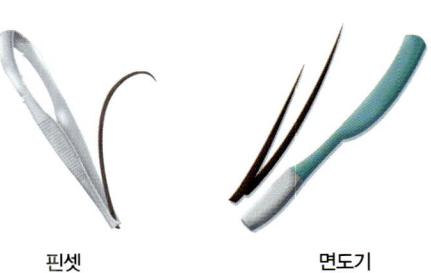

핀셋   면도기

1-2 일시적 제모 방법(Depilation)

일시적으로 털을 제거하는 방법으로 털이 다시 성장하게 되므로 주기적인 제모가 이루어져야 한다. 왁스와 머절린(부직포)을 이용해서 하는 일시적 제모의 특징은 제모하고자 하는 털을 한 번에 제거하므로 즉각적인 결과를 가져온다는 것이다.

면도기를 이용한 제모

- 피부 표면에서 면도기를 사용하여 모근부는 그대로 두고 모간부만 제거하게 되는 방법이다.
- 얼굴, 팔, 다리 등 시선이 닿는 곳에 난 털의 제거시 가장 손쉽게 제거할 수 있는 방법으로 소요 시간이 짧다.
- 이용 시 상처가 생기는 것을 방지하기 위해 면도 전에 면도용 크림이나 폼 클렌징을 발라 피부 자극을 줄인다.
- 털 성장의 방향과 반대로 면도를 해야 효과적인 털의 제거가 이루어지며 면도 후에는 항염 물질이 함유된 연고나 크림을 발라 감염이나 쉐이핑 크림에 대한 부작용을 없앤다.
- 면도의 횟수는 주 1~2회 정도가 적당하고 제거는 목욕과 샤워로 인해 털이 부드러워진 후 클렌저에 의한 거품으로 모공이 약간 확장되었을 때 하는 것이 좋다.
- 단점으로는 주기적인 면도로 인해 털이 굵고 거세게 자라며 모간부만 제거하기 때문에 곧바로 자라나온다는 것이다.

핀셋을 이용한 제모

- 핀셋을 이용하여 털을 뽑는 것으로서 모근부와 모간부 모두 제거하게 되기에 면도보다는 제거 상태가 오래 유지된다(약 4주 정도).
- 일반적으로 좁은 부위에 난 털의 제거에 쓰이며 눈썹의 수정이나 액와(겨드랑이), 왁스 제모 후에 제거되지 않은 털의 제거에도 사용된다.
- 제모 후에는 진정 화장수나 진정 마스크로 살균, 소독, 진정시킨다.
- 털의 성장 방향대로 뽑는 것이 통증 유발을 적게 한다.
- 제모시 통증을 줄이기 위한 방법으로 스팀 타올을 이용해 모공을 확장시켜 이완이 되었을 때 실시한다.
- 단점은 피부 당김에 의해 피부 처짐이 있을 수 있다.

화학적 제모

- 제모에 필요한 화학 성분이 함유된 크림이나 액체, 연고 등을 피부 표면에 발라 털을 제거하는 방법으로 모간부만 제거되어 3~4일 후 다시 털이 자라므로 주 1회 정도 사용하게 된다.
- 제모제 사용에 의한 털의 성장과 형태의 변화는 거의 없으나 강 알칼리성으로 피부 자극에 유의해야 한다.

- 처음 사용 할 경우 안전성을 위하여 첩포 실험을 하는 것이 좋다.
- 첩포 실험의 경우 털이 없는 팔의 안쪽에 소량의 제모제를 바른 후 5~10분 정도 경과한 상태에서 홍반 반응을 살핀다.
- 일반적으로 얼굴에는 사용을 하지 않는 것이 좋고 사용전에 피부를 깨끗이 건조시킨 후 적정량을 바르게 된다.
- 털이 긴 경우에는 3~5cm 길이로 자른 후 실시한다.
- 피부에 바르고 경과 시간이 5~10분 정도 지나면 제모제와 털을 온수로 씻어낸다.
- 제거 후 산성 화장수를 바르고 진정 로션이나 크림을 흡수시킨다.

왁스를 이용한 제모

- 왁스(Wax)를 이용한 제모의 경우는 피부 표면 위치에서의 제거가 아닌 모근으로부터 털이 제거되므로 다시 자라나오기 까지의 시일이 더 길다(4~5주).
- 온 왁스(Warm wax)와 냉 왁스(Cold wax)가 있다.

온 왁스	• 상온에서 굳은 상태로 있는 왁스(데워서 녹여 사용) • 약 50℃에서 유동성이 된 왁스를 바른 후 곧바로 면 밴드를 부착시켜 떼어낸다(털은 면 밴드에 부착되어 제거된다). • 왁스를 바르고 바로 면 패드로 떼어내지 않으면 왁스의 응고로 털의 제거가 어렵다. • 왁스 온도를 미리 감지하여 화상의 위험이 없게해야 한다.
냉 왁스	• 상온에서 유동 상태로 되어있어 곧바로 사용가능하다. • 장점은 데우는 번거로움이 없는 것이고 단점은 온 왁스 보다 굵거나 거센 털은 잘 제거되지 않는다.

::왁스 제모법의 장점::

- 광범위한 부위를 짧은 시간 안에 효과적으로 제거할 수 있다.
- 일시적 제모제에 비해 제모 효과가 4~5주 정도 오래 지속된다.
- 피부나 모낭 등에 화학적 해를 미치지 않는다.
- 털을 한 번에 제거하므로 즉각적인 결과를 가져온다.

::왁스제모 시 면 밴드::

- 면 밴드는 가장자리를 잡아 재빨리 떼어내게 되는데 제모 시 수직으로 떼어내면 털의 모근까지 제거되지 않고 왁스 또한 여분이 남아있게 되므로 가장자리를 둥글리듯 잡아 떼어내야 한다.

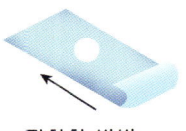
적합한 방법

적합하지 않는 방법

🍀 영구적 제모 방법(Epilation)

- 전류를 이용한 완전 제모로 모근까지 제거되는 방법이다.
- 정확한 제거 방법(기기 사용법)의 필요성에 따라 교육 이후에 사용해야 하며 흉터를 남길 수 있으니 주의해야 한다.

1-3 부위별 제모 방법

🍀 눈썹의 제모

- 눈썹선을 벗어나 불규칙적으로 나 있는 잔털 위에 왁스를 발라 제모한다.
- 눈썹 제모의 순서는 눈썹의 윗부분 → 눈두덩이 → 앞 눈썹 머리 사이 부분(미간) 순이다.
- 왁스 사용 후 눈썹 가위와 핀셋을 이용해 눈썹의 형태를 완성시킨다.

🍀 코밑의 제모

- 윗 입술과 코사이의 인중을 기점으로 나누어진 부분에 나는 털의 제모이다.
- 털이 난 방향이 한 방향성만 띄는 것이 아니라 두 가지 이상의 방향성을 갖고 있다.
- 주의사항은 입술 부위에 왁스가 묻지 않게 하며 면 밴드로 떼어낼 경우에는 입술 가장자리의 피부를 손으로 잡은 후 떼어내야 한다.

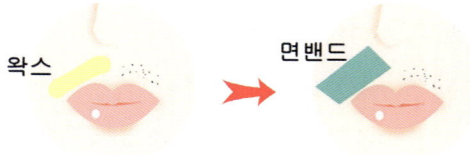

🍀 팔의 제모

- 필요에 의해 손가락이나 손등의 털을 먼저 제거한다.
- 다음으로 팔의 위쪽(어깨 아래쪽)부터 아래(손쪽)로 내려오며 제모한다.

🍀 액와(겨드랑이)의 제모

- 제모시 팔을 머리 방향으로 올리게 한 후 털의 길이를 1cm 길이로 자른다.
- 털이 자라는 방향대로 왁스를 바르며 털의 양에 따라 양이 적을 경우에는 한 방향, 털의 양이 많은 경우에는 두 방향이 된다.

- 액와 부위의 털은 두껍고 거세어서 제모시 통증이 있으며 면 밴드를 굴곡 부위에 완전히 밀착시켜 재빠른 제거가 되게 해야 하고, 단번에 제거되지 않을 경우 피가 맺힐 수도 있다.
- 피부와의 마찰을 피하기 위해 마지막 단계에서는 파우더를 이용해 손으로 문질러 흡수시킨다.

다리의 제모

- 하퇴부와 대퇴부로 나누어 실시할 수 있다. 하퇴부의 경우에는 무릎에서 발목 방향으로 제모하며 대퇴부도 위에서 아래로 내려가며 제모한다. 이때 윗 부분의 길이와 아래 부분 길이 각각을 이등분으로 나누어 내려가며 제모한다.
- 무릎은 무릎을 세우게 한 후 제모하고 종아리 부분은 엎드리게 한 후 제모한다.

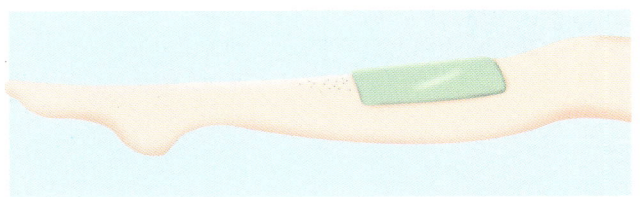

2 제모시 유의사항

- 피부가 햇볕이나 다른 요인으로 자극을 받아서 예민해져 있는 경우나 염증, 피부 질환, 상처가 있는 경우에는 제모를 금한다. 또한 당뇨병, 생리중일 때에도 제모를 금한다.
- 장시간의 사우나와 목욕 직후에는 금한다.
- 사마귀 또는 점 부위의 털은 제모를 금한다.
- 정맥류나 혈관 이상 증상이 있는 경우는 제모를 금한다.
- 제모 후 24시간 이내에는 햇빛 노출에 의한 자극, 비누 사용, 세안이나 목욕, 메이크업은 피하는 것이 피부 감염 방지를 위해 좋다.
- 왁스 제모의 경우 털이 난 방향과 반대 방향으로 재빠르게 떼어낸다.

제8장

미용 이론

SECTION 01	공중보건학
SECTION 02	소독 및 감염병학
SECTION 03	해부생리학
SECTION 04	화장품학
SECTION 05	미용 법규

공중보건학

1. 공중 보건

1-1 공중 보건

질병을 예방할 목적으로 조직적인 체계를 가지고 질병 예방, 생명 연장, 신체적, 정신적인 건강 효율을 증진시키는 기술 과학이다.

🍀 건강의 정의

단순 질병이나 허약한 상태가 아닌 것만을 의미하는 것이 아니라 육체적, 정신적, 사회적 안녕의 완전한 상태를 의미한다(WHO가 주장하는 건강).

🍀 건강 교육의 목적

"자기 스스로의 행동과 노력으로 자신의 건강을 유지할 수 있도록 돕는데 있다."

🍀 건강의 3요소

환경, 유전, 개인의 행동 및 습관이다.

🍀 건강 교육

개인과 집단, 지역 사회, 국가, 국민들이 건강한 상태가 되도록 도와주기 위한 과정을 교육하는 것이 건강 교육이다.

1-2 공중 보건의 정의

🍀 공중 보건의 정의

"조직적인 지역 사회의 노력을 통하여 질병을 예방하고 생명을 연장시킴과 동시에 신체적, 정신적인 효율을 증진시키는 기술이며 과학이다."라고 미국의 보건학 교수인 윈슬로우(C.E.A Winslow) 박사는 정의했다.

🍀 공중 보건학의 내용 분류

기초적 분야	소독, 정신 보건, 식품 위생, 환경 위생, 기생충 관리, 역학, 급만성 감염관리, 구충, 구서, 우생학, 인구학, 보건 통계학, 보건 행정학, 사회 보장, 보건 교육
임상적 분야	학교 보건, 가족 계획, 모자 보건, 체중 관리, 성인 보건, 보건 간호학
응용적 분야	산업 보건, 도시 보건, 농어촌 보건, 공해

🍀 공중 보건 사업이 지역 사회에 접근할 수 있는 방법

보건 교육(가장 이상적인 방법)을 통한 접근과 보건 관계 법규를 통한 접근, 보건 행정적인 접근이 있다.

🍀 공중 보건의 필요성

공중 보건은 예방 의학이므로 예방이 가능한 질병을 예방하는 데 그 필요성이 있다. 예상 질병을 예방하지 못하는 것은 후진국임을 나타낸다.

1-3 보건 행정

국민의 건강 관리(생명 연장, 질병 예방, 정신적, 육체적 효율 증진)를 위하여 행하는 행정이다.

::보건 행정 분야::

- 일반 보건 행정은 보건복지부가 관장하고 학교 보건 행정은 교육부가 관장하고 근로 보건행정은 노동부가 관장한다.
- 미용 업무를 관장하는 부서는 보건증진국의 건강증진과이다.
- 공중 위생 관련 행정 종합 계획 수립, 환경 위생업소의 관자, 공중 위생업소의 위생 및 시설에 관한 업무 지도 · 감독 등을 관장한다.

1-4 세계보건기구(WHO)

1948년 국제연합의 보건 전문기관으로 창설되었다. 우리나라는 1949년에 65번째로 서태평양 지역사무국 소속으로 정식 가입되었다.

🍀 국가의 공중 보건 수준을 나타내는 지표

- **평균 수명** : 0세의 평균여명
- **조사망률** : 인구 1000명당 1년간의 전체 사망자수
- **비례 사망지수** : 전 사망에 대한 50세 이상의 사망을 백분율로 표시한 것
- **영유아 사망률** : 한 나라의 보건 지표라 할 수 있는 대표적인 것, 경제 상태를 나타내는 지표이기도 하다(출생 1,000명에 대한 생후 1년 미만의 사망 영유아수이다).
- 영아 사망률의 주요 원인은 위장염, 폐렴, 인플루엔자, 뇌막염 및 신생아 고유 질환 등이다.

🍀 세계보건기구(WHO)의 주요 사업

- 영양 개선
- 모자 보건 사업
- 환경 위생의 개선
- 성병 관리
- 결핵 관리 사업
- 말라리아 근절
- 보건 교육의 개선

2 환경 위생 |

2-1 환경 위생(자연적, 사회적, 인위적 환경)

자연적 환경에는 공기, 일광이 있으며 인위적 환경에는 냉·난방, 상하수도 관리, 오물 처리, 해충(구충구서) 구제 등이 있고 사회적 환경에 정치 경제, 교육 등이 있다. 자연적 환경은 공기, 토지, 식물, 물, 빛, 동물 등이며 인위적 환경은 의복, 음식물, 건물(의·식·주)이고 사회적 환경은 정치, 경제, 종교, 인구, 교육 등이다.

🍀 공기의 성분

질소(N_2)	산소(O_2)	아르곤(Ar)	탄산가스(CO_2)
78.09%	20.93%	0.93%	0.03%

이외 헬륨(He), 네온(Ne), 수소(H), 오존(O_3), 크레톤(Xe) 등이 있다. 공기 중에는 질소의 성분이 가장 많으며 질소와 산소의 비율은 4:1이다.

질소(N_2)

- 공기 중에 78.09%로 가장 많이 함유되어 있으며 비독성 가스로 인체에 직접적인 영향은 없다.
- 공기 중의 산소의 작용을 도우며 비료나 화학 공업의 원료로 쓰인다.

산소(O_2)

- 적혈구 속의 헤모글로빈과 친화되어 혈액과 같이 체내를 순환한다.
- 공기 중에 20.93%를 함유하고 있다.
- 산소의 결핍은 저 산소증을, 산소의 양이 많을 때는 산소 중독증이 된다.
- 호흡 곤란은 10% 이하의 산소량, 질식사는 7% 이하의 산소량일 때 발생한다.

이산화탄소(CO_2) - 실내 공기 오염 지표

- 탄산가스라고도 하며 인체의 호흡과 함께 뱉어져 나오게 된다.
- 공기 중에 0.03~0.04%가 존재한다.
- 공기보다 1.5배 무겁다.
- 무색, 무미, 무취로 비독성이다.
- 서한량(허용 한계)은 0.1%이며 7%에서는 호흡에 곤란이 오고 10% 이상일 경우 사망에 이를 수 있다.

일산화탄소(CO)

- 숯이나 연탄의 불완전 연소로 발생하게 되며 물체가 탈 경우 처음과 끝에 많이 발생한다.
- 무색, 무미, 무취이다.
- 공기 중 0.9% 차지하며 공기보다 조금 가볍다.
- 환절기와 겨울철에 많이 발생한다.
- 환경 기준은 8시간 평균치 기준 - 9ppm 이하, 1시간 평균치 기준 25ppm 이하이다.
- 허용 한계(서한량)는 4시간 기준 400ppm(0.04%)이며 8시간 기준에서는 100ppm(0.01%)이다.
- 적혈구속 헤모글로빈과의 친화력은 산소(O_2)보다 강하다(200~250배).
- 일산화탄소(CO) 중독의 예방은 가옥의 개선, 연료의 개선, 보건 교육을 통한 개선이 필요하다.
- 일산화탄소(CO)의 중독후 후유증은 정신 장애, 시야 협착, 의식 소실, 신경기능 장애이다.

대기 오염	증상 및 후유증
CO(일산화탄소)	정신 장애, 신경 장애, 의식 소실

아황산가스(SO_2) - 대기 오염의 지표

- 매연 중에서 발생한다(도시 공해 요인).
- 금속을 부식시키고 농작물에 피해를 준다.

- 유독 가스체로 호흡 곤란, 가슴의 통증, 자극을 일으킨다.
- 공기보다 무겁고, 취기가 강하다.
- 허용량은 0.02ppm 이하(연간 평균치)

오존
살균 작용이 있으며 10ppm일 때 권태나 폐렴 증세가 나타난다.

공기 필요량
사람은 공기가 없으면 살수가 없으며 1일 성인의 공기 필요량은 13kℓ이다.

::공기의 자정 작용::

- 희석 작용(공기 자체 희석)
- 세정 작용(비나 눈에 의해 분진의 세정, 용해 가스 세정)
- 살균 작용(자외선에 의한 살균)
- 산화 작용(O_2, O_3, H_2O_2에 의한 산화 작용)
- 탄소동화 작용(식물의 CO_2와 O_2의 교환 작용)

::공기의 유해 성분::

공기의 유해 성분에는 일산화탄소, 아황산가스, 진애(먼지나 티끌)가 있다.

군집독
특정 공간에 많은 인원이 밀집되어 있을 경우 실내 공기의 오염으로 불쾌감, 두통, 구토, 현기증, 식욕 저하, 권태 등의 증상이 나타나는 것

2-2 기후 위생(공기)
기온, 기습, 기류, 기압이 있다.

기온
- 공기 중의 온도 측정, 즉 기온 측정은 섭씨(℃)와 화씨(℉)로 측정한다.
- 기온의 측정은 실내에서는 1m 높이에서 측정하고 보통 지상에서는 1.5m 의 높이에서 측정한다.

쾌적한 온도	18±2℃(16~20℃)	작업장	1~20℃
사무실	15~20℃	막노동	5~15℃

- 기온이 10℃ 이하에서는 난방을 실시하며 26℃에서는 냉방을 실시한다.
- 실내·외의 온도차는 5~7℃ 이내로 냉·난방을 실시한다.
- 머리와 발의 온도 차이는 2~3℃가 넘지 않아야 한다.
- 의복에 의한 체온 조절의 범위는 10~26℃이다.
- 감각 온도의 3요소는 기온, 기습, 기류이다.

감각 온도(체감 온도)의 3인자		
기온	기습	기류

- 지적 감각 온도는 63~71℉ (67±4℉)이다.
- 기온 역전은 위쪽으로 올라갈수록 기온이 상승하는 현상을 말한다(하층부보다 상층부의 기온이 높은 상태).
- 열중증은 기온과 습도가 동시에 높은 이상 기온인 상태에서 작업을 계속함으로써 나타나는 신체적 증상(경련, 열, 일사병)이나 장애를 말한다. 또한 이러한 이상 기온은 대기 오염을 초래하며 우리 몸의 체온 조절을 원활하게 하지 않는다.

기습

- 공기 중의 수증기를 말하며 건습구 온도계로 측정한다.
- 우리 몸에 알맞은 습도는 65% 전·후이며 적정 습도는 40~70%이다.
- 낮은 습도는 호흡기 점막에 영향을 주며 화재의 위험을 일으키고 높은 습도는 무더우면서 땀의 발산을 막는다.
- 비교 습도는 공기 1m³가 포화 상태에서 함유할 수 있는 수증기의 양과 실제 함유되어 있는 수증기의 양의 비율(%)을 말한다.
- 수증기와 관련된 상태와 현상

포화 상태	수증기의 양이 최고조일 때
연무 상태	수증기의 양이 많을 때
황사 현상	건조한 상태일 때

- 온도와 습도는 반비례 관계이다.(습도↑ 온도↓, 온도↓ 습도↑)

기류

- 공기의 흐름과 방향을 말하며 카타온도계(단위 면적에 따라 손실된 열량으로 공기의 냉각력의 측정 및 실내 공기를 측정하는데 쓰는 기구)를 사용한다.
- 기류의 작용은 체온 조절, 방열 작용, 신진대사의 원활, 자연, 주거, 대기 환기

🍀 기류의 비교

실외 기류	실내 기류	무풍	불감 기류
1m/초 내·외	0.2~0.3m/초	0.1m/초	0.2~0.5m/초

🌸 기압

공기의 압력을 말한다.

:: 불쾌지수 ::

- 불쾌지수(DI: Discomfort index)는 실제로 불쾌감을 느낄 수 있는 지수를 말한다.
- 불쾌지수는 기온와 기습에 의해 산출된다.

불쾌지수(DI)	(건구 온도 + 습구 온도) × 0.72 + 40.6
DI 85 이상	견딜 수 없는 상태의 불쾌지수
DI 80 이상	거의 대부분이 불쾌한 상태(90%)
DI 75 이상	대부분이 불쾌한 상태(50%)
DI 70 이상	다소 불쾌(10%)

2-3 주택 위생

🌸 주택의 조건

- 대지는 양지바른 쪽을 선택하여야 하며 동남쪽을 향해서 지어야 한다.
- 주택지로 사용할 수 있는 토지는 폐기물의 매립 시 적어도 20년은 경과해야 한다.
- 주택지의 토지 표면은 배수가 잘되고 건조하여야 한다.
- 지하수는 3m 이상 깊이 파야 하며 양질의 지하수를 얻을 수 있어야 한다.
- 일광, 채광, 통풍이 잘 되어야 한다.
- 한 사람의 최소한 공간은 10m^3 이상은 되어야 한다.
- 주택 사이의 공터가 충분해야 한다.
- 단층일 경우에는 공지와 대지의 비율이 3:2 정도이며 이층일 경우 공지와 대지의 비율은 5:5 정도이다.

🌸 채광의 조건

창문	• 창의 설치 방향은 남향이 좋다. • 창의 높이는 높을수록 좋다. • 벽 높이의 1/3 정도, 벽 면적의 1/3 정도 • 방바닥 면적의 1/5~1/7 정도
입사각	• 창문을 통해 빛이 들어올 수 있는 각도 28° 이상(대향 물체가 없을 때)
개각	• 창문을 통해 빛이 들어올 수 있는 각도 • 4~5° 이상 (대향 물체가 있을 때)
천공광	• 북쪽 창에서 들어오는 직사 광선 이외의 빛

조도는 밝기의 정도를 나타내며 조도의 단위는 Lux(룩스)이다.

🌸 조명의 종류

종류	설명	예
전체 조명	전체적으로 밝게 하는 조명	강당, 가정
부분 조명	정밀 작업 시 부분을 밝게 하는 조명 (왼쪽 방향의 전방에 두는 것이 좋다)	스탠드
직접 조명	빛을 직접 들어오게 하는 방법	서치라이트
간접 조명	반사된 빛을 이용한 방법	형광등

- 직접 조명보다는 간접 조명이 좋다.
- 형광등 〉 백열등(수명과 효율 2~3배)

🌸 조명의 조건

- 눈이 부시지 않고 그림자가 생기지 않아야 한다.
- 폭발이나 화재의 위험이 없어야 한다.
- 깜박거림이나 흔들림이 없이 조도가 균등해야 한다.
- 취급이 간단해야 한다.
- 색은 주광에 가까운 것이 좋다.

미용실의 조명	75Lux 이상
정밀 작업 시 조명	200~1,000Lux 정도

2-4 일광

가시광선

우리 육안으로 식별되는 색(빨주노초파남보)의 범위이며 직사일광, 천공광이라고 한다. 파장이 400~800nm 사이의 파장이다.

자외선 (건강선, 도르노선, 화학선)

파장이 220~320nm(단파장)이며 피부 색소 침착, 피부암 유발, 눈에 심한 작용은 결막과 각막에 손상을 줄 수 있다. 살균 작용(여드름 치료에 효과적)과 비타민 D를 생성시켜 구루병을 예방한다.

건강선	에르고스테론을 비타민 D로 환원시켜 구루병 예방
화학선	살균 작용, 소독에 이용, 비타민 D 생성
도루노선	스위스 도루노가 발명

적외선

파장이 650~1,400nm(장파장)로 피부 보호 작용(타박상, 외상 치료, 종기에 좋다), 피부 혈액 순환 증진 효과를 주기도 하지만 심하게 작용하면 일사병, 백내장을 유발한다.

2-5 의복 위생

의복 착용의 목적

의복의 착용 목적은 미관상, 신체 보호 및 신체 청결, 체온 조절, 표식(구별)에 있다.

의복의 위생적 조건

의복을 입었을 때 온도 조절의 측면에서 체온(36.5℃)을 유지하는 것이 좋으며 때가 덜 타고 세탁이 용이한 것이 좋다. 가볍고 질감이 우수해야 하며 느낌이 좋은 것이 좋다.

의복으로 인한 질병

피부병, 트리토마(수건), 안질, 결핵, 백일해, 장티푸스, 폐렴, 이질(속옷), 콜레라, 디프테리아 등이 의복에 의해 감염된다.

의복의 성질

- 의복은 함기성, 통기성, 흡수성, 보온성, 압축성, 내열성, 흡습성이 좋아야 한다.
- 함기성은 함기량이 크면 열 전도율이 작게 되어 보온력이 크게 된다.
- 통기성이 좋아야 체열을 발산시킬 수 있다. 체열의 발산이 없을 경우 땀과 분비물에 의한 악취가 날 수 있다.
- 흡수성이 큰 것이 좋으며 짙은 색이 흡수성이 더 크다.
  (흑색〉회색〉적색〉녹색〉황색〉백색)
- 보온성은 모직과 면직류가 좋다.
- 압축성이 크면 보온성도 크게 되며, 신체 동작도 편안하고 외부의 충격도 완화된다.
- 내열성은 의복도 열에 대해 강한 것이 좋다.
- 흡습성은 수증기를 흡수하는 성질이다.

의복의 재료

천연 섬유와 인조 섬유가 있다.

천연 섬유	동물성 섬유	견, 모직
	식물성 섬유	목, 면, 마직
인조 섬유	합성 섬유	나일론, 비닐론, 엑스란
	반합성 섬유	아세테이트
	재생 섬유	실크, 레이온

의복의 중량

- 의복의 무게는 체중의 10%가 넘지 않는 것이 좋다.
- 의복 무게 : 겨울〉여름, 남자〉여자
- 여름이 겨울보다 1kg 정도 가벼우며, 여자가 남자보다 1kg 정도 가볍게 입는다.

겨울	여름
체중의 5~7kg	체중의 2~4kg

3 환경 위생

3-1 물

물은 인체의 65%를 차지하며 10~15% 상실(탈수 현상), 20%이상 상실(신체 이상)시 이상이 오게 된다. 1일 물의 필요량은 2.0~2.5ℓ이다.

🍀 수질 오염의 지표 – 대장균 수

대장균이 수질 오염의 지표로 이용되는 이유는 대장균은 자체가 유해 세균이며 검출 방법이 용이하고 정확하기 때문이다. MPN으로 표시되고 수질 검사시 의뢰할 때의 채수병은 완전멸균된 갈색병이다.

🍀 먹는 물의 구비 조건

- 무색 투명, 무미, 무취할 것
- 경도 300mg/ℓ (ppm)을 넘지 않을 것
- 2도의 탁도를 넘지 않을 것
- 4도의 색도를 넘지 않을 것
- 대장균수는 물 50cc 중에 검출되지 않을 것
- 세균수 1cc 중 100을 넘지 않을 것

🍀 물에 의한 질병

- 수인성 감염병에는 장티푸스, 콜레라, 이질, 파라티푸스, 유행성 간염 등이 있다.
- 수인성 기생충에 의한 질환으로는 간디스토마, 폐디스토마, 회충, 편충, 구충, 주혈흡충증 등이 있다.
- 화학 물질에 의한 질병

이따이이따이병	카드뮴에 의한 중독(광산 지역 하천에 의한 오염 식물 섭취)
미나마타병	수은에 의한 중독(산업 폐수에 의한 오염 어폐류 섭취)
반상치(반점후석화)	불소 함량이 많은 물의 섭취
우치(삭은 이)	불소 함량이 없는 물의 섭취(우치 예방 수중 불소량 : 0.8~1.0ppm)
청색아	질산성 질소에 의한 중독

🍀 물의 역할

음식물의 소화, 운반과 흡수를 돕고 노폐물 제거와 배설에 도움을 주며 호흡, 순환, 체온 조절과 유지를 돕는다.

🍀 먹는 물(음료수)의 소독법

자비 소독	물을 끓이는 방법(가정에서 주로 이용)
여과법	불완전 소독법(바이러스 통과)
자외선	일광에 의한 소독
오존	탈취 작용, 바이러스에 효과적
염소 소독	상수도(염소 소독) – 우리나라 상수도법에 명시
표백분	우물물, 풀장 등 대량 소독에 적합

3-2 상수도

우리나라 상수도법에는 염소(Cl_2)로 소독하도록 되어있다.
정수 과정은 침전 → 여과 → 소독(염소) → 급수이다. 상수도의 급속 여과 시 사용되는 약품은 액체 염소이다.

염소(Cl_2) 소독

- 유리 잔류 염소량은 0.2ppm 이상(감염병 발생시 유리 잔류 염소량은 0.4ppm 이상)이고 결합 잔류 염소량은 1.5ppm 이상이다. 잔류 염소량은 물 속에 염소를 넣은 후 일정 시간 경과 후 남아있는(유리되어 있는) 염소의 양이다.
- 염소(Cl_2)소독의 장·단점

장점	• 소독 효과가 빠르다. • 침전물이 생기지 않는다. • 주입시 조작이 간편하다.
단점	• 냄새와 맛을 느끼게 하며 독성이 강하다.

표백분 소독(클로르칼크 소독)과 오존 소독

우물물, 풀장과 같은 대량 소독이 필요한 경우에 적합하고 가정용수에는 끈기가 있는 흰가루를 사용한다. 오존 소독은 탈취 작용 및 바이러스에 효과적이다.

3-3 하수도

하수는 인간의 생활과 산업으로 인해 생기는 오수 및 빗물, 즉 쓰지 못하는 물을 말한다. 하수에는 오수(공장 폐수를 포함한 모든 더러워진 물)과 천수(눈, 비)가 있다.

하수 처리

::하수 처리 과정::

예비 처리 → 본 처리 → 오니 처리 순이다.

::예비 처리::

예비 처리는 큰 부유 물질을 제거하고 광물질의 부유 물질(토사 등)을 침전 제거하며 침전법이나 황산 알루미늄을 이용한 약품 침전법을 이용한다.

::본 처리::

혐기성 처리	• 산소가 없는 상태로 혐기성 미생물의 작용에 의해 수중의 유기물을 분해하는 것 • 최종 산물 : 물, 탄산가스, 메탄, 암모니아 • 악취가 난다. • 처리 방법(소규모 처리) : 부패조 탱크, 임호프 탱크 • 임호프 탱크는 하수의 부패를 방지(침전실과 침사실로 분리) • 액체와 고체의 분리와 부패 작용을 한다.
호기성 처리	• 살수 여과법과 활성왜법(활성 오니법), 촉여상법, 곤계법, 산화지법 등이 있다. • 살수 여과법(분수식) • 활성왜법(촉진왜법)은 충분한 산소를 촉진하므로 무기질과 가스로 변화되고 살균되며 부유물이 응집되어 용이하게 침전하는 방법이다.

::오니 처리(마무리 단계)::

- 마지막 단계의 처리
- 지역과 종류에 따라 처리하는 방법이 다르다.
- 육상 투기, 해양 투기, 사상 건조법, 퇴비화, 소화법 등이 있다.

하수 처리의 목적

감염병이나 질병의 전파를 방지, 생활 환경의 청결과 악취 발생 방지, 상수도원의 오염 방지, 자연 환경 파괴 방지, 위생 해충이나 쥐들의 서식 방지, 어류의 패사 방지를 위한 목적이다.

::BOD량(생물학적 산소 요구량)::

- 유기물을 분해시키는데 소모되는 산소량
- 하수 오염을 측정하는데 주로 사용
- ppm으로 표시하며 수치가 높다는 것은 부패성 유기물질이 물속에 많다는 것을 의미(하천방류시 30ppm 이하)

::DO량(용존 산소)::

- 수중에 용해되어 있는 산소로 용존 산소는 수치가 클수록 좋다.
- 하수 중의 용존 산소량(DO)은 하수 처리 및 방류 후 하천에 미치는 영향을 알아보는데 중요하다.
- 어류 생존에 DO는 5ppm 이상(BOD는 5ppm 이하)
- DO의 부족시 혐기성 부패에 의해 메탄가스 발생과 악취가 발생한다.

::COD(화학적 산소 요구량)::
- 호수나 해양 오염의 지표로 사용
- 산화제에 의해 산화되는데 소비되는 산소량

3-4 오물

분뇨 처리법

분뇨를 비료로 사용할 경우에는 충분히 부식한 뒤 사용하며 부식 기간은 여름엔 1개월, 겨울엔 3개월간이다. 생석회는 인분 소독 시 경제적이고 효력이 있는 약품이며 분뇨의 위생적 처리 목적은 수인성 감염병의 예방, 소화기계 감염병의 예방, 기생충 질환 예방에 있다.

폐기물(진개) 처리법

폐기물의 처리에는 매립법과 소각법, 비료화법, 사료법이 있다. 소각법은 태우는 방법으로 가장 확실한 방법이며 매립법은 땅에 묻는 방법이고 폐기물의 매립 후 그 자리를 주택지로 사용하려면 20년은 경과해야 한다.

복토(매립 후 흙을 덮는 것)	
1일 복토	15cm
중간 복토	30cm(7일 이상 작업 중단 시)
최종 복토	60cm(단, 식생대층)

3-5 구충, 구서

구충, 구서 예방

대상 동물의 발생원 및 서식지를 발생 초기에 제거하고 대상 동물의 습성이나 상태를 파악한 후 광범위하게 동시에 실시한다.

: : 위생 해충이 전파하는 감염병 : :

위생해충, 쥐	전파 감염병
모기	• 말라리아, 일본뇌염, 사상충증 • 구제법 : 산란 장소의 소멸, 살충제 살포
파리	• 파라티푸스, 장티푸스, 이질, 콜레라 • 구제법 : 방충망, 살충제, 끈끈이 테이프 등
바퀴벌레	• 살모넬라증, 장티푸스, 이질, 콜레라 • 구제법 : 붕산, 아비산을 빵, 곡물에 묻힘
이	• 발진티푸스, 재귀열, 페스트 • 구제법 : 살충제 살포
진드기	• 유행성 출혈열, 페스트, 발진열
벼룩	• 페스트, 발진열 • 구제법 : 주거 청결, 쥐를 없애고 일광 소독
쥐	• 유행성 출혈열 • 구제법 : 쥐약, 쥐덫, 살서제(독), 천적인 고양이와 족제비에 의한 구제

4 식품 위생과 영양

4-1 식품 위생

식중독은 상하거나 부패 식품을 섭취함에 의해 중독이 일어난 것을 말하며 일반적으로 단백질의 부패로 일어난다. 식품에 의한 질병은 세균성 식중독, 기생충증, 화학물질 중독 등이 있다. 식중독의 종류에는 자연 식중독, 화학성 식중독, 세균성 식중독, 알레르기성 식중독이 있다.

❀ 식물성 식중독(자연 식중독)

자연에 의해 나타나는 식중독이다.

식물성 중독		동물성 중독	
중독 종류	일으키는 요소	중독 종류	일으키는 요소
독버섯 중독	무스카린	복어 중독	테르로도톡신
감자 중독 (감자싹 부분)	솔라닌	모시 조개	베니루핀
청매 중독 (설익은 매실)	아미그달린	섭조개, 홍합	삭시톡신
맥각 중독 (보리, 밀)	에르고톡신		

독미나리(뿌리 부분)는 시큐톡신, 독맥(독맥의 이삭) 중독은 테물린, 황변미 중독은 페니실리움 속의 균, 모시 조개, 검은 조개, 홍합, 굴 등에 의해 나타는 중독은 패류 중독이라고 한다.

🍀 화학성 식중독

화학적인 것에 의해 나타나는 식중독이다.

유해 첨가물	인공 감미료, 방부제, 살균제, 착색제, 방충제 등
유해 금속	납, 구리, 비소, 메틸 알코올 등
농약 및 살충제	DDT, 파라티온, 린덴 등

🍀 세균성 식중독

여름과 초가을에 많이 발생하며 전체 식중독의 80%을 차지한다. 감염 경로는 식품을 통한 인체 감염이다. 감염형 식중독과 독소형 식중독이 있다.

감염형 식중독	
장염 비브리오 식중독	• 발병률(30~95%)이 가장 높다. • 해수, 어패류, 플랑크톤 등에 의해 감염 • 잠복기 : 1~26시간
살모넬라증	• 발병률(10~75%)로 높은 편이다. • 육류, 어류, 유류가 원인 식품 • 잠복기 : 12~48시간 • 증세 : 급성 위장염 증세를 나타낸다.
병원성 대장균 식중독	• 병원성 대장균에 오염된 식품이 원인 • 잠복기 : 10~30시간 • 증세 : 두통, 발열, 설사, 복통

독소형 식중독	
포도상구균 식중독	• 발병률이 높다(장염 비브리오균 보다는 조금 낮다). 치명률은 낮다(거의 없다) • 우유 및 유제품, 떡, 김밥, 도시락 등이 원인 식품 • 증세 : 심한 설사, 취급자의 화농된 소에 의해 감염된다. • 잠복기 : 1~6시간
보툴리누스균 식중독	• 치명률(30~70%)이 가장 높다. • 육류 및 소시지, 통조림 식품 등 밀봉 식품 • 증세 : 중추 신경 마비, 호흡 곤란(생명 위협) • 혐기성 상태에서 분비된 독소에 의한다.
웰치균 식중독	• 수육, 수육 제품이 원인 식품 • 증세 : 구토, 설사, 복통(생명에 지장없음) • 잠복기 : 10~12시간

🍀 알레르기성 식중독

특이 체질에 주로 나타나며 음식물(계란, 우유, 새우, 조개류 등)을 통해 두드러기나 설사, 구토 및 두통이 있다.

🍀 식중독의 예방

- 조리실이나 식품 저장실, 기구, 손의 위생 상태 등 세균에 의한 오염을 방지해야 한다.
- 생으로 먹는 음식을 피하고 가열 살균 음식을 먹는다.
- 식품의 보관 상태를 잘하여 세균에 의한 증식과 발효를 억제한다.
- 보건 교육을 통한 위생 관리에 힘쓴다.

4-2 영양

건강과 생명 유지를 위해서 섭취하는 성분이다.

🍀 3대 영양소와 3대 작용

열량소	• 단백질, 지방, 탄수화물(3대 영양소) • 열량 공급 작용
구성소	• 단백질, 지방, 탄수화물, 무기질(4대 영양소) • 인체 구성 작용
조절소	• 단백질, 지방, 탄수화물, 무기질, 비타민(5대 영양소) • 인체 구성 조절 작용

- 물도 영양소로서 신체의 생리 기능 조절 작용을 한다.

🍀 영양소

탄수화물	• 지방과 함께 활동 에너지원이다. • 포도당으로 분해하여 소장에서 흡수된다(1g당 4칼로리).
단백질	• 발육성장에 큰 도움을 주며 파괴된 조직세포를 새로 보충해 준다. • 필수 아미노산은 하나라도 결핍이 되어선 안된다. • 아미노산의 형태로 변해서 소장에서 흡수한다(1g당 4칼로리).
지방	• 글리세린의 형태로 소화 분해되어 소장에서 흡수된다. • 인체 구성과 에너지원으로서의 작용을 한다(1g당 9칼로리).

비타민	수용성 비타민(B, C)	• 비타민 B : 비타민 B,의 부족시 각기병(쌀의 배아, 두부) 비타민 B₂는 리보플라빈이라 하며 부족하면 구각염, 염증, 피로가 유발(우유, 쇠고기, 야채, 계란에 많이 함유) • 비타민 C : 부족시 괴혈병(야채, 과실에 많으며 열에 가장 약함)
	지용성 비타민(A, D, E, F, K)	• 비타민 A : 야맹증, 피부건조, 각막연화증(계란, 간유, 버터, 유색채소, 뱀장어에 많이 함유) • 비타민 D : 부족시 구루병(담고버섯, 효모) • 비타민 E : 부족시 불임증(두부, 유색채소에 많이 함유)

5 인구와 가족 계획 및 모자 보건

5-1 인구

일정한 기간 일정한 지역에서 생존하는 인간 집단

🍀 인구 조사

출생이나 사망, 이동 등에 의해서 변동되는 인구를 어떤 일정 기간 동안 조사해서 나타난 상태를 인구 상태라하며 우리나라에서의 인구 조사는 5년마다 이루어지고 있다.

🍀 인구의 증가

자연 증가는 출생자에서 사망자를 뺀 숫자이며 사회적 증가는 전입자의 숫자에서 전출자의 숫자를 뺀 것이다. 자연 증가에서 사회 증가를 합한 것이 인구의 증가이다.

🍀 연령별 인구 구성 형태

피라미드형	• 인구 증가형이며 후진국형이다. • 사망률이 출생률보다 낮다.
항아리형	• 인구 감퇴형으로 선진국형이다. • 출생률이 사망률보다 낮다.
종형	• 인구 정지형으로 가장 이상적이다. • 출생률과 사망률이 모두 낮다.
별형	• 도시형으로 15~49세의 인구가 가장 많다.
호로형	• 농촌형으로 15~49세의 인구가 가장 적다. 유출형이라고도 한다.

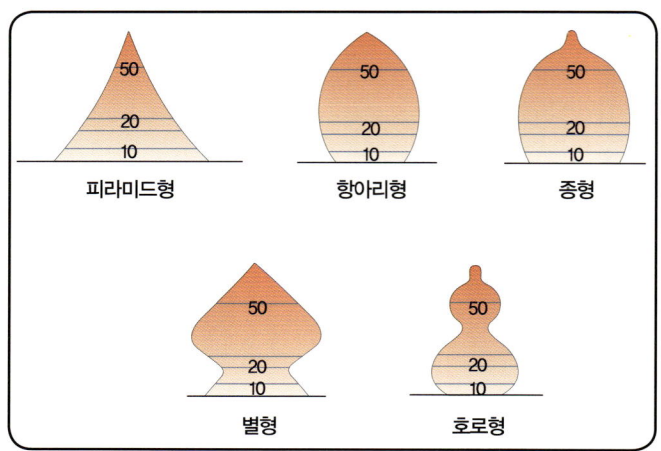

5-2 가족 계획

가족 계획(출산 계획)은 결혼이나 출산에 의한 가족 사항을 계획하는 것으로 낳고 싶을 때 자녀를 낳아 기르는 것에 대한 계획이다.

5-3 모자 보건

::모성 사망의 주요 원인::

- 임신 중독증, 출산 전·후의 출혈, 자궁외 임신, 유산, 산욕열
- 모성 보건의 3대 사업 목표 : 산전 관리, 산욕 관리, 분만 관리
- 영·유아 사망의 3대 원인 : 폐렴, 장티푸스, 위병

6 공해와 산업 보건

6-1 공해

국민의 건강이나 생활 환경에 피해를 주는 요소로 오염 물질로는 매연, 먼지, 가스 등 대기 중에 배출되어 오염의 요인이 되는 물질이다. 소음 공해가 진정 건수가 가장 많은 공해이다.

6-2 대기 오염

- 대기 오염의 종류에는 CO(일산화탄소), CO_2(이산화탄소), SO_2(아황산가스), 매연, 분진 등이 있다.

- 대기 오염의 발생 원인은 교통기관의 배기가스, 화학 공장 등의 매연이나 가스, 석탄, 석유의 불완전 연소이다.
- 대기 오염의 피해로는 인체의 피해(호흡기, 피부, 눈), 식물의 피해(SO_2에 의한 동물과 식물의 피해), 물질의 피해(건축 재료나 금속의 훼손과 부식), 경제적 손실과 정신적인 영향, 자연 환경의 변화가 있다.
- 대기 오염 방지법에는 공장의 이전이나 인구의 분산, 녹지대 조성이 있으며 높은 굴뚝에 의한 매연의 확산은 오탁도를 낮게 한다.

6-3 산업 보건

산업 보건의 과제는 작업 환경의 개선, 산업 심리와 산업의 합리화, 근로자의 영양 관리, 여성과 소년 근로자의 보호, 산업 보호 기구, 산업 재해, 직업법, 산업 보건 관리 등이다.

산업 보건의 목표
- 근로자의 정신적, 육체적, 사회적 복지의 증진과 유지이다.
- 직업적인 질병의 예방과 사고 예방으로 능률의 향상과 생산성 확보를 유지한다.
- 산업의 작업 조건이나 작업장의 환경 관리로 유해 물질로 인한 건강 훼손을 방지한다.

주 직업병

::직업의 특성에 따라 나타나는 질환 및 질병::

규폐증	• 채광, 석공, 초기 작업장에서 발생한다. • 폐의 기능 장애로 유리 규산이 원인이다.
석면폐증	• 금속 광산, 주물공(석면이 원인)
탄폐증	• 오래된 광부(석탄이 원인)
활석폐증	• 페인트공, 활석 채취공(활석이 원인)
열중증	• 이상 고온 장애, 용광로공이나 화부 등에 잘 발생, 복사열이 강한 지역이나 고온, 고습한 환경에서 작업할 경우(체온 조절 부족, 수환 기능의 상실, 수분이나 식염의 손실) • 증세 : 경련이나 열, 일사병
납 중독	• 폐로 흡입되며 마비와 관절통 증상
수은 중독	• 미나마타병
카드뮴	• 아타이이타이병(공장 폐수), 만성 중독일 경우에는 폐기종, 신장 장애, 단백뇨 증상
잠함병	• 고기압일 경우(잠수부)
고산병	• 저기압일 경우(비행사)
난청	• 기계공, 조선공(소음에 의한 증상)
근시안	• 인쇄 식자공, 시계공, 탄광부 등에 발생, 불량 조명이 원인

🍀 산업 피로의 원인
- 작업의 강도와 지나친 시간
- 휴식 시간의 부족
- 수면 시간의 부족
- 작업하는 자세가 나쁘거나 심리적인 요인

6-4 소음
- 소음의 단위는 phon(폰)과 음의 강도를 나타내는 dB(데시벨)이 있다.
- 소음에 의한 장애에는 일상 생활에 장애, 신체적인 장애, 정서적인 장애가 있다.
- 환경 보존법에서의 소음 허용 한계는 40dB이다. 일반 주택에서의 소음 허용 한계는 낮에는 60phon이며 밤에는 50phon이다.

6-5 화상

1도 화상	피부 표면의 색이 붉게 변하는 정도
2도 화상	물집이 생기는 정도
3도 화상	피부에 흉터가 남는 경우

7 질병 및 기생충 질환(숙주)

7-1 질병

질병에는 내인병과 외인병이 있으며 내인병에는 유전병(색맹, 혈우병, 정신병), 당뇨병 등이 있고 외인병에는 화상, 동상, 외상, 기생충병 등이 있다.

🍀 면역
- 선천적 면역과 후천적 면역이 있다.

선천적 면역 (자연 면역)	• 인종과 종족 등 개인차이가 있다.
후천적 면역	• 자연 능동 면역(병의 감염 후 자연적으로 면역이 생긴다) • 인공 능동 면역(예방 접종으로 획득한 면역) • 자연 수동 면역(태아성이나 모유를 통해 생기는 면역) • 인공 수동 면역(면역 혈청)

❁ DPT
디프테리아(D), 백일해(P), 파상풍(T)을 말한다.

❁ BCG 접종(결핵 예방 접종)
생후 4주 이내에 가장 먼저 기본적으로 하는 접종이며 결핵 관리에 효율적인 방법이다.

| 환자의 조기 발견(엑스레이 관찰-직찰-객담검사) |
| BCG 예방 접종 |
| 환자의 상태 및 감수성 검사 후 치료 |

❁ 예방 접종
- BCG(결핵)는 생후 4주 이내에 접종
- D.P.T(디프테리아, 백일해, 파상풍)와 소아마비(폴리오) 기본 접종은 2개월, 4개월, 6개월에 걸쳐 3회 실시하며 이후 18개월에 추가 접종
- 홍역, 풍진, 볼거리는 생후 15개월에 접종
- 일본뇌염은 3~15세에 접종

❁ 백신
사균, 약독생균, 톡소이드, 세균 자체로부터 성립되는 항원으로 면역되는 병원성 미생물을 제거한다.

7-2 질병의 원인별 분류

❁ 선천적 또는 접촉 감염에 의한 질병
- 감염 : 매독(성병), 두창(천연두), 풍진 등이 있다.
- 비감염 : 혈우병, 고혈압, 당뇨병, 알레르기, 시력 및 청력 장애, 정신 발육 지연 등이 있다.

❁ 식습관에 의한 질병
- 과식 : 비만증, 심장 질환, 고혈압, 당뇨, 관절염 등이 있다.
- 식염 과다 : 고혈압이 있다.
- 폭식, 폭음, 불규칙한 식사 : 위암, 간암이 있다.
- 영양의 결핍 : 각기병, 괴혈증, 구루병, 펠라그라증 등이 있다.

🍀 공해로 인한 질병

미나마따병(수은 중독), 이타이타이병(카드뮴 중독), 폐암(자동차 배기가스에 의한 대기 오염), 만성 기관지염 및 천식(아황산가스 등의 대기 오염)이 있다.

7-3 기생충 질환

기생충 질환의 원인과 예방은 비위생적인 일상 생활, 비과학적 식생활 습관, 분변의 비료화와 비위생적 영농 방법이 원인이며 손씻는 습관과 위생적인 생활로 감염이 차단된다.

🍀 선충류

회충	• 기생충 중에서 가장 많이 발생(우리나라) • 감염 경로 : 오염된 손, 생야채, 파리, 음료수에 의한 경구 감염 • 증세 : 발열, 구토, 소화 장애, 식욕 이상, 복통 • 예방 : 분변의 합리적 처리, 청정 채소, 정기적인 구충제 복용, 위생적 생활 습관 등
요충	• 4~10세 어린이의 집단 감염(동거 생활자 유의) • 감염 경로 : 불결한 손이나 음식물을 통해 성숙 충란이 경구로 침입 후 맹장에서 기생하여 45일 전후면 항문 주위에 나와 산란 • 증세 : 항문 주위의 소양증과 습진이 생김 • 예방 : 집단 구충제 복용, 내의 및 손의 청결과 침실 소독이 필요
편충	• 가장 감염률이 높다(우리나라).
구충	• 십이지장충이라고도 한다. • 감염 경로 : 경피, 경구로 침입 • 예방 : 맨발로 작업 금지, 밭의 분변 사용 금지, 음식은 가열, 채소는 5회 이상 흐르는 물에 씻기

🍀 조충류

무구조충증과 유구조충증이 있다.

무구조충 (민 촌충)	• 감염 경로 : 오염된 풀 → 소 → 사람 • 증세 : 불쾌감, 식욕 부진, 소화 불량, 상복부 동통 등 • 예방 : 쇠고기는 충분히 익혀서 먹는다.
유구조충 (갈고리 촌충)	• 감염 경로 : 충란으로 오염물 → 돼지 → 사람 - 증세 : 두통과 설사, 식욕부진, 소화불량 등 - 예방 : 돼지고기를 완전히 익혀서 먹는다.

🍊 무구조충은 소가 중간 숙주이며 사람이 마지막 숙주이다.
🍊 유구조충은 돼지가 중간 숙주이며 사람이 마지막 숙주이다.

흡충류

간디스토마증 (간흡충증)	• 제1중간 숙주는 왜우렁이 • 제2중간 숙주는 잉어, 참붕어, 피라미 • 경구 침입 • 인체 기생 부위는 담관을 통해 간장에서 기생(간에 침입) • 인체 감염형은 피낭유충
페디스토마증 (폐흡충증)	• 제1중간 숙주는 다슬기 • 제2중간 숙주는 가재, 게 • 복강에서 횡격막 뚫고 폐에 침입
요꼬가와흡충증	• 제1중간 숙주는 어패류, 다슬기 • 제2중간 숙주는 민물고기(은어) • 모세혈관이나 림프관에 침입

원충류

이질 아메바증은 경구 침입(분변을 통한 식품으로 감염)이며 질트리코모나스증은 목욕탕, 변기, 불결한 성행위 등으로 감염되고 경피 감염 기생충에는 십이지장충(구충), 말라리아원충이 있다. 중간 숙주가 없는 기생충은 회충, 구충, 편충, 요충이다.

소독 및 감염병학

1 미생물의 증식 환경

1-1 미생물의 역사

미생물이란 육안으로 보이지 않는 미세한 생물체를 말한다.

❋ 신벌설

고대인들은 병이나 질병은 죄를 지은 사람에게 내려지는 신의 벌이라고 생각한 설(이집트 종교설)이다.

❋ 아리스토텔레스

감염성이 있는 병을 인정했다(홍역, 눈병, 광견병).

❋ 히포크라테스

의학의 시조로 오염된 공기가 병의 원인이 되는 것(미애즈머설)을 주장했다. 미애즈머설은 오염된 공기가 병의 원인이라는 설이다.

❋ 프라카스트로

감염은 접촉에 의한 것과 매개에 의한 것, 일정한 거리가 있어도 감염이 되는 것 등을 나누고 제미나리아설을 주장했다. 제미나리아설은 접촉에 의해 감염이 된다는 설로 접초 매개(병을 옮기는 물체)는 일정한 거리를 두고 감염한다는 것이다.

❋ 미생물 발견(17C~18C)

보일	부패와 병이 관련 있음을 주장(1663년)
레벤훅	확대경으로 미생물을 최초로 발견(1675년)
스팔란자니	생물의 자연 발생설 부정(1765년)

🍀 파스퇴르(19C)

근대 면역학의 아버지(프랑스의 세균 면역학자)로 저온 살균법을 고안했다.

🍀 리스트(19C)

수술에 최초로 화학적 소독법(석탄산)을 응용했다.

🍀 쉼멜부시(19C)

외과용 재료를 증기 소독으로 소독을 실시했다.

1-2 세균의 형태

대부분의 병원성 세균은 형태에 따라 구균, 간균, 나선균으로 나누어진다. 기생 형태에 따라 세포내 기생형과 자유 생활형으로 나눈다.

🍀 구균(코커스)

세포의 형태가 둥근 모양(구상)이며 폐렴 쌍구균, 화농성·포도상구균, 용혈성 연쇄구균이 있다.

🍀 간균(바실러스)

세포의 형태가 간상(또는 곤봉상)이며 연쇄성 간균이 있다.

🍀 나선균(스필룸)

세포의 형태는 나사 모양(가늘고 길게 만곡된 모양)이고 매독균의 원인이 되는 균이며 초음파 살균에 효과적인 미생물이다.

1-3 세포

핵	균의 유전과 생명에 밀접한 관계가 있어 증식에 중요한 역할을 한다.
세포질	콜로이드 공질로 형성, 균의 발육에 따라 과립상으로 변화한다.
세포막	영양을 흡수하고 균체에 공급하거나 보호 역할을 하는 균체를 둘러싼 막이다.

🍀 아포

세균이 막에 쌓여있는 균으로 내구형 열과 약품에 저항력이 강하다.

🍀 편모
세균의 운동 기관이며 단모균, 양모균 총모균, 주모균이 있다.

1-4 병원성과 비병원성 미생물
병을 일으키는 병원성 미생물과 병을 일으키지 않는 비병원성 미생물이 있다.

🍀 병원성 미생물
우리 몸속에서 병적인 반응과 증식하는 미생물로 병원성 미생물의 종류에는 티푸스균, 결핵균, 포도상구균, 이질균, 페스트균, 광견병이 있다.

🍀 비병원성 미생물
병원성이 없는 미생물을 말한다.

🍀 유익한 미생물
미생물에는 술이나 된장, 간장에 이용되는 발효균과 효모균 등 유익한 미생물도 있다.

🍀 병원성 미생물의 크기
병원성 미생물의 크기는 스피로헤타 > 세균 > 리케차 > 바이러스(비루스)의 순이다.

:: 바이러스(Virus) ::
- 바이러스는 살아있는 세포 내에서만 증식한다.
- 세균 여과기를 통과한다.
- 가장 작다(구조가 가장 간단하다).

1-5 미생물의 증식 환경
미생물이 살아가기 위해서는 습도, 온도, 영양, 광선, pH가 잘 맞아야 한다.

🍀 영양소
탄소와 질소원, 무기염류, 발육장소 등이 충분히 공급되어야 한다.

수분

미생물의 발육과 증식에는 미생물마다의 특색에 따라 다르며 일반적으로 40% 이상이 있어야 한다.

온도

병을 일으키는 병원균은 대부분 28~38℃에서 가장 활발한 증식을 보인다.

저온균	15~20℃
중온균	27~35℃
고온균	50~65℃

산소

호기성균	• 산소가 필요한 균 • 결핵균, 백일해균, 디프테리아균, 녹농균이 있다.
혐기성균	• 산소를 필요로 하지 않는 균 • 파상풍균, 가스괴저균, 박테리오이데스균속이 있다.
통기성균	• 산소의 유무에 관계없이 증식하는 균 • 산소있을 시 더 잘 증식하는 균(살모넬라, 용연구호, 포도상구균 등)

습도

모든 미생물과 세균들은 번식에 높은 습도를 필요로 한다. 건조한 상태가 세균을 죽이거나 증식을 정지시키지는 못한다. 건조한 상태에서도 강한 균은 아포균, 결핵균이며 건조해지면 잘 죽는 균은 수막염균과 임균 등이 있다.

pH(수소 이온 농도)

세균 증식에 가장 적합한 수소 이온 농도는 pH 6.0~8.0이다. pH는 물(증류수)이 중성, 1~14까지의 숫자로 나타낸다. 작은 숫자로 갈수록 산성이며 숫자가 높을 수록 알칼리 성분이 강한 것이다. 대부분의 병원성 세균은 pH5.0 이하의 산성과 pH8.5 이상의 알칼리에는 잘 자라지 못하며 최적 수소 이온 농도는 중성이다.

강산성 알칼리	pH 5.0~5.5
약산성 알칼리	pH 6.0~6.5
중성 약알칼리	pH 7.0~7.5
강 알칼리	pH 8.0~8.5

❋ **광선(직사광선)**

직사광선은 일부 세균을 몇 분 또는 몇 시간 안에 사멸한다.

2 소독의 정의

청결	이물질 제거, 소독된 상태는 아님
소독	약한 살균 작용으로 세균의 포자에까지는 작용 못함
살균	물리, 화학적 작용에 의해 급속하게 죽이는 것
멸균	병원성, 비병원성 미생물, 포자를 가진 것을 전부 사멸 또는 제거하는 것
방부	병원성 미생물의 발육과 작용을 정지하거나 제거시켜 부패와 발효를 방지하는 것
침입	세균이 인체에 진입하는 것
감염	병원체가 인체에 들어가 발육 증식
오염	물체의 내부 표면에 병원체가 붙어 있는 것

2-1 소독의 조건

❋ **일반적인 소독 조건**
- 소독방법이 간편하고 효과가 확실하며 단시간의 소독이 되어야 한다.
- 인체에 무해, 약품의 변질이 없어야 한다.
- 소독 대상물에 맞는 소독법을 실시해야 한다.
- 충분한 양, 저렴한 가격, 경제적이어야 한다.

❋ **능률적 조건**
- 약품 소독 시 처리 부분에 충분히 접촉되게 해야 한다.
- 능률적인 소독을 위해서는 수분, 온도, 농도, 작업 시간을 고려해야 한다.

❋ **소독과 도구**
- 더러워진 도구는 소독을 해야 한다.
- 일회용 도구는 일회용으로만 사용한다.

3 소독약 및 대상별 소독법과 소독액 농도 표시법

3-1 소독약

🍀 대상별 소독법

수지 소독(손 소독)	역성 비누, 석탄산, 크레졸, 승홍수
배설물, 토사물	소각법, 석탄산, 크레졸, 생석회
금속 제품	에탄올, 자외선, 자비 및 증기 소독
서적, 종이	포름 알데히드 소독(가스체)
고무 피혁 제품	병원성 미생물의 발육과 작용을 정지하거나 제거시켜 부패와 발효를 방지하는 것
화장실, 쓰레기통, 하수구 소독	물체의 내부 표면에 병원체가 붙어 있는 것

🍀 소독약의 필요 조건
- 강한 살균력과 인체에 무해해야 한다.
- 취급 방법이 용이해야 한다.
- 소독할 대상물을 손상시키지 않아야 한다.
- 값이 저렴하고 냄새가 없고 생산이 용이해야 한다.
- 필요에 따라 내부 소독도 할 수 있어야 한다
- 단시간에 확실한 효과를 낼 수 있어야 한다.

🍀 소독약의 사용과 보존상의 주의사항
- 소독할 물체에 따라 적당한 소독약이나 소독 방법을 선정한다.
- 약품은 암·냉장소에 보관하는 것이 좋고, 라벨이 오염이 안되도록 한다.
- 병원 미생물의 종류, 저항성 정도, 멸균·소독의 목적에 따라 그 방법과 시간을 고려한다.
- 모든 소독약은 필요량 만큼씩 바로 사용해야 한다.

3-2 농도 표시법
- 용액 : 두 가지 이상의 물질이 섞여있는 액체
- 용매 : 용질을 용해시키는 물질
- 용질 : 용액 속에 용해되어 있는 물질

::용액(희석액)::

- 퍼센트(%) = 용질/용액×100
- 퍼밀리(‰) = 용질/용액×1,000
- 피피엠(PPM) = 용질/용액×1,000,000

::희석배::

용질량 × 희석배 = 용액량, 희석배 = 용질/용액

3-3 살균 작용의 기전

- 산화에 의한 작용 : 과산화수소, 염소, 오존
- 균체 효소계의 침투 작용 : 석탄산, 알코올, 역성 비누
- 균체 단백질의 응고 작용 : 산, 알칼리, 크레졸, 석탄산, 알코올, 중금속염
- 염의 형성 작용 : 중금속염
- 가수 분해 작용 : 강산, 강알칼리

4 물리적 소독

열이나 수분, 자외선, 여과 등 물리적인 방법을 이용한 소독법이다. 열을 이용한 멸균법에는 건열, 습열에 의한 방법이 있으며 열을 이용하지 않는 방법에는 자외선과 여과법이 있다.

습열	자비 소독, 고압 증기 멸균 소독, 유통증기 소독, 간헐 멸균 소독, 저온 살균
건열	화염 소독, 건열 소독, 소각 소독
자외선	일광 소독, 자외선 멸균법
여과	세균 여과법

4-1 습열에 의한 소독법

자비 소독법	• 100℃에서 15~20분 물에 넣어 끓인다. • 유리 제품은 끓기 전에, 금속 제품은 끓은 후 넣는다. • 열에 강한 포자균(아포형성균)은 사멸되지 않는다. • 탄산나트륨 1~2% 넣으면 금속 부식을 방지한다. • 사용되는 소독관은 쉼멜부시 소독기이다. • 식기, 의류, 도자기, 주사기 소독에 적합하다.

고압 증기 멸균법	• 아포를 포함한 모든 미생물을 완전히 사멸한다. • 10파운드 : 115.5℃에서 30분간 • 15파운드 : 121.5℃에서 20분간 • 20파운드 : 126.5℃에서 15분간 • 의류, 기구, 고무 제품, 거즈, 약액 멸균에 이용한다.
유통 증기 멸균법	• 아놀드나 코흐 증기솥을 사용하여 100℃에서 30~60분간 가열한다. • 고압 증기 멸균법에 부적합할 경우에 사용한다.
간헐 멸균법	• 유통 증기 소독법으로 멸균이 되지 않을 때 사용한다. • 100℃에서 15~30분간 24시간 간격으로 3회 실시(실내 온도 20℃를 유지).
저온 살균	• 프랑스 세균 면역학자 파스퇴르에 의해 고안 • 우유와 같은 식품소독에 이용한다. • 우유 살균 : 63~65℃에서 30분간(결핵균은 사멸되나 대장균은 사멸되지 않는다) • 포도주는 55℃에서 10분, 건조한 과일은 72℃에서 30분, 아이스크림 원료는 80℃에서 30분

4-2 건열에 의한 소독법

화염 멸균법	• 버너나 램프 이용 불꽃에 20초 이상 가열하면 물체에 붙어있는 미생물 멸균 • 유리 제품, 금속 제품, 불연성 물질
건열 멸균법	• 건열 멸균기에 넣어 160~170℃에서 1~2시간 가열하면 미생물 완전 멸균 • 유리 제품, 가위, 클리퍼, 주사기 등에 사용한다.
소각 소독법	• 태워서 없애는 방법으로 재생이 불가능하며 화재나 대기 오염의 문제도 고려되는 소독법이다. • 환자 분뇨, 죽은 동물, 병원 미생물에 오염된 것

4-3 자외선(290~320nm)

- 태양광선이나 자외선 등에 의한 소독법이다.
- 소독 시간은 오전 10시~오후 2시가 적당하다.
- 내부 소독은 불가능하며 고체의 표면이나 수술시, 무균실, 제약실에 이용된다.

4-4 여과법

- 세균 여과기를 통해서 세균을 제거하는 방법이다.
- 혈청이나 특수 약품, 음료수 등 가열이 불가능한 경우에 이용된다.

- 미생물의 파괴는 안 되지만 일부 제거는 할 수 있다.
- 바이러스의 통과로 불완전한 소독법이다.

5 화학적 소독

소독력이 있는 약제 사용으로 세균을 죽이는 방법으로 약제에는 석탄산, 알코올제, 염소, 생석회, 승홍수, 크레졸, 포름 알데히드, 포르말린, 머큐롬, 옥도정기, 과산화수소, 역성 비누, 계면활성제, 아크리놀 등이 있다.

5-1 석탄산(페놀)

- 사용 농도는 3%의 농도, 손 소독은 2% 농도 사용.
- 의류, 용기, 토사물, 오물 소독에 적합
- 살균력 지표로 많이 이용된다.
- 살균 작용으로는 세균 단백 응고 작용, 세포 용해 작용, 효소계의 작용이 있다.
- 무색이며 40℃ 이하에서 결정된다.
- 알코올과 혼합되면 소독력이 저하되고 식염을 첨가시키면 소독력이 증가한다. 고온에서도 소독력은 증가한다.

장점	단점
• 살균력이 안전하다. • 값이 저렴하고 사용 범위가 넓다(모든 균에 효과) • 오래 보관할 수 있다.	• 금속을 부식시킨다. • 피부 점막에 자극과 마비를 준다. • 바이러스와 아포에 대해서는 효력이 없다.

- 석탄산 계수는 특정 소독약의 희석배수/석탄산의 희석배수이다.

5-2 알코올제

- 50% 이하의 농도에서는 소독력이 약하고 70%~80%의 농도일 때 소독력이 강하다.
- 메틸 알코올은 산업용으로도 쓰이며 인체에 유해하다.
- 에틸 알코올은 술의 원료로 쓰이며 인체에 무해하다.
- 수지, 피부, 가위, 칼, 빗 등의 기구 소독에 이용된다.
- 사용 방법이 간편하고 독성이 거의 없어 아포형성균에는 효과가 없다.
- 알코올은 방부력을 갖고 있는 지용성으로 모낭 내에 있는 기름기를 녹이며 피부 속에 있는 세균까지도 멸균 가능하다.

장점	단점
• 사용이 용이하다. • 거의 독성이 없다.	• 값이 비싸다. • 아포형 세균에는 효과 없다. • 증발, 인화되기 쉽다. • 고무나 플라스틱을 녹인다.

5-3 염소(Cl_2)

- 염소제에는 염소, 표백분, 차아염소산 나트륨, 염소 유기 화합물이 있다.
- 표백분은 물속에서 발생기 염소를 발생시켜 수영장 소독에 주로 쓰인다.
- 음료수 소독엔 0.2ppm~0.4ppm(2mg/L~4mg/L)을 사용한다.

장점	단점
• 값싸고 독성이 적다. • 바이러스에 작용한다.	• 염소 자체의 자극 냄새가 있다. • 냉암소에 보관해야 한다. • 결핵균에는 살균력이 없다.

5-4 생석회

- 98% 이상의 산화칼슘을 포함하고 있는 백색의 분말로 고체 상태이다.
- 화장실 분변, 토사물, 하수도, 수도나 우물 주변, 쓰레기통의 소독에 적합하다.
- 물 소독에는 1/50의 희석으로 12시간 방치한다.
- 배설물은 30배의 희석으로 1~2시간 방치한다.
- 물이나 습기찬 장소에는 직접 가루를 뿌린다.

장점	단점
• 값싸고 독성이 적다. • 광범위한 소독에 적합하다.	• 매번 제조하는 번거로움 • 직물은 부식시킨다. • 소독력이 약해 아포에는 효과가 없다.

5-5 승홍수(염화제2수은)

- 점막에 자극성 강함, 0.1%(1/1,000)의 농도로 사용한다.
- 금속을 부식시키며 물에 잘 녹지 않는다.
- 무색, 무취, 강한 독성

- 보관 시 착색해 두어야 한다.
- 단백질을 응고시키므로 토사물, 객담, 대소변에 부적당하다.
- 고무 제품에도 부적합하다.
- 조제는 승홍 : 소금 : 물 = 1 : 1 : 998

5-6 크레졸

- 물에 잘 녹지 않으며(난용성), 일반적으로 3%의 농도로 사용한다.
- 석탄산보다 2~3배 높은 소독력이 있다.
- 소독력 강하여 모든 세균 소독에 효과있으나 바이러스에는 효과가 적다.
- 수지(손 소독시 2%), 피부 소독, 오물 소독에 이용한다.
- 무색 투명이나 시간이 지남에 따라 갈색으로 변색되기 쉬우므로 어두운 곳에 보관한다.

5-7 포름 알데히드

- 메틸 알코올(메탄올)을 산화시켜 만든 가스체로 넓은 내부 소독이 가능하다.
- 강한 자극과 냄새가 나고 물에 잘 용해된다.
- 실내 소독, 서적, 내부에 있는 물건 소독에 적합하다.

5-8 포르말린

- 온도가 높을 때 소독력이 강하다
- 세균, 아포, 바이러스 등의 미생물에 작용한다.
- 가스체로도 사용한다.
- 단백질을 응고시킨다.
- 일반 소독 1~1.5%의 수용액
- 의류, 도자기, 목제, 고무 제품의 소독에 적합하다.

5-9 머큐롬(빨간약)

- 2%의 수용액으로 상처 소독에 사용한다.
- 가볍게 다친 외상에 많이 쓰인다.
- 무자극, 순한 살균력, 세균 발육 억제

5-10 옥도정기(요오드팅크)

- 창상용, 외상에 많이 쓰인다.

5-11 과산화수소(옥시풀)

- 2.5~3.5%의 수용액으로 사용한다.
- 구내염, 입안 세척 및 상처 소독, 인두염, 창상, 지혈제로 사용한다.
- 때로는 오존 냄새의 액체로 병원체를 산화 살균한다.

5-12 역성 비누

- 3% 농도로 사용, 세정력 없으나 살균력은 있다.
- 무색, 무취, 독성이 없으며(무자극) 쓴맛이 난다.
- 수지, 기구, 용기 소독에 적당, 물에 잘 녹으며 미용에도 널리 사용한다.
- 역성 비누는 살균력이 있지만 중성 비누는 살균력이 없다(세정력은 중성 비누는 있지만 역성 비누는 없다).

5-13 계면 활성제

- 세정 작용이 있으며 무색 무취이다.
- 결핵균에 효력을 가진다.

5-14 아크리놀

- 0.1~0.2% 농도로 사용하며 강한 살균력이 있다.

5-15 E.O 가스 멸균법과 고압 증기 멸균법의 비교

종류	E.O 가스 멸균법	고압 증기 멸균법
멸균후 보존 기간	장시간	단시간
경제성	값이 비싸다.	저렴하다.
멸균 시간	장시간	단시간
멸균 난이도 조작	어렵다	쉽다
사용 가능 시간	장시간 필요	즉시 사용 가능
멸균 온도	50~60℃	121~132℃

6 감염병 관리

6-1 감염병

감염병 종류

- 소화기계 감염병, 호흡기계 감염병, 동물매개 감염병, 만성 감염병이 있다.
- 소화기계 감염병은 음식을 통하거나 소화경로(경구 침입)를 통해 감염되는 것으로 장티푸스, 콜레라, 세균성이질, 폴리오, 유행성 간염 등이 있다.
- 호흡기계 감염병은 호흡을 통해 뿜어지거나 말이나 재채기 등을 감염원의 이동으로 이루어지는 감염병으로 홍역, 천연두(두창), 풍진, 디프테리아 등이 있다.
- 동물매개 감염병은 동물이 매개가 되어 감염되는 것으로 사람이 광견병(공수병)에 걸린 개에게 물렸을 경우 옮겨지는 것과 같은 것으로 광견병, 탄저병, 페스트(흑사병, 말라리아, 유행성 일본뇌염, 파상열(브루셀라), 발진티푸스 등이 있다.
- 만성 감염병에는 결핵, 나병(문둥병), 성병(매독), 후천성면역결핍증(AIDS), 임질, B형 간염 등이 있다. 만성 감염병은 발병률은 낮으나 유병률(유전되어 발병될 확률)이 높고, 급성감염병은 발병률은 높으나 유병률은 낮다.

질병 발생의 3요소

병인(감염원), 숙주의 감수성, 환경(감염 경로)이 있다.

병인(병원체)	환자, 보균자, 병원체 보유 동물이 있다.
환경(감염 경로)	직접 감염, 간접 감염이 있다.
숙주(감수성)	선천성 면역, 후천성 면역이 있다.

6-2 병인(감염원)에 따른 감염병 분류

감염원(병인)이란 병원체를 직접 사람에게 가져 올 수 있는 모든 수단이며 병원소는 병원체(숙주에 침입하여 질병을 일으키는 미생물)가 생활, 증식할 수 있는 장소이다.

병원체 보유 동물(가축과 쥐)

- 말 – 탄저, 유행성 뇌염, 비저
- 소 – 결핵, 탄저, 파상열
- 개 – 광견병
- 돼지 – 탄저, 파상열, 살모넬라증

- 들토끼 – 야토병
- 쥐 – 페스트, 발진열, 서교증, 살모넬라증, 양충증, 외일씨병

병원체 보유 곤충과 토양
- 보유 곤충 – 파리, 모기, 벼룩, 이, 진드기 등
- 보유 토양 – 토양에 있는 파상풍, 가스괴저 등

환자
자각적 타각적으로 임상 증상이 있는 사람이다.

보균자
병원체는 지니고 있으나 병의 증세는 없지만 병원균을 배출하는 자이다.

건강 보균자	• 병원체 보유자로서 균을 배출하지만 본인은 병의 증상이 없어 건강해 보임 • 색출이 불가능하여 색출 시 가장 어려운 대상(중요하게 취급해야 할 대상)
잠복기 보균자	• 질병의 발병 전부터 병원균을 배출하는 자
병후 보균자	• 병의 완치 후에도 병원균을 배출하는 자

6-3 환경(감염 경로)

직접 접촉 감염(매개물 없이 직접 감염), 간접 접촉 감염(매개물 있어 전파), 경구(구강) 감염, 경피(피부) 감염, 비말(말이나 재채기) 감염, 진애(먼지) 감염 등이 있다.

새로운 숙주로의 침입 경로(전파 경로)
- 소화기계 감염병(경구 침입) : 폴리오, 장티푸스, 콜레라, 이질, 파라티푸스, 파상열, 유행성 간염(A, B, C형 중 A형은 수혈을 통해 감염) 등이 있다.
- 호흡기계(비말접촉) 감염병 : 결핵, 나병(한센병, 문둥병), 두창, 디프테리아, 인플루엔자(겨울 독감), 성홍열, 수막구균성수막염, 백일해, 홍역, 유행성이하선염(볼거리), 폐렴 등이 있다.
- 경피 침입 : 트라코마(눈병), 파상풍, 페스트, 발진티푸스, 일본뇌염, 야토병, 웨일즈병 등이 있다.
- 성기 피부 점막(직접 접촉) : 매독, 임질, 연성하감 등이 있다.

🍀 전파 방법

직접 전파	• 매개체가 없이 직접 새로운 숙주로 이동 • 환자의 기침, 재채기로 인한 호흡기계 질병(감기, 결핵, 홍역) • 신체적 접촉에 의한 성병과 피부병 • 비말 접촉(기침, 재채기, 대화시 입을 통한 전파로 2m 이내는 직접 전파	
간접 전파	• 선천성 면역, 후천성 면역이 있다.	
	활성 전파체	• 새로운 숙주로 병원체를 운반할 수 있는 전파 동물로 동물 병원소는 제외된다. • 파리, 모기, 이, 진드기, 벼룩 등
	비활성 전파체	• 병원체를 매개한 모든 무생물(물, 우유, 식품, 토양, 공기, 개달물)

::활성 전파체에 의한 감염::

절족 동물 매개 감염

모기	일본뇌염, 말라리아, 황열, 뎅구열 등
파리	장티푸스, 콜레라, 이질, 결핵, 트라코마, 파라티푸스 등
이	발진티푸스, 재귀열 등
벼룩	페스트, 발진열 등

::비활성 전파체에 의한 감염::

진애 감염	• 비말핵의 형태로 진애와 함께 공기중 부유하다가 호흡기를 통해 감염 • 디프테리아, 결핵, 발진티푸스, 두창 등
물에 의한 감염	• 인축의 배설물과 오염된 물에 의한 감염 • 장티푸스, 파라티푸스, 콜레라, 이질 등
식품에 의한 감염	• 병에 걸린 젖이나 고기의 섭취, 파리나 쥐에 의해 오염된 식품으로 감염 • 장티푸스, 파라티푸스, 이질, 콜레라, 야토병 등
토양에 의한 감염	• 지표에 있는 생물의 사체 및 배설물에 오염된 병원체가 토양에 존재하다가 피부 상처를 통해 침입하여 감염 • 파상풍균, 비탈저균, 가스괴저, 보툴리누스 중독 등
개달 감염	• 수건, 생활용구, 완구, 서적, 인쇄물 등에 의한 감염 • 결핵, 트라코마, 백선, 디프테리아, 두창, 비탈저 등

6-4 숙주(숙주의 감수성)

병원체가 옮겨 다니며 병이 일어날 수 있는 몸체로 숙주에 병원체가 침입하여도 숙주의 저항성인 면역성 여부에 따라 발병이 달라진다. 숙주의 감수성이란 감염되어 발병이 쉬운 상태를 말하며 감수성이 높다는 것은 면역성이 없다는 것이다.

❀ 선천성 면역

태어날 때부터 가지고 있는 면역이다.

❀ 후천성 면역

병에 걸렸었거나 예방 접종에 의해 후천적으로 성립된 면역으로 능동 면역과 수동 면역이 있다. 능동 면역은 병원체나 독소에 의해 생체에 항체가 만들어진 면역이며 효력의 지속 기간이 길다. 수동 면역(타동 면역)은 병원균을 가축같은 곳에 주사해서 얻어진 항체를 포함한 면역 혈청을 사람에게 피동적으로 주사하여 얻는 면역이다.

능동 면역	
자연 능동 면역	감염병 감염 후에 의해 형성된 면역
인공 능동 면역	예방 접종에 의해 형성된 면역 생균 백신 – 결핵, 탄저, 두창, 황열, 폴리오 사균 백신 – 콜레라, 장티푸스, 백일해, 발진티푸스, 일본뇌염, 폴리오 순화 독소 – 디프테리아, 파상풍

수동 면역	
자연 수동 면역	모체의 태반이나 출생 후 모유를 통해 항체를 받는 면역
인공 수동 면역	면역 혈청 주사에 의해 얻어진 면역(소, 말 이용) 발효 기간은 빠르지만 효력의 지속 기간은 짧다.

자연 능동 면역의 분류	
영구적인 면역이 되는 감염병	홍역, 두창, 백일해, 유행성 이하선염, 성홍열, 장티푸스, 발진티푸스, 페스트, 콜레라, 황열
감염 면역만 되는 감염병	매독, 임질, 말라리아

6-5 법정 감염병

:: 법정 감염병의 분류 ::

- 제1군~5군 감염병과 지정 감염병이 있다.
- 제1군 감염병은 발병 속도가 빠르고 위해 정도가 가장 큰 것으로 빠른 대책을 필요로 하는 감염병이다.
- 제2군 감염병은 예방 접종을 통해 예방이나 관리가 가능한 국가 예방 접종 대상이 되는 감염병을 말한다.
- 제3군 감염병은 간헐적인 유행 발병이 우려되어 지속적인 발병 감시가 필요하며 방역 대책의 수립이 필요한 감염병이다.
- 제4군 감염병은 국내에서 새롭게 발생되었거나 발생될 우려가 있는 감염병 또는 국내에 유입이 우려되는 해외의 유행 감염병으로 보건복지부령으로 정하는 감염병이다.
- 제5군 감염병은 기생충에 감염되어 발생하는 감염병으로 정기적인 조사를 통해 감시가 필요할 때 보건복지부령으로 정하는 감염병이다.
- 지정 감염병은 제1군부터 제5군 감염병까지의 감염병 외에 유행 여부를 조사하기 위해 감시 활동을 필요로 할 때 보건복지부 장관이 지정하는 감염병이다.

제1군 감염병 (6종)	장티푸스, 콜레라, 파라티푸스, 세균성 이질, 장출혈성 대장균 감염증, A형 감염
제2군 감염병 (12종)	디프테리아, B형 간염, 홍역, 유행성 이하선염, 백일해, 일본뇌염, 풍진, 파상풍, 수두, 폴리오(소아마비), b형헤모필루스인플루엔자, 폐렴구균
제3군 감염병 (19종)	말라리아, 결핵, 한센병, 성홍열, 수막구균성수막염, 레지오넬라증, 비브리오패혈증, 발진티푸스, 발진열, 쯔쯔가무시병, 렙토스피라증, 브루셀라증, 탄저병, 공수병, 신증후군출혈열, 인플루엔자, 후천성 면역결핍(AIDS), 매독, 크로이츠벨트-야곱병(CJD) 및 변종크로이츠벨트-야곱병(VCJD)
제4군 감염병 (18종)	페스트, 황열, 뎅기열, 바이러스성 출혈열, 두창, 보툴리눔독소증, 중증 급성호흡기 증후군(SARS), 동물인플루엔자 인체 감염증, 신종 인플루엔자, 야토병, 큐열, 웨스트나일열, 신종감염병증후군, 라임병, 진드기매개뇌염, 유비저, 치쿤구니아열, 중증열성혈소판감소증후군(SFTS)
제5군 감염병 (6종)	회충증, 편충증, 요충증, 간흡충증, 폐흡충증, 장흡충증
지정 감염병	제1군~제5군감염병외(17종, 세분류 56종)

Section 03
해부 생리학

1 인체의 구성

1-1 인체

🍀 해부학과 생리학의 정의

- 해부학(Anatomy)을 그리스어로 풀어 보면 부분의 조각을 잘라 연구하는 학문, Ana(부분) tom(자른다) – y(연구 방법)이다.
- 생리학(Physiology)은 특성들을 연구하는 학문, Physio(특성), – logy(연구)이다.
- 인체 해부 생리학이란 인체의 구조와 특성을 연구하는 학문이 된다.

해부학	각 부위의 기관 및 조직의 구조, 형태 그리고 상호 간의 위치의 규명
생리학	인체의 계통, 기관의 특유 기능을 나타내는 기전의 연구

🍀 인체의 구성

- 인체의 구조와 기능을 이해하려면 생명체의 기본 단위인 세포의 구성 물질을 알고 있어야 한다.
- 인체의 95%는 네 가지의 원소로 구성되어 있다. 산소(O)는 65.0%, 탄소(C)는 18.5%, 수소(H)는 9.5%, 질소(N)는 3.2%로 구성되며 나머지는 Ca, P, K, S, Cl, Na, Mg, I, Fe이다.
- 산소, 탄소, 수소는 유기질의 구성 성분이 되고 질소는 단백질의 구성, 칼슘은 뼈와 치아의 형성과 혈액 응고, 근 수축, 호르몬 생산에 관여, 칼륨과 나트륨은 신경 전도와 근 수축과정에 작용한다.

인체의 구조적 단계

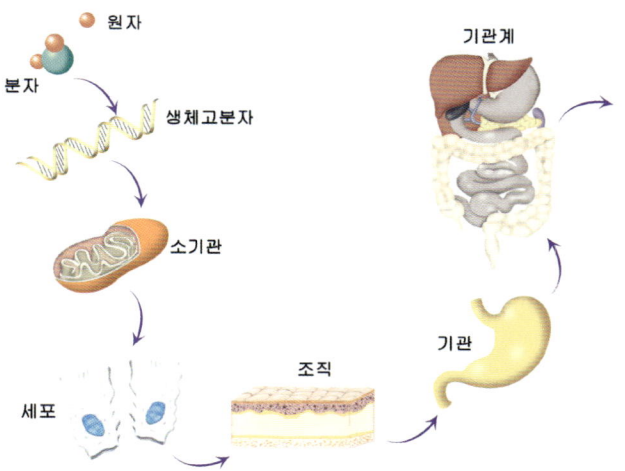

- 인체는 세포들의 집합체로 세포가 모여서 조직이 되고 그 조직들이 모여 기관이 되며 기관의 상호 연결로 계통이 된다. 인체는 여러 계통으로 구성되어 있다.

> 세포 → 조직 → 기관 → 계통 → 개체(인체)

- 세포(Cell)는 인체를 구성하는 가장 기본적 기능적, 구조적 단위이며 모든 생명체는 세포로 구성되어 있다.
- 조직(Tissue)은 분화의 형태가 같고 기능과 구조가 비슷한 세포들이 특수한 목적을 위하여 모인 세포 집단이며, 인체를 구성하는 기본 네 가지 조직에는 상피 조직과 결합 조직, 근육 조직, 신경 조직이 있다.
- 기관(Organ)은 특수한 기능과 활동의 수행을 위해 각 조직들이 결합된 형태 말하며 조직으로 속이 차있는 실질성 기관과 속이 비어 있는 유강성 기관으로 구분된다.
- 계통(System)은 기관들이 상호 연결되어 하나의 기능을 수행하는 기능적인 단위를 이루는 것이다.
- 개체(Body)는 계통들이 구성되어 있는 것이다.

인체 생명 현상의 특성

- 대사(Metabolism) : 외부 환경에서 얻어진 물질이 체내에서 합성과 분해 과정을 통해 생명 유지에 필요한 에너지와 열 및 부산물로 전환시키는 물리, 화학적 반응을 말한다. 대사에는 물질 대사와 에너지 대사가 있으며 이러한 대사의 결과로 성장과 활동을 한다.

동화 작용	유기적 분자들의 합성 과정
이화 작용	유기적 분자들의 분해 과정

- 성장(Growth) : 대사로 인해 만들어진 물질이 인체(생명체)의 구성 요소로 작용하여 생물체의 부피와 무게가 커지며 성장하게 된다(세포 크기가 커지는 경우와 세포 수가 증가하는 경우가 있다).
- 번식(Reproduction) : 같은 생명체를 만들어 내어 개체수를 증가시켜 후세에 전달하려는 의지는 가장 강한 본능이다.
- 적응(Adaptation) : 주위 환경 변화에 적절하게 형태와 기능을 조정하여 순응한다. 진화라는 단계를 걸치는 것도 적응을 통한 환경의 대처이다.
- 유기체(Organization) : 생물체는 기관으로 구성되어 있으나 상호 연관성을 맺어 단일체로 전체가 하나의 통일된 행동을 할 수 있는 체계를 이루어 그 기능을 발휘하여 활동한다.
- 항상성(Homeostasis) 유지 : 외부 환경의 변화에도 생체 내부는 일정한 환경 상태를 유지하려는 기전을 항상성이라고 한다. 신체 체온 유지도 항상성에 의한 상태이다.

1-2 세포(Cell)

세포
- 인체의 구성 요소 중 최소 단위인 세포는 세포 내에 핵이 핵막에 둘러 싸여 있고 기능이나 소속된 조직에 따라 원형, 타원, 아메바 등의 다양한 형태와 크기를 하고 있다.

세포의 기능
- 동화 및 이화 작용을 통한 에너지 생산 기능이 있고 DNA와 RNA에 의한 유전자 정보를 조절하므로 단백질의 합성 기능이 있다.
- 세포막을 통한 물질의 운반시 확산, 여과, 삼투, 능동적 운반 기능이 있으며 식균 작용이나 세포 방출 작용에 의한 이물질과 세균, 조직 파편 등을 섭취하며 배출하는 기능이 있다.
- 세포내 부산물의 농축과 저장을 해 두었다가 세포 밖으로 보내는 분비와 배설의 기능을 하며 단백질과 지방의 분해 산물을 분비하는 역할을 한다.
- 자가 분해와 퇴화의 기능도 있어 세포가 작아지는 성질도 있다.

세포의 구조
- 세포의 구조는 세포막(원형질 막), 세포질, 핵, 원형질로 되어있다.

핵	중심부에 위치, 세포의 발생과 기능을 조절
세포막 (원형질 막)	세포 기질과 조직액 사이의 영양분과 이온의 통로 역할
세포질	여러 소기관과 포함물을 함유, 물질 대사 기능을 수행
원형질	세포를 구성하고 있는 생명력이 있는 모든 물질

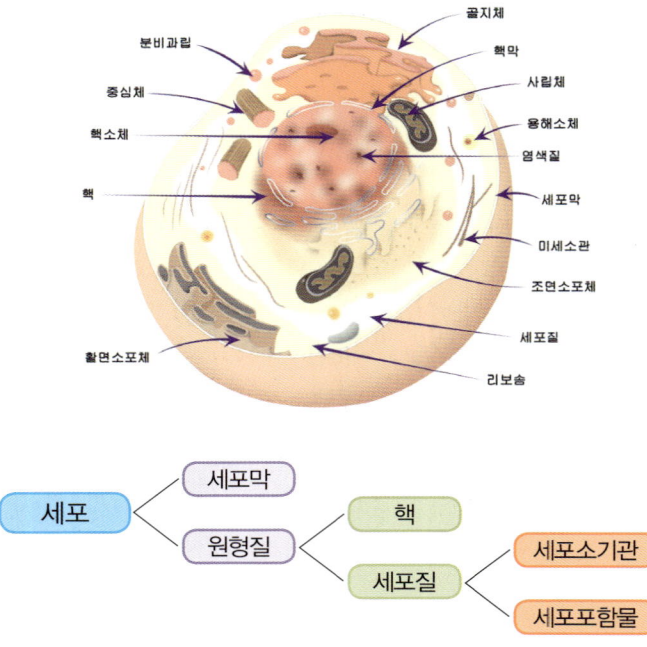

- 핵(Nucleus)은 세포의 대사, 단백질의 합성과 성장, 분열을 조정, 유전 인자의 정보 센터로 핵막, 핵소체, 염색질, 핵형질(핵)로 되어 있다.

핵막	핵과 세포질 사이의 물질 교환의 통로
핵소체	RNA와 단백질로 구성, RNA를 합성하는 곳
염색질	DNA와 염기성 단백질로 구성
핵(핵형질)	물과 리보솜이나 핵산, 그 외의 핵 구성 물질에 필요한 분자들로 이루어진 혼합물

- 세포막은 물질 이동의 선택적 관문 역할의 반투과성 막으로 지질(인지질, 콜레스테롤, 당지질), 단백질, 당으로 구성되어 있다.
- 세포막의 주요 기능은 물질의 이동을 조절(항상성 유지)하고 확산, 여과, 삼투, 능동적 운반의 진행 방식으로 물질 이동이 이루어지며 인지, 촉매, 수용체의 기능을 갖는다.
- 막 운반계는 수동적 과정과 능동적 과정으로 나누어진다. 수동적 과정은 확산(단순 확산, 촉진 확산), 삼투, 여과로 구분되며 능동적 과정은 능동적 운반(1차 및 2차 능동적 운반), 세포내 이입(식작용, 음작용), 세포외 유출(토세포 작용)로 구분된다.

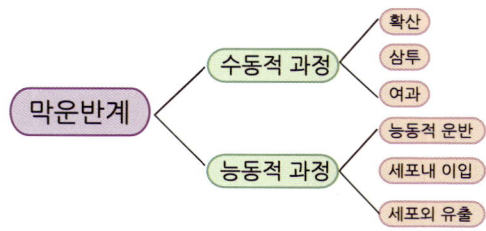

확산	• 용액이나 가스 상태의 분자들이 고농도에서 저농도로 이동하는 과정 • 단순 확산 : 운반체 없이 이동할 때 • 촉진 확산 : 운반체가 관여되므로 이동 속도의 증가가 있을 때
여과	• 높은 압력이 낮은 압력 쪽으로 이동하는 압력 경사로 이루어지는 것이다.
삼투	• 막과 반투막을 경계로 서로 다른 용액이 같아지려고 하는 현상, 용매의 이동(용질 이동 불가) • 고농도의 물과 저농도 물에서 저농도의 분자만이 선택적으로 투과하는 것
능동적 운반	• 농도나 압력이 낮은 곳에서 높은 곳으로 물질이 이동되는 과정

- 세포질은 핵을 둘러싸고 있는 원형질이며 핵을 이루는 원형질은 핵형질(핵질)이다. 세포질의 소기관에는 미토콘드리아, 형질 내세망, 골지체, 용해소체, 리보솜, 중심소체, 과산화소체, 미세관, 미세 섬유 등이 있으며 이들은 특수한 형태를 유지하고 세포질 내에서 일정 기능을 수행하는 구조물이다.
- 세포질의 포함물에는 색소과립, 부비과립, 난황과립, 당원과립, 지방소적, 결정체 등이 있다.

🍀 세포학

- DNA는 유전 정보이며 RNA는 유전 정보를 받아서 발현하는 것이다. 사람의 경우 상염색체 22개와 한 개의 X, Y 염색체로 구성되어 있다.
- 분열 : 세포가 자신을 증식시키는 과정이다.

유사 분열	• 전기 : 핵의 염색사가 염색체를 이룸 • 중기 : 염색체가 적도판에서 나열되는데 중심체가 양극에 도달하는 단계 • 종기 : 마지막 단계로 두 개의 똑같은 자세포가 생성되는 단계 • 후기(간기) : 세포 재생 시기의 사이에 있는 시기
감수 분열	• 특수한 세포 분열로 성세포의 성숙에서 일어나며 특유의 체세포 염색체 수의 반을 받음

1-3 조직(Tissue)

- 동일한 기능의 수행을 위해 같은 형태와 기능의 세포들이 모인 집단이다.
- 조직의 구성 요소는 세포, 세포 사이 물질, 조직액(간질액)이다.
- 조직의 종류에는 상피, 결합, 근육, 신경 조직이 있다.

🍀 상피 조직(Epithelial tissue) - 분비와 보호

- 몸의 표면이나 체강 및 기관의 내부 점막에서 막의 형태로 외부 표면을 감싸고 있다.
- 상피 조직의 기능은 신체의 보호 및 흡수, 분비 기능을 갖고 있다.
- 손상에 대한 빠른 회복(상처를 남기지 않음)이 있다.

◉ 상피 조직은 편평 상피, 입방 상피, 원주 상피, 이행 상피로 구분된다.

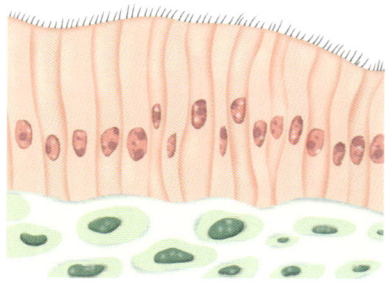

편평 상피	• 비늘 모양의 얇고 표면이 넓고 핵이 원반형인 편평 세포 집단. • 단층 편평 상피 – 흉막, 심막, 복막, 폐포, 혈관내피, 사구체낭, 림프관 등 • 중층 편평 상피 – 피부, 구강, 식도, 성대, 항문 등
입방 상피	• 정방형의 비슷한 모양의 세포 집단 • 단층 입방 상피 – 외분비선, 갑상선소포, 난소 표면, 폐의 종말세기관지 등 • 중층 입방 상피 – 한선, 피지선의 분비관 등
원주 상피	• 원통형의 조직 • 단층 섬모 원주 상피 – 위, 장, 자궁내막, 난관, 기관지, 척수중심관 등 • 중층 원주 상피 – 남성 요도의 해면체부, 항문관 등 • 위충층 원주 상피 – 호흡기도의 점막, 남성 요도, 이관 등
이행 상피	• 중층 편평 상피와 같은 세포 구성으로 보이나 5~6개의 층으로만 구성 • 하층 세포는 다각형이며 상층의 세포는 편평 • 이행 상피 – 신배, 신우, 방광 등

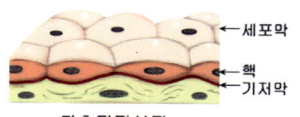
단층평편상피

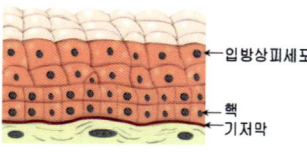
중층편평상피

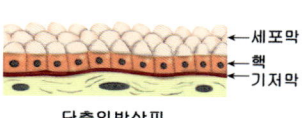
단층입방상피

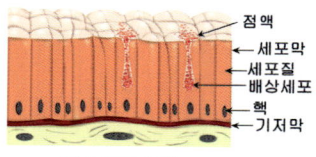
중증입방상피

단층원주상피

단층원주상피

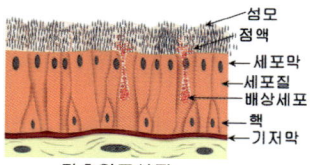

🍀 결합 조직(Connective tissue) - 지지와 연결

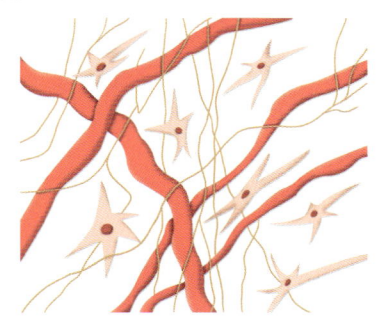

- 전신에 널리 분포, 조직과 기관의 연결과 조직과 조직을 연결시켜주는 기관을 형성하는 뼈대이다.
- 인체의 골격을 형성하고 기관을 묶어 지방의 형태로 남는 영양분을 저장한다.
- 섬유아 세포와 대식 세포가 가장 많으며 섬유아 세포의 생산물은 교원 섬유, 탄력 섬유, 망상 섬유이고 대식 세포는 결합 조직 기질 내를 자유롭게 이동하는 식세포(이물질, 죽은 세포의 탐식)이다.

🍀 근육 조직(Muscular tissue) - 운동과 보호

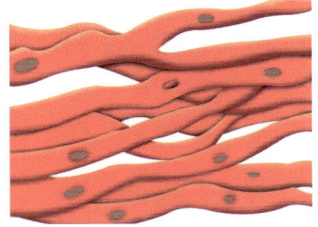

- 근육과 내장 기관을 형성하는 조직으로 근육 세포로 구성되어 있다.
- 골격근과 내장근, 심장근으로 살펴볼 수 있다.

🍀 신경 조직(Nerve tissue) - 통합과 조절

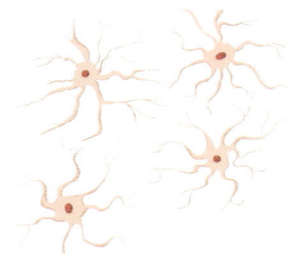

- 신경 세포는 '뉴런'이라고 하며 신경 세포체와 신경 돌기로 되어 있다.
- 신체 내·외의 자극을 받으면 일정한 곳으로 전달하는 조직이다.
- 신경 세포의 본체를 신경 세포체라고 하며 신경 돌기에는 수상 돌기, 축색 돌기, 시냅스가 있다.

1-4 체액(Body fluid)

체액

- 신체 내에 녹아 있는 액상의 모든 유기질, 무기질 성분을 체액이라고 한다.
- 체액은 크게 세포 내액과 세포 외액(혈장, 간질액)으로 구분되어 진다.
- 전체 체액은 몸무게의 약 60%, 세포 내액은 몸무게의 약 40%, 세포 외액은 약 20%(혈장 성분 약 25%, 조직액 약 75%)를 차지한다.
- 체액의 조성은 세포 내액이 단백질(20%), 핵산(1.1%), 유지방(5%), 탄수화물(3~5%), 무기질(1.5%), 비타민과 호르몬 등(1.0%)이며 세포 외액은 혈장(5%), 간질액(15%)이다.
- 세포와 세포 사이에 있는 간질액은 조직액이라고도 하며 세포 내액과 세포 외액의 일부로 세포막을 경계로 서로 접해 있어 항상성 유지를 위한 물질 이동이 이루어진다.

모세혈관에서의 액체 이동

- 세포내 안정된 환경(항상성 유지)을 위하여 조직액(간질액)과 혈장은 모세혈관 벽 사이에서 계속적인 물질 교환을 이룬다.
- 모세혈관은 3개의 적혈구가 겨우 통과할 정도의 가는 관이며 혈관의 벽은 단층 내피 세포로 구성된다. 많은 작은 구멍이 있어 이들 구멍을 통해 물질의 교환이 이루어진다.
- 조직액과 모세혈관 내의 혈장 성분 사이에서 액체의 이동 방향과 속도를 설명하기 위한 가설(스타링의 가설)로 4가지의 압력인 액압, 혈장 교질 삼투압, 조직압, 조직 교질 삼투압이 있다.

1-5 기관과 기관계

- 인체 구성의 4조직(상피, 결합, 근육, 신경 조직)이 한 곳에 집결하여 하나의 독립된 기능을 수행 할 때를 기관이라 한다.
- 인체는 총 11종류의 기관계를 갖고 있다.

골격계	• 신체의 지지, 기관의 보호, 조절 기능, 운동 및 이동 • 뼈, 연골, 인대
근육계	• 신체의 운동, 체내 물질 이동 • 골격근, 내장근, 평활근, 심장근
소화기계	• 영양 섭취, 음식물의 소화 및 흡수, 배설 • 입, 식도, 위, 소장, 대장, 간, 췌장
호흡기계	• 신체에 산소 공급 및 이산화탄소의 배출 • 코, 인두, 후두, 기관, 기관지
신경계	• 신체 활동의 자극 전달과 조절, 통합하고 운동 및 환경에 대한 적응을 주관 • 뇌, 척수, 신경

감각계	• 자극의 수용 • 눈, 귀, 코, 혀, 피부
순환기계	• 물질의 운반과 보호 및 조절 작용 • 심장, 혈액, 혈관, 림프관, 림프절, 흉선, 비장
내분비계	• 신체 기능의 화학적 조절 • 폐뇌하수체, 갑상선, 부신, 난소, 고환
비뇨계	• 요의 생산과 배설, 영양분의 재흡수 • 신장, 수뇨관, 방광, 요도
생식계	• 종족 보존을 위한 생산과 배출 • 정낭, 고환, 부고환, 난소, 자궁, 유선 및 관련 기관
외피계	• 신체 보호, 체온 조절, 배설 및 흡수 작용, 감각 • 피부막, 모낭, 한선, 손톱, 털, 감각수용기

1-6 인체의 부위

외형상 머리와 목, 몸통(흉, 복, 골반)을 구성하는 체간과 팔을 뜻하는 상지(상완, 전완, 손)와 다리를 뜻하는 하지(대퇴, 하퇴, 발)의 체지로 구분된다.

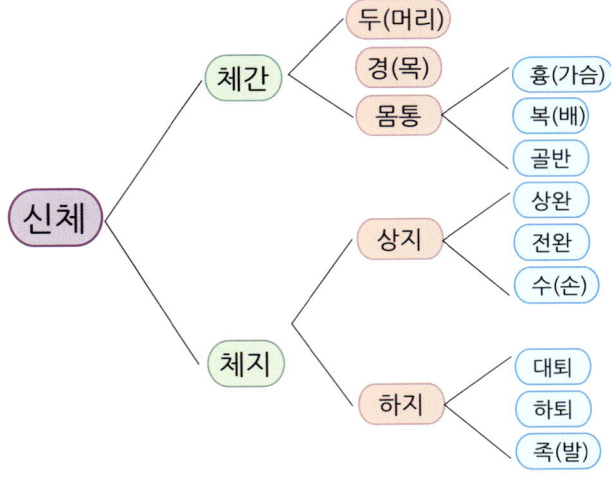

🍀 체의 방향

- 인체는 정중선에서 앞쪽인 배쪽을 복측(Ventral), 등쪽을 배측(Dorsal)이라고 하며 복측을 향할 때를 전(Antrerior), 배측을 향할 때를 후(Posterior)라고 한다. 또한 정중선을 향할 때를 내측(Medial), 정중선에서 멀어져 신체 밖을 향할 때를 외측(Lateral)이라고 한다.
- 신체나 장기의 표면에서 얇은 곳을 천(Superficial, 외)이라고 하며 신체나 장기의 표면에서 깊은 곳을 심(Deep, 내)이라고 한다.

2 골격계

2-1 골격계

관절로 연결되어 골, 관절, 인대, 연골로 구성되어 있다. 성인의 뼈는 총 206개이며 뼈들은 서로 연결되어 있고 체중의 약 20%를 차지한다. 각각의 뼈는 골(Bone)이라고 하고 기능적인 단위를 형성할 때는 골격이라고 하며 하나의 계통을 이루고 있어 골격계라고 한다.

골격계의 기능

- 인체 형태(자세) 유지, 인체 체중을 지지, 연부 기관을 보호(두개골은 두뇌 손상을 방지) 및 지지한다.
- 신체의 운동(뼈와 관절, 골격근의 연결로 일어나는 움직임), 무기물 저장 장소(칼슘, 인 등)이다.
- 혈액을 생산(조혈 기능)하는데 어렸을 때는 적골수(적색골수)에서 진행되며 성인의 경우 장골의 골수강은 지방의 저장소로 황골수(황색골수)가 차있으며 적골수는 단골(수근골, 족근골)과 편평골(두개골, 쇄골, 척주, 흉골, 늑골, 골반)에서만 볼 수 있다.

골의 형태

- 골의 형태는 장골, 단골, 편평골, 불규칙골, 함기골, 봉합골, 종자골이 있다.
- 장골은 긴축을 가진 뼈로 내면에 골수강을 형성한다(대퇴부, 상완골, 요골, 척골, 비골, 경골 등).
- 단골은 골수강이 없는 짧은 뼈이다(족근골, 수근골).
- 편평골은 골수강이 없는 납작한 뼈로 해면골에 적골수가 있다(두개골의 일부, 견갑골, 늑골).
- 불규칙골은 모양이 불규칙한 뼈이다(척추, 권골).
- 함기골은 뼈속에 공간을 형성, 공기를 함유하고 있는 뼈이다(두개골의 일부 - 전두골, 상악골, 사골, 접형골, 측두골).
- 봉합골은 두정골과 후두골 사이에 나타난다.
- 종자골은 작은 뼈로 건이나 관절낭 속에 있다(주로 손발에 존재, 최대 종자골은 슬개골이며 비복근두 종자골과 함께 무릎과 관련).

골의 발생과 성장

- 중배엽에서 유래되었으며 치아와 함께 가장 단단한 조직(결합조직)이다. 모든 뼈는 골화과정을 통한다.
- **골화** : 처음에는 단단하지 않은 조직이 후에 단단하게 변화되는 과정이다.
- **연골성골** : 결합 조직에서 직접 골화가 되지 않고 연골의 형태로 있다가 뼈의 원형이 형성된 이후 일부에서 골화가 되는 뼈이다.
- **골단연골** : 성장기에 있는 뼈의 길이 성장이 일어나는 것이다.

- 골단 : 연골의 성장이 멈추면서 골단판은 완전한 뼈가 되는데 이때 뼈의 끝선을 골단이라고 한다(뼈 성장이 멈추면 더 진행되어도 커지지 않는다).

골격계의 종류

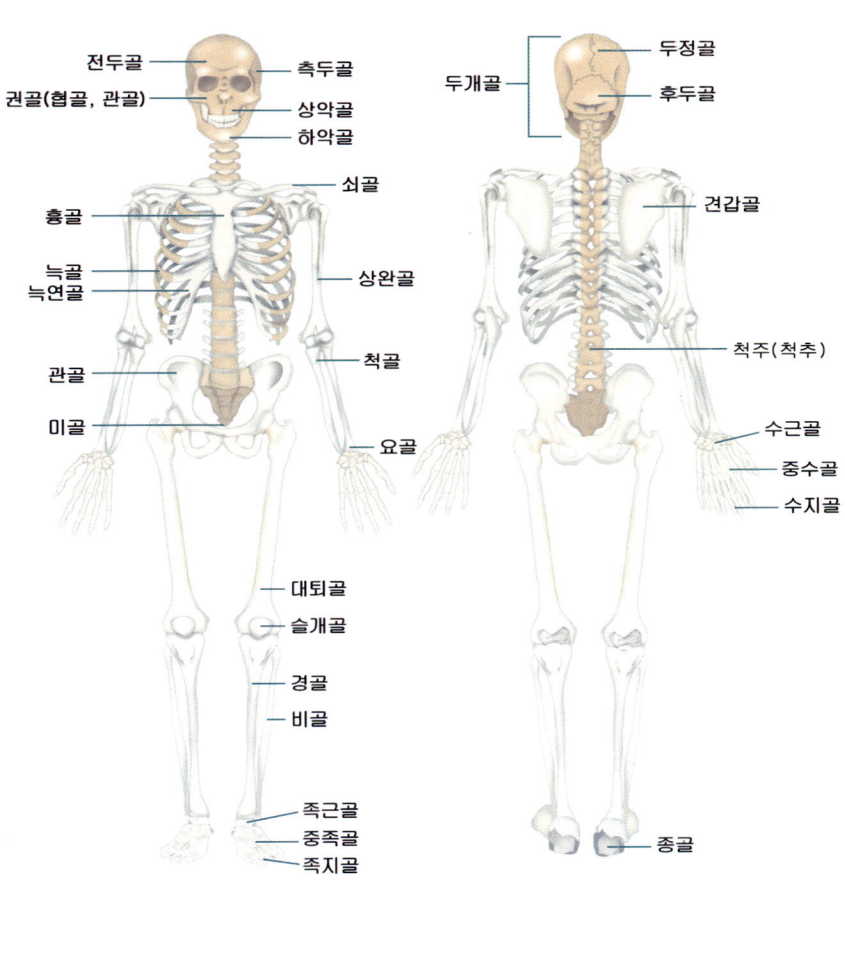

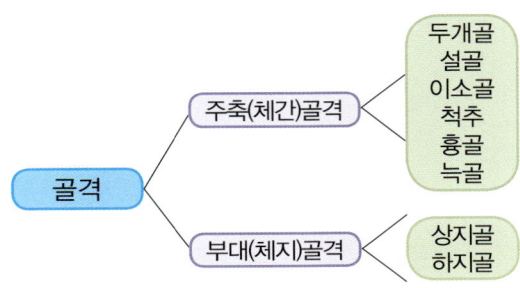

두개골	• 전두골, 두정골, 측두골, 후두골, 권골, 상악골, 하악골
설골	• 혀와 후두융기 사이에 위치한 U자 작은 뼈 • 인대에 의해 측두골의 경상 돌기에 매달려있다.
이소골	• 중이의 안에 있는 세 개의 작은 뼈로 고막의 진동을 내이에 전달
척주(척추)	• 두개골과 골반을 연결하는 26개의 추골과 사이 섬유 연골(추간원판)로 구성 • 척주의 중앙(척주관 – 중추 신경인 척수 수용) • 경추 7개, 흉추 12개, 요추 5개, 천골 1개, 미골 1개 • 머리와 몸통을 움직일 수 있게 하며 성인의 척주를 옆에서 보면 4개의 만곡이 존재 • 척수를 뼈로 감싸면서 보호
흉골	• 흉곽 전면에 위치한 14~16cm의 편평골
늑골	• 전면의 흉골과 후면의 흉추를 연결 • 진늑골(1~7번 늑골), 가늑골(8~10번 늑골), 부유늑골(11, 12번 늑골로 흉추에만 관절하고 끝은 떠있다)
상지골(팔)	• 64개의 뼈로 구성되어 있으며 몸무게의 지탱과는 상관없다. • 상지대(쇄골, 견갑골)와 자유상지골(상완골, 요골, 척골, 중수골, 지골)
하지골(다리)	• 62개의 뼈로 구성되며 척추와 하지를 연결하고 골반을 구성 • 하지대(관골 – 장골, 좌골, 치골)와 자유하지골(대퇴골, 슬개골, 경골, 비골, 족근골, 중족골, 지골)

골의 구조

- 골막, 치밀골, 해면골, 골수로 되어 있다.
- 골막은 골을 싸고 있는 막으로 뼈의 보호와 성장, 재생에 관여한다.
- 치밀골은 조밀하고 딱딱한 부분으로 뼈의 바깥 부분이다. 하버스관(중심관)과 하버스층판(중시관을 둘러싸고 있는 층)으로 되어 있으며 하버스 층판에 골소강이 있는데 소강에 들어 있는 것이 골세포로 뼈의 주세포를 이룬다.
- 해면골은 뼈의 조직이 가는 기둥 모양의 골소주라는 좁은 공간을 이루고 전체적으로 스폰지 모양으로 보이는 뼈의 속 부분이다.
- 골수는 세망 조직 형태로 혈구를 만드는 조혈 기관이다.

2-2 골격

두개골(Skull)

- 뇌 두개골(6종 8개)과 안면골(9종 15개)로 총 23개의 골로 구성된다.
- 뇌 두개골은 두개골 상부에서 뇌와 평형, 그리고 청각기를 수용하는 공간을 만든다(전두골 1개, 두정골 2개, 후두골 1개, 측두골 2개, 접형골 1개, 사골 1개).

- 안면골은 비강과 안와 및 구강의 기초를 이루고 안면을 형성한다(권골 2개, 상악골 2개, 하악골 1개, 구개골 2개, 하비갑개 2개, 누골 2개, 비근골 2개, 서골 1개, 설골 1개).
- 안와와의 경계는 전두골, 상악골, 권골, 접형골, 서골이다.
- 두개골의 천문은 신생아에서 골화가 진행되지 않아서 막으로 된 부분으로 대천문, 소천물, 전측천문, 후측천문이 있다.
- 두개골의 상면(윗면)에 두개골들의 관절인 봉합선이 있다. 정중앙선의 시상 봉합, 전방의 관상 봉합, 후방의 인자 봉합 등이 있다.

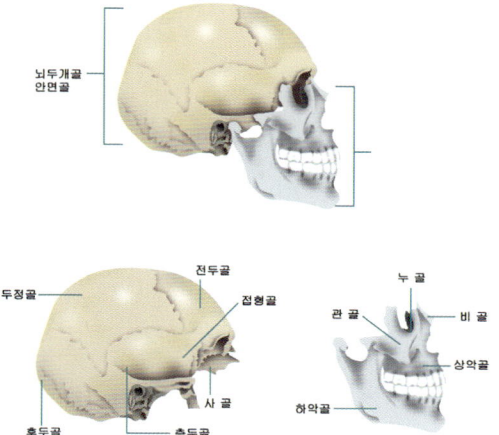

척주(Vertebral column)

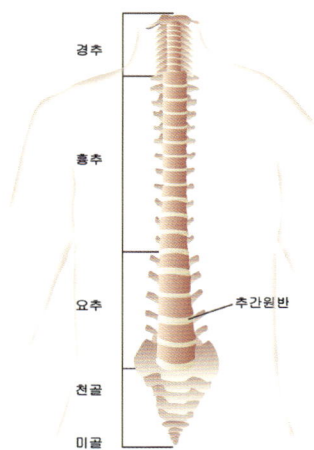

- 체간의 지주를 이루며 두개골과 골반을 연결하고 총 26개의 골(신생아 32~35개)과 추간원판(추골사이 섬유연골)으로 구성된다.
- 경추는 7개로 구성되며 가로돌기에 혈관이 지나는 횡돌기공이 있으며 제1경추는 환추골(추체와 극돌기 없이 고리 모양), 제2경추는 축주골(두개골 회전시 축으로 이용), 제7경추는 융추골(경추 중 가장 긴 극돌기)이다.

- 흉추는 12개로 구성되며 전형적인 추골의 형태로 늑골과 두 곳에서 관절한다.
- 요추는 5개로 구성되며 다른 추골에 비해 크고 무겁고 경추 및 흉추과 쉽게 구별되고 횡돌기는 길고 편평하다.
- 천추(골반의 뒤벽)는 처음에는 5개로 되어 있었으나 생후 1개로 융합된 것이다.
- 미골(꼬리뼈)은 3~5개의 미추가 성인으로 성장하면서 융합하여 1개의 미골이 된다.

척주만곡

- 4곳의 만곡이 있다(경부, 요부는 앞쪽으로 굽어 있고 흉부와 천부는 뒤쪽으로 굽어져있다).
- 1차 만곡(흉부만곡, 천부만곡)은 태어날 때 형성된 만곡이며 2차 만곡(경부만곡, 요부만곡)은 경부만곡의 경우 생후 3개월 목을 지탱하는 시기, 요부만곡의 경우 생후 1년 걸음마를 하는 시기에 형성된다.
- 척주만곡은 걷고, 뛰는 일상 동작에서 탄성과 균형을 유지하도록 형성되었다.

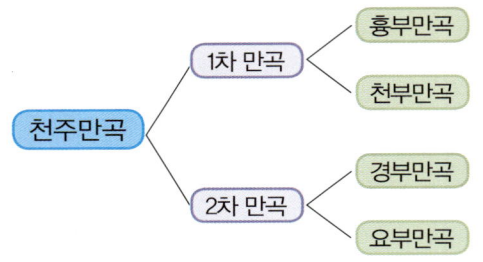

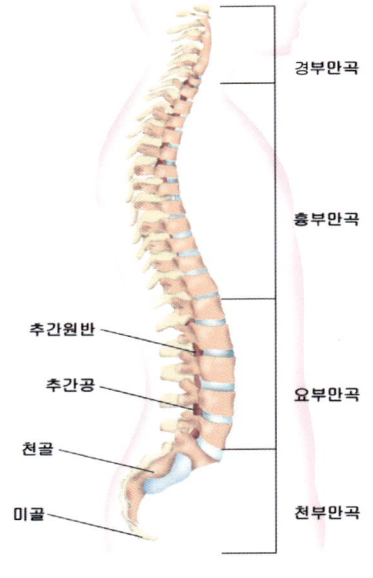

흉곽

- 흉곽은 1개의 흉골과 12개의 흉추, 12쌍의 늑골로 총 37개의 골로 구성된다.
- 흉골은 흉골병, 흉골체, 검상돌기로 구성된다.
- 늑골은 진늑골(1~7번 늑골), 가성늑골(8~10번 늑골), 부유늑골(11, 12번 늑골)로 구성되며 제1늑골이 가장 넓고 짧으면서 많이 굽어져 있다. 진늑골은 직접 흉골과 늑연골을 통해서 관절하며 가성 늑골은 간접적으로 7번 늑연골에 연결되고 부유늑골은 흉골에 관절하지 않는다.

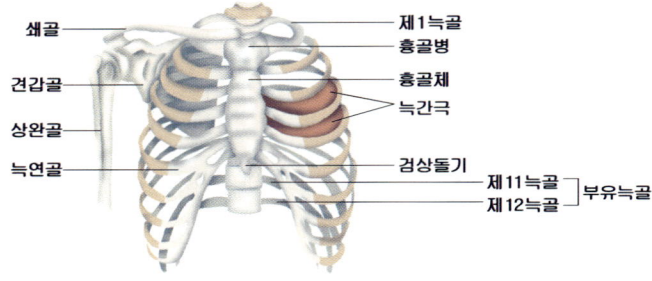

🍀 상지골

- 총 64개의 뼈로 상지대와 자유상지골로 구성된다.
- 상지대는 상지를 체간에 결합시키는 뼈로 쇄골과 견갑골이 있다(팔과 몸체의 연결, 쇄골은 S자 모양으로 흉골과 견갑골을 연결한다.).
- 자유상지골은 상완골, 요골, 척골, 수근골, 중수골, 지골이다(팔을 이루는 뼈 : 상완골, 요골, 척골, 손을 이루는 뼈 : 수근골, 중수골, 지골).

🍀 하지골

- 총 62개의 뼈로 하지대와 자유하지골로 구성된다.
- 하지대는 하지를 체간에 연결시키는 뼈로 관골이 있다(관골 : 골반의 전외측을 형성).
- 자유하지대골은 대퇴골, 경골, 비골, 슬개골과 족근골, 중족골, 지골이다(다리를 이루는 뼈 : 대퇴골, 경골, 비골, 무릎을 이루는 뼈 : 슬개골, 발을 이루는 뼈 : 족근골, 중족골, 지골).
- **족궁** : 발의 만곡을 유지하는 1개의 횡궁과 2개의 종궁으로 구분되며 발의 체중을 받쳐주고 보행이 편하도록 한다(족궁이 없는 발을 편평족이라고 하며 후천적인 편평족도 있다).

2-3 관절(Joint)

- 둘 이상의 뼈가 기능적으로 연결되는 부분, 즉 골격을 기능적으로 연결하는 수단이 되며 관절낭에 싸여있는 관절강에는 윤활액이 들어있고 운동을 가능하게 한다.
- 관절은 운동성에 따라 섬유성 관절, 연골성 관절, 활막성 관절로 구분된다.
- 섬유성 관절(Finrous joint)은 뼈와 뼈 사이에 관절낭이 없는 섬유성 결합 조직으로 연결되는 운동성이 있는 관절이며 봉합(관절면이 소량 결합 조직 섬유로 연결, 두개골에서 볼 수 있음), 인대 결합(직접 닿지 않고 교원 섬유와 골막간 등에 연결, 경골과 비골의 결합), 정식(오목한 곳에 뾰족한 끝이 박힌 듯한 연결, 치아의 결합)이 있다.
- 인대는 관절낭을 싸면서 걸쳐있는 섬유 다발로 결합 조직이며 운동을 조절하고 뼈의 결합을 돕는다.
- 건은 골격근의 끝이 뼈에 붙는 질기며 단단한 흰색으로 교원 섬유(콜라겐)가 결합된 치밀결합 조직이다.

🍀 활막성 관절의 종류

- 뼈의 연결에 따라 단관절(2개의 뼈로 구성), 복관절(3개 이상의 뼈로 구성)로 나누며 운동영역에 따라 1축성, 2축성, 다축성 관절, 무축성 관절로 분류된다.
- 관절면의 형태에 따라 평면 관절(운동이 제한된 무축성 관절, 수근간 관절, 족근간 관절, 경비 관절, 추간 관절 등), 접번 관절(펴고 굽히는 운동만 가능한 1축성 관절로 홈과 모가 있는 관절, 주관절과 슬관절), 차축 관절(환축 관절, 상요척 관절 등), 과상 관절(악 관절, 환추후두

관절, 요골수근 관절), 안상 관절(무지의 수근중수 관절 등), 구상 관절(운동성이 가장 큰 다축성 관절, 견 관절과 고 관절)이 있다.

활막성 관절의 운동

활주	단순한 운동으로 미끄러지는 운동
굴곡	굽혀져 고정된 뼈와 움직이는 뼈와의 각이 작아지는 운동
신전	고정된 뼈와 움직이는 뼈와의 각이 커지는 운동, 굴곡과 반대
내전	전두면상에서 정중시상면에 가깝게, 사지를 체간에 가깝게 하는 운동
외전	전두면상에서 사지를 체간에서 멀리하는 운동, 내전과 반대
회전	뼈의 장축을 중심에 두고 도는 운동
회내	전완에서 일어나는 운동, 손바닥이 전방을 향하는 내측 회전 운동
회외	전완에서 일어나는 운동, 손바닥이 전방을 향하는 외측 회전 운동

3 근육계

3-1 근육

근육 조직이 주된 구성 성분으로 신경, 근막, 건(근육 조직을 뼈에 붙이는 힘줄) 등이 있고 신경 자극에 의한 수축과 이완을 할 수 있다. 끌어당기는 기능이 주된 기능으로 근육에 부착된 구조물을 움직이거나 고정시킨다. 인체에는 약 620개의 골격근이 있다.

근육의 기능

- **운동** : 뼈, 관절, 근의 협동으로 원활한 움직임이 있게 되는데 근의 기능이 중요하다(골격을 움직이는 전신 운동, 호흡 운동, 심장의 박동(혈액 순환), 혈관 및 선과 도관들의 수축 운동, 내장의 연동 운동 등 다양).
- **자세 유지** : 서기, 앉기, 눕기, 기대기 등의 자세를 유지시킨다.
- **열 생산** : 모든 근세포들이 이화 작용을 통해 열을 발생시켜 체온 유지에 관여하기도 한다.
- 그 외에도 배뇨와 배분, 음식물의 이동 기능을 갖는다.

근육의 기능적 분류

- **수의근** : 스스로의 의지대로 움직일 수 있는 근육이다(골격근은 수의근이면서 형태적으로는 횡문근이다).

- **불수의근** : 스스로의 의지대로 움직일 수 없는 근육이다(심근, 내장근이 불수의근으로 형태적으로는 평활근이다).
- **근육의 기능에 따른 구분**

주동근	운동시 주동적인 역할을 하는 근육
협력근	주동근을 돕는 근육
길항근	서로 반대 작용을 하는 근육
신근	신전에 관여하는 근육
굴근	굴곡에 관여하는 근육
내전근, 외전근	내·외전에 관여하는 근육
괄약근	구멍의 폐쇄에 관여하는 근육
산대근	구멍 주변의 근으로 확대에 관여하는 근육
거근	어떤 기관을 끌어올림에 관여하는 근육(올림근)

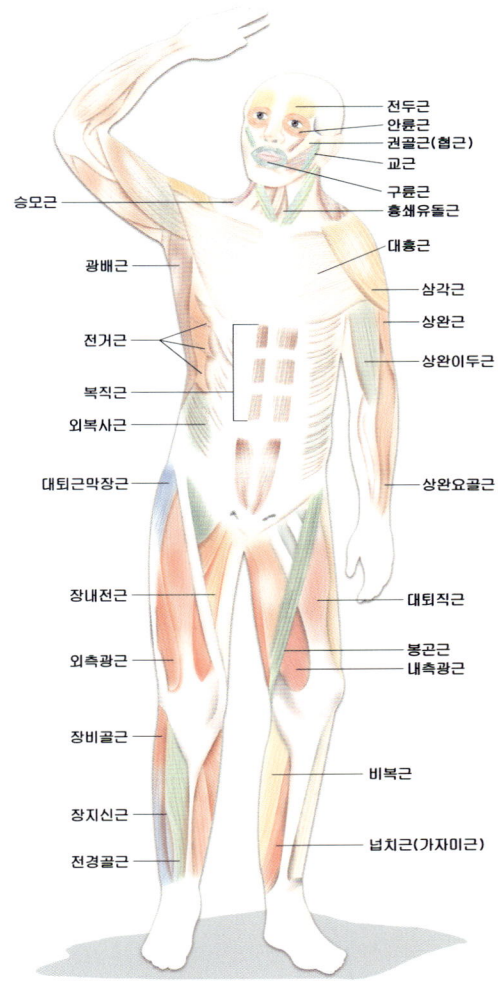

근육의 형태적 분류

- **평활근** : 횡선(가로무늬)이 없는 불수의근으로 자율 신경의 지배를 받으며 내장 기관의 활동을 담당하는 근육(내장근)이다. 수축 현상은 느리게 서서히 지속된다.

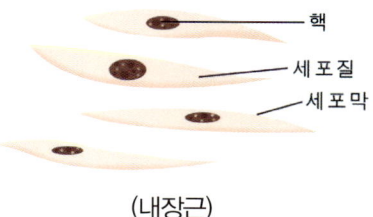

(내장근)

- **횡문근** : 가로무늬근으로 밝고 어두운 띠가 교대로 배열, 골격근과 심장근이 있으며 불수의근이다

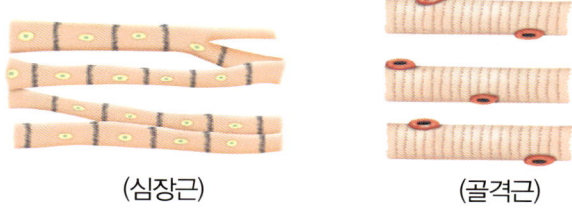

(심장근)　　　　　(골격근)

근육의 구성 위치에 따른 분류

- 골격근(골격에 부착), 심장근(심장을 구성), 내장근(각종 유기장기와 혈관벽을 이룸)으로 나누어진다.
- 골격근은 수의근이며 심장근과 내장근은 불수의근이다.

근 수축의 종류

- 근 수축의 종류에는 연축, 강축, 긴장, 강직, 마비, 세동, 경련이 있다.

연축	한 번의 신경 자극에 의한 단일 수축
강축	짧은 간격으로 자극을 가하면 연축이 합쳐져 단일 수축 때보다 강한 힘과 지속적인 수축 유발
긴장	운동 신경으로부터 계속적인 자극으로 근육의 부분 수축이 지속된다
강직	병적인 이상 상태로 활동 전압의 발생이 없는 상태
마비	골격근의 수의적 추축이 불가능해지는 것(중추 신경계와 말초 신경계의 이상)
세동	각각의 근섬유가 비 동시성으로 수축하는 이상 현상(효과적 운동 불가)
경련	다양한 종류의 근육들이 조화롭지 않게 불규칙적으로 일어나는 것

3-2 골격근

- 골격근은 뼈가 부착되어 있고 근육이 횡문과 단백질로 구성되어 있다.
- 골격근은 수의근으로 수의적 활동(자신이 움직임)이 가능하다.
- 근육의 상단을 근두라고 하며 하단을 근미라고 하고 기본형은 방추형이다.
- 골격근의 기능은 수의적 운동, 자세 유지, 체중의 지탱이다.

3-3 머리의 근(두부의 근)

두부의 근에는 안면근, 저작근이 있다.

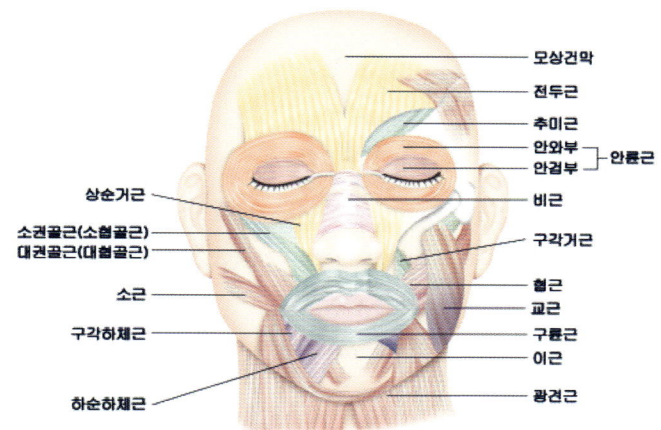

안면근(표정근)

- 두개골, 건, 건막, 피부 자체에서 기시, 피부에 정지하는 피부 운동을 주도하는 근(감정 표현)
- 지배 신경은 안면 신경이며 상안검거근만 동안 신경의 지배를 받는다.

두계표근	• 전두근 : 눈썹을 끌어올리며 이마 주름 형성 • 후두근 : 두피에 주름 • 모상건막 : 두피의 움직임이 원활
눈주위 근육 (안부의 근)	• 안륜근 : 눈둘레의 근(눈을 감을 때와 깜박거림에 이용) • 추미근 : 눈살근(미간에 주름을 형성) • 상안검거근 : 눈을 뜨게하는 주동근 • 미모하체근 : 눈썹을 밑으로 당기는 근
코 주위 근육 (비부의 근)	• 비공의 크기 조절 • 비근과 비중격하체근

입 주위 근육 (구부의 근)	• 구륜근 : 입둘레근(입을 닫게하는 주동근 – 휘파람, 촛불 불때의 입모양) • 협근 : 볼근(입안 음식물 유지, 뺨을 압박 – 화난 표정 지을 때, 트럼펫 불 때) • 대권골근 : 스마일 근(웃는 표정 만들 때) • 구각하체근 : 입꼬리 내림근(슬픈 표정 만들 때) • 소권골근과 상순거근 : 윗입술 올림근(부정적인 표정) • 소근 : 보조개근(입꼬리 당김) • 이근 : 턱끝근(턱 피부에 주름 만듦)

- 입을 닫을 때는 구륜근과 협근이 작용하며 입을 열 때는 대권골근, 구각하체근, 소근, 부정적인 표정은 소권골근, 상순거근의 작용이다.
- 웃을 때 사용되는 근은 구륜근, 안륜근, 대권골근이다.

저작근(Muscles of mastkcation)

- 하악을 끌어 올리고, 대화를 가능하게 하며 음식을 씹게 하는 4종의 골격 근육들이다.
- 측두골과 접형골에서 기시, 하악골에서 정지(4쌍의 근육)한다.
- 지배 신경은 삼차 신경의 하악 신경이다.

교근	하악골을 위로 당긴다.
측두근	하악골을 상후방으로 당긴다.
내측이돌근	하악골을 상외측으로 당긴다.
외측이돌근	하악골을 앞으로 당기며 턱을 벌린다.

3-4 목의 근육(경부의 근)

경부의 근에는 천경근, 설골근, 전·외추골근이 있다.

천경근

- 광견근(경부의 전·외측의 피하에 퍼져 있음)과 흉쇄유돌근(두개골의 굴곡에 관여)이 있다.
- 광견근은 목에 주름을 잡고 구각을 밑으로 당겨 슬픈 표정을 만든다(안면신경의 지배).
- 흉쇄유돌근은 한쪽의 수축은 머리를 반대로 돌리게 하며 양쪽이 작용하게 되면 얼굴을 위로 올린다(부신경, 경신경의 지배).

설골근

- 설골상근과 설골하근이 있다.
- 설골상근(악이복근, 악설골근, 이설골근, 경돌설골근)은 음식물을 삼킬 경우 설골이나 혀를 위로 올리는 역할을 한다.

- 설골하근(흉골설골근, 견갑설골근, 흉골갑상근, 갑상설골근)은 올라간 설골과 인두를 제자리로 내리는 작용을 한다.

🍀 전·외추골근

- 전추골근(경장근, 두장근, 전두직근, 외측두직근)은 목과 머리의 굴곡이나 외전에 관여한다.
- 외추골근(전사각근, 중사각근, 후사각근 등의 3쌍의 근육)은 경부의 굴곡에 관여하며 심호흡을 할 때 늑골을 위로 당겨서 흡기근으로 작용한다.

3-5 등의 근육(배 근)

- 등쪽에 있는 근으로 천배근, 심배근, 후두하근으로 구분한다.

천배근	• 척주와 상지를 연결. • 승모근, 광배근, 견갑거근, 소능형근, 대능형근
심배근	• 척주와 두개골 및 골반의 연결. • 척주의 굴신과 회전 운동을 도움 • 판상근, 척주기립근, 횡돌극근
후두하근	• 경추와 두개골을 연결. • 두부의 굴곡, 신전 및 회전에 관여

- 승모근은 삼각형의 근으로 견갑골에 작용하여 팔을 올리거나 내릴 때, 바깥 방향으로 팔을 돌릴 때 사용되며 전체가 작용될 때는 가슴을 펴는 운동을 하게 되는 근이다.
- 광배근은 상완의 내전과 외전에 관여하여 팔을 힘있게 내뻗어 휘젓는 동작으로 작용되므로 수영 선수의 근이라고도 한다.
- 심배근은 등쪽의 깊은 곳에 위치, 척주 운동을 주도하는 근들(판상근, 척주기립근, 횡돌극근 등)이며 판상근의 경우 두개골의 운동에 관여한다.

3-6 가슴의 근육(흉부의 근)

- 천흉근(상지의 운동에 관여)과 심흉근(호흡에 관여)이 있다.

🍀 천흉근

대흉근, 소흉근, 전거근, 쇄골하근이 있다.

대흉근	상완의 내전과 내전 회전을 주도, 흉골과 늑골을 위로 당긴다.
소흉근	견갑골을 전방으로 당긴다.
전거근	견갑골을 앞으로 당겨서 회전시킨다.
쇄골하근	쇄골을 아래로 당긴다.

심흡근(늑간극)

- 횡격막과 더불어 호흡에 관여하며 외늑간극, 내늑간극, 늑하근, 흉횡근, 늑골거근이 있다.
- 호흡(Respiration)

흉식 호흡	근	호흡근의 작용
흡기근	외늑간근, 늑골거근	흉강 넓힘
호기근	내늑간근, 흉횡근, 늑하근	흉강 좁힘

3-7 복부의 근육

전복근과 후복근이 있다.

3-8 상지의 근육

견부의 근(어깨), 상완의 근(팔 앞), 전완의 근(팔 뒤), 손의 근이 있다.

견부의 근(Muscle of shoulder)

삼각근, 견갑하근, 극상근, 극하근, 소원근, 대원근이 있다. 삼각근은 견갑절이 굴곡과 신전, 외전의 주동근, 예방주사 시 상지의 근육 주사 부위로 이용되는 근이다.

상완의 근(Muscle of arm)

상완의 근(오훼완근, 상완이두근, 상완근, 상완삼두근, 주근)은 상완골 전면에 위치하고 있으며 견관절이나 주관절의 굴곡에 관여한다.

전완의 근(Muscle of forearm)

전완의 근은 손목과 손가락 운동에 관여하며 굴근과 신근이 있다.

손의 근(Muscle of hand)

무지구근, 중간근, 소지구근이 있다.

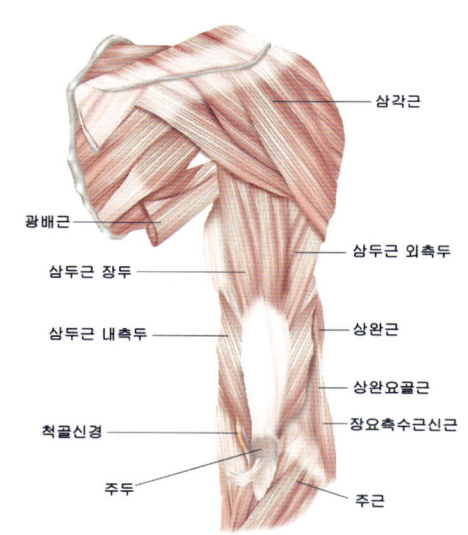

3-9 하지의 근육

몸무게를 유지, 지상 활동에 적합하게 발달되어 있는 근으로 장골부의 근, 둔부의근, 대퇴의 근, 하퇴의 근, 발의 근이 있다.

🍀 장골부의 근(Muscle of iliac region)

장골부의 근(장골근, 대요근, 소요근)은 내관골근이라고도 한다.

🍀 둔부의 근(Muscle of gluteal region)

둔부의 근(대둔근, 중둔근, 소둔근, 대퇴근막장근, 이상근, 내폐쇄근, 외폐쇄근, 상쌍자근, 하쌍자근, 대퇴방형근)은 엉덩이를 형성, 고관절을 신전시켜 몸의 균형을 유지, 체중을 받치는 역할을 한다. 대둔근은 가장 표면에 위치한 두터운 근으로 인체 하지의 근육주사 부위로 이용되는 근이다.

🍀 대퇴의 근(Muscle of thigh)

대퇴의 근(전대퇴근, 내측대퇴근, 후대퇴근)은 대퇴부를 이루며 고관절과 슬관절의 운동에 관여한다.

🍀 하퇴의 근(Muscle of leg)

하퇴의 근(전하퇴근, 외측하퇴근, 후하퇴근)은 발목과 발가락 운동에 관여하는 근이다.

🍀 발의 근(Muscle of foot)

족배근(발등의 근)과 족척근(발바닥의 근)이 있다.

4 신경계

4-1 신경계

신체의 내부와 외부의 자극을 전달, 이에 적절한 대응을 하는 주요 조절 체계로 의사 소통의 체계이다. 항상성을 조절, 유지하는 기능과 신경계 세포들의 전달 신호에 의한 즉각적인 반응을 일으킨다.

🍀 신경계의 기능

- 감수성 : 각종 수용기를 통하여 자극을 받아들인다.

- 흥분성 : 자극이 받아진 부위는 작은 활동 전류를 발생시킨다.
- 전도성 : 발생된 활동 전류는 일정한 방향으로 막을 따라 흐른다.
- 운동성 : 신경 말단의 분비물에 의한 근세포의 수축, 이완을 하게 하여 운동을 가능하게 한다.

신경 조직의 구성

- 신경 세포는 크기나 구조가 매우 다양하지만 기본적인 구조는 한 개의 세포체에 2종의 돌기인 수상돌기와 축삭으로 구성된다.
- 신경 조직은 신경원(Neuron)과 신경 교세포(Neuroglial cell)로 구성되어 있다.
- 신경원은 주변의 변화를 감지하여 활동 전류를 발생한다.
- 신경 교세포는 신경 세포 주변에 산재하여 주변의 조직에 고착, 영양과 노폐물 확산을 통한 공급, 식세포 작용에 의해 신경 섬유 보호, 신경 섬유 재생에도 관여한다.

신경원	뉴우런	기본적인 구조적 최소 단위인 신경 세포	
	수상돌기	자극을 세포체에 전달	
	축삭	세포체에서 나가는 자극을 다른 뉴런의 수상돌기에 전달	
신경 교세포	중추 신경계	성상 교세포, 희돌기 교세포, 소교 세포, 상의 세포 등	
	말초 신경계	신경초(슈반초)	말초 신경 섬유의 재생에 중요한 부분(슈반 세포)
		위성 세포	

- 수상돌기(Dendrite)는 특유의 감수체에 의해서 체내·외의 변화를 인지하며 인지로 인해 활동 전류를 발생시키고 구심성 섬유를 통해서 세포체로 전달한다. 이러한 전달은 다른 신경원의 축삭들과 연접되어 있어 흥분을 중추 쪽으로 전달해 준다.
- 축삭(Axon)은 수상돌기에서 발생된 활동 전류가 다른 신경원이나 근육으로 전달되게 하며 종말 단추의 전달 물질을 이용해 운동을 일으키기도 한다. 대부분의 축삭은 수초나 신경초로 둘러싸여 있으며 그렇지 못한 것도 있어 수초를 갖는 유섬유, 수초를 갖지 못한 무수섬유로 나누어진다.
- 신경초는 말초 신경 섬유의 재생에 중요한 부분(슈반 세포)으로 말초 신경에서 볼 수 있는 신경 교세포이다.
- 스냅스(Synapse)란 하나의 신경 세포가 또 다른 신경 세포와 연결되는 특수한 부위를 말한다.

신경계의 분류

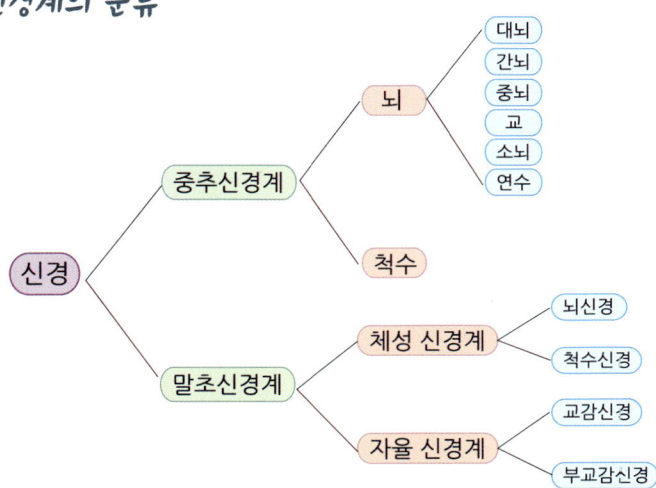

4-2 중추 신경계

- 전신 활동을 직접적으로 조절하는 기능을 갖고 있으며 중추 신경의 내부는 회백색을 띄고 있다. 신경 세포체로 구성된 회백질과 신경 섬유로 된 백질로 구성되어 있다.
- 중추 신경계는 뇌(Brain), 척수(Spinal cord)로 구성된다.
- 각종 정보를 통합, 분석하여 다시 원심성 신경을 통해 신체 말초 기관에 전달하여 적절 반응을 일어나게 한다. 중추 신경계에는 대뇌, 간뇌, 중뇌, 교, 소뇌, 연수 척수가 있다.

대뇌(Cerebrum)

- 전체 뇌 중량의 80% 차지, 현저히 분화된 곳, 신체의 운동과 감각, 정서 감정(희노애락)을 주관, 학습과 기억, 언어 활동, 사색, 창조적 기능의 정신 활동이 이루어지는 곳이다.
- 내면은 신경 세포가 밀집(회백질)된 대뇌피질과 안쪽의 신경 섬유(백질)로 이루어진 수질로 구분된다.

간뇌(Diencephalon)

- 대뇌반구와 중뇌 사이의 제3뇌실을 싸고 있는 부분으로 5대 감각(미각, 촉각, 시각, 청각, 후각)의 중간 중추와 감각에 대한 무의식적 반사 운동을 하는 중추, 자율 신경계의 통합 중추, 조절 중추(체온과 혈당 등의 조절)가 있다.
- 시상, 시상상부, 시상하부, 시상후부로 구성되어 있다.
- 시상은 후각 이외의 감각을 종합하여 대뇌피질로 전도를 맡은 중계소이다.
- 시상상부는 송과체(성 기능과 생체 리듬에 관여), 수강삼각, 후교련(신경 세포들을 연락) 등으로 구성된다.
- 시상하부는 회백질로 시상과 경계가 되며 중추 신경계 기능 수행의 신체 기능을 통제(본능에 관련된 행동들), 감정과 정서 반응에 관여, 신체의 항상성 유지를 위해 작용한다. 본능적 욕구

조절, 수분 대사 조절, 음식물의 섭취 조절, 체온 조절, 정서적 행동 조절, 수면 조절, 위산 분비의 조절, 뇌하수체 통제가 있다.
- 시상후부는 내측슬상체(청각 영역으로 투사), 외측슬상체(시각 영역으로 투사)가 있다.

중뇌(Midbrain)

전뇌와 교, 소뇌를 연결하는 전도로의 통로와 중계소이다. 시각, 청각의 반사 중추, 안구운동, 동공 수축의 운동 중추가 있다.

교(Pons)

중뇌와 연수 사이에 위치하고 있으며 호흡 중추와 골격근의 긴장을 조절한다.

소뇌(Cerebellum)

교와 연수의 뒤에 위치하고 있으며 신체 운동의 조정과 권고에 관여하는 대뇌의 자문 기구이다. 평형과 자세의 정밀 조정, 수의 운동의 정밀 조정, 긴장성 조정, 청각, 시각, 체성 감각의 되먹이기 조절의 기능이 있다.

연수(Medulla oblongata)

척수와 뇌의 연결 부분에 위치하며 생명 유지에 중요한 중추 등을 함유하고 있다.

척수(Spinal cord)

- 척수강 내에 위치하며 45cm의 길이로 말단은 마미(Cauda epuina)로 구성되어 있고 31쌍의 척수신경분지(말초 신경)이다.

4-3 말초 신경계

- 말초 신경계(Peripheral nervous system)는 중추 신경계와 연결되어 있어 의식적인 활동을 담당하는 체성 신경계와 내장 기관에 연결로 무의식적인 활동을 하게하는 자율 신경계가 있다.
- 구심성 신경(원심성 신경)은 모든 인체 부위에서 발생되는 신경 흥분을 중추 신경계에 전달하는 신경으로 중추에서 신경 말단으로 전달하는 신경이다. 체성 신경계는 골격근을 지배하며 자율 신경계는 내장근(평활근), 심장근 및 선조직을 지배한다.
- 신체 각 부위에서 받아들인 자극을 중추 신경계(뇌, 천수)에 전달하며 전달 과정에서 조정, 통합되어 일으키는 반응을 내장근, 골격근 및 선에 전달하는 신경계이다.
- 체성 신경계(12쌍의 뇌신경, 31쌍의 척수 신경)와 자율 신경계(교감, 부교감신경)로 구분한다.
- 체성 신경계는 골격근의 수의적인 운동, 피부 및 감각기의 감각을 지배하며 자율 신경계는 내장, 혈관, 선 등에 분포하여 기관의 기능을 반사적으로나 무의식적으로 조절한다.

🌸 뇌신경(Cranial nerve)

- 뇌에서 분지하는 머리를 지배하는 12쌍의 뇌신경으로 뇌의 말초 신경이다. 머리의 여러 부위를 지배한다.
- 뇌신경은 기능에 따라서 운동성 섬유, 감각성 섬유, 혼합신경 섬유가 있다.
- **후신경** : 후각에 관여하는 감각 신경이며 분포는 상비도 점막이다.
- **시신경** : 시각에 관여하는 지각 신경이며 안구망막의 시세포에서 기시, 두 개강으로 들어간다.
- **동안신경** : 안구 운동에 관여하는 운동 신경으로 눈을 뜨게 하는데 관여한다(상안검거근에 분포).
- **활차신경** : 뇌신경 중 가장 작고 특이하게 뇌간의 배측에서 나오는 운동 신경이며 안와로 들어와 상사근에 분포한다.
- **삼차신경** : 감각 신경과 운동 신경의 혼합 신경으로 감각 섬유는 안면의 피부, 구강과 비강의 점막 등에 분포하며 운동 섬유는 저작근, 설골근에 존재하는 뇌신경 중 가장 큰 신경이다.

삼차신경	안신경	• 안구, 결막, 앞이마, 비점막에 분포하는 감각 신경(제1지)
	신경 교세포	• 하안검, 윗니, 뺨, 구개, 윗입술 및 상악동 등에 분포하는 감각 신경(제2지)
	신경 교세포	• 운동과 감각 섬유가 혼합 • 운동 신경은 저작근과 악설골근, 고막장근, 악이복근 및 구개범장근 등에 분포 • 감각 신경은 측두부, 외이, 뺨, 턱, 아랫입술, 구강점막, 아랫니, 혀 등에 분포

- **외전신경** : 운동신경으로 안구의 운동에 관여하는 근육 중에서 외측직근의 지배를 받으며 손상받기 쉬운 신경이다.
- **안면신경** : 뇌신경 중 하나인 제7뇌신경으로 얼굴의 표정근을 지배하는 운동신경이 있어 안면 근육 운동에 관여하며 미각에 관여하는 감각 섬유가 있어 혀 앞 2/3 미각을 담당하는 운동과 감각 신경이 섞인 혼합 신경이다.
- **내이신경** : 청각과 평형각을 전도한다.
- **설인신경** : 감각과 운동을 지배하는 혼합 신경, 혀와 인두에 분포, 특수 감각 섬유인 설지(혀의 후방 1/3의 점막에 분포)는 미각과 감각을 전도, 반사적 혈압 조절 기능도 가지고 있다.
- **미주신경** : 감각과 운동, 분비를 조절하는 혼합 신경, 경부, 흉부, 복부의 내장(위, 대장, 소장, 간, 췌장, 신장, 비장 등)에 분포한다.
- **부신경** : 연수와 척수에서 나오는 섬유가 한 줄기로 경정맥공을 지나는 운동 신경이며 흉쇄유돌근과 승모근에 분포한다.
- **설하신경** : 혀의 운동을 지배하는 운동 신경이다.

🍀 척수 신경(Spinal cord)

- 척수에서 기시하는 말초 신경으로 두경부를 제외한 전신을 지배하며 전근(운동 신경 섬유를 냄)과 후근(감각 신경 섬유를 받아들임)의 신경근을 내게 되고 척수 주변에서 전근과 후근이 합쳐져 척수 신경이 되어서 추간공을 통하여 나오는 혼합 신경(운동과 감각을 함께함)이 된다.

- 척수 신경의 구분은 경신경 8쌍, 흉신경 12쌍, 요신경 5쌍, 천골신경 5쌍, 미골시경 1쌍이다.
- 천수 신경은 운동성인 전근, 감각성인 후근으로 구성되며 천수 신경이 서로 혼합되어 신경총을 형성한다.
- 신경총(Plexus)은 경신경총, 완신경총, 흉신경, 요신경총, 천골신경총, 미골신경총으로 구분한다.

자율 신경계

- 식물 신경계라고도 하며 자율적으로 의존없이 활동하는 것처럼 보이지만 대뇌피질의 의식적인 지배를 받고 있다.
- 자율 신경계는 교감신경과 부교감신경으로 구분한다.
- 교감신경은 흉·요수부(제1흉수와 제2흉수사이에서 나옴)라고 하며 절전 섬유가 짧고 절후 섬유는 길다. 전도효과기는 평활근, 심장근, 선이다.
- 교감신경은 심장 박동을 촉진, 혈압을 높임, 혈류량의 증가(신진대사를 항진), 동공확대, 흥분 상태에 의해 에너지 소비 반응이 있으며 반대로 타액선과 누선의 분비 억제, 소화액 분비 억제, 소화기계의 수축력과 점액 억제, 골격근의 혈관, 입모근의 수축, 한선의 분비 촉진이 있다.
- 부교감신경은 뇌·천수부(동안, 안면, 설인, 미주, 뇌신경과 제2~4천골과 섞여나옴)라고 하며 절전 섬유는 길고 절후 섬유는 짧다. 효과기는 평활근, 심장근, 선이다.
- 부교감신경은 흥분이나 스트레스로부터 항상성을 유지하려고 한다. 부교감신경이 흥분되면 혈압은 정상, 동공의 긴장성 수축, 누선의 분비 촉진, 방광의 배뇨근 수축, 소화관의 연동 운동이 촉진된다.
- 아드레날린 동작성 신경 섬유는 Catecholamine이 분비하여 흥분이 전달된 신경 섬유이다.

교감신경	• 동공 확대, 모양체근 이완, 기관지 확대 • 한선의 분비 촉진, 입모근 수축 • 소화선 분비 억제, 호흡기 분비선 분비 억제 • 방광배뇨근 이완, 내분비계 부신피질 분비 촉진
부교감신경	• 동공 축소, 모양체근 축소, 기관지 축소 • 한선의 분비 억제, 입모근 수축 억제 • 소화선 분비 촉진, 호흡기 분비선 분비 촉진 • 방광배뇨근 수축, 내분비계 부신피질 분비 억제

5 순환계

인체 물질들의 운반을 위해 관을 통한 액체의 순환을 순환계라고 하며 순환계에는 혈액을 운반하는 혈관계, 림프를 운반하는 림프계가 있다. 순환계는 여러 조절기전을 통해 신체의 각 기관에 필요한 혈액을 일정량 공급하는 것으로 전신을 순환하며 조직에 산소와 영양분을 공급한다. 대사 과정에서 발생되어진 이산화탄소를 폐를 통해 배출시키고 혈액의 이동은 심장에서 나와서 다시 순환을 걸쳐 심장으로 돌아간다. 순환계의 기능은 각 조직에 지속적인 혈액의 공급이며 노폐물은 신장을 통해 정화시켜 배출하는 작용을 한다.

5-1 혈관계

혈액의 순환로를 혈관이라고 하며 혈관에는 영양분과 산소가 함유된 혈액을 조직으로 운반하는 동맥계(대동맥, 동맥, 소동맥)와 노폐물이 들어 있는 혈액을 신장이나 폐 등으로 운반하는 정맥계(소정맥, 정맥, 대정맥)가 있다. 동맥과 정맥을 연결하는 모세혈관에서는 혈액과 조직 사이의 물질 교환이 이루어진다.

❀ 혈액(Blood)의 조성

혈장과 세포 성분으로 구성되어 있으며 혈액량은 몸무게의 약 8%(혈장이 55%, 혈구가 45%)이다. 혈액의 90%는 혈관계를 순환하고 나머지는 간이나 비장 내에 저장된다.

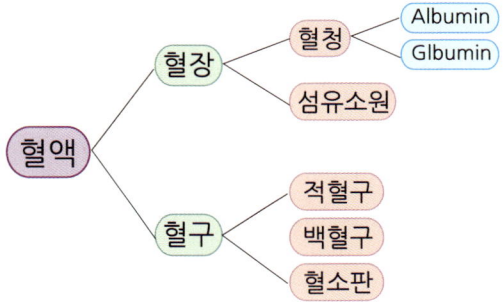

❀ 혈액의 기능

혈액의 기능은 운반 작용, 조절 작용, 방어 및 식균 작용, 지혈 작용이다.

운반 작용	영양소 운반, 가스(산소와 이산화탄소)의 운반, 노폐물 운반, 호르몬 운반
조절 작용	전해질 및 수분 조절, 체온 조절, 체액의 pH 조절
방어 및 식균 작용	백혈구(식균 작용), 혈장(항체가 있어 감염으로부터 방어)
지혈 작용	혈액 응고(혈액 응고 인자와 결합하여 지혈)

🍀 적혈구(Erythrocyte)

핵이 없고 직경 8㎛, 두께 2㎛의 중앙이 오목한 원판형으로 적혈구의 개수는 성별에 따라 차이가 있다. 적혈구의 평균 수명은 120일이고 80~90%는 비장, 간, 골수의 세망내피계, 그리고 조직내 대식 세포에 의해 탐식되어 파괴되며 나머지 10~20%는 용혈된다. 적혈구는 헤모글로빈(산소 운반의 주역으로 Fe를 함유)이 대부분이며 여러 개가 모이면 붉은 색으로 보인다.

🍀 백혈구(Leukocyte)

일반 세포와 마찬가지로 핵을 가지고 있고 염색성도 강하며 세포질내 염색성 과립(과립 백혈구, 무과립 백혈구)을 갖고 있다. 과립 백혈구에는 중성구, 산성구, 염기성구 등이 있고 무과립 백혈구에는 림프구와 단핵구가 있다. 백혈구는 아메바 운동을 통해 이동이 가능하며 음세포 작용으로 세균, 이물질을 백혈구 내부로 이동시키고 효소인 Myeloperoxidase에 의해 분해된다. 이러한 작용을 식균 작용이라고 한다.

🍀 혈소판

골수의 거대 핵세포에서 유리된 핵이 없는 과립체의 불규칙한 모양의 혈구로 수명은 약 1주일이다. 혈액 응고 및 지혈을 주도, 면역 결합체 등을 탐식, 비타민(Bistamine) 등의 운반과 저장에도 관여한다.

5-2 림프계

🍀 림프계의 기능

림프계의 기능은 식균 작용, 신체 방어 작용, 면역 작용, 조직액을 혈액으로 되돌리는 작용(조직액 순환 작용)이 있다. 순환기 계통에서 혈관계(동맥, 정맥, 모세혈관)와 림프계(림프관, 림프절, 독립 림프 기관인 편도나 비장, 가슴샘으로 구성)로 나눌 수 있다. 림프관들은 대부분의 조직 세포 사이에 있는 세포간질로부터 초과된 분비액을 대정맥으로 돌려보낸다.

🍀 작용기전과 효과

림프의 작용기전은 결체 조직으로부터 나온 노폐물과 부산물을 배출시키고 이것은 림프관으로부터 연결된 림프절들로 구성되어 있다. 결체 조직은 몸의 세포에 영양을 공급해 줄 수 있으나 혈류의 흐름이 원활하지 않을 때에는 세포의 노폐물이나 영양 물질이 정체된다.

6 소화기계(Digestive system)

6-1 소화기계

인체의 세포들이 제 기능을 유지하고 성장과 재생을 하도록 음식물을 섭취하고 물리, 화학적인 작용에 의해 소화시켜 필요 영양분을 흡수, 배설시키는 계통이다. 소화관(입에서 항문까지 : 구강, 인두, 식도, 위, 소장, 대장, 항문)과 부속 기관으로 타액선, 간 및 췌장, 담낭 등이 있다.

🍀 소화 작용

기계적 소화는 소화관에서 하는 운동에 따른 작용(물리적 작용)으로 저작과 연하, 연동, 분절 운동이며 화학적 소화는 소화 효소에 의해 고분자가 저분자 물질로 분해되는 과정이다.

🍀 소화 효소

소화관이나 장점막에서 분비되는 소화액에 포함되어있는 수용성 혼합물이다. 신경반사와 소화 호르몬의 조절 작용으로 분비를 한다.

🍀 소화관

구강, 인두, 식도, 위, 소장(십이지장 – 공장–회장), 대장(맹장–결장–직장), 항문까지를 말한다.

구강	• 입안 전체를 말하며 저작과 연하, 타액
인두	• 음식물을 위로 옮기는 운동, 연하
식도	• 평활근의 연속적 수축으로 아래로 밀어내림, 연동
위	• 위선, 위액의 분비, 음식물이 밀리는 움직임, 일정한 간격으로 일어남, 음식물을 십이지장으로 보냄 • 연동, 휘저음
소장	• 음식물이 장액과 고르게 섞이도록 하고 점막에 고루 닿게 하며 음식물을 아래로 계속 밀어냄 • 연동, 분절, 진자, 융모 운동
대장	• 음식물을 S결장과 직장으로 이동시킴, 장액의 분비, 작용(탄수화물, 단백질 분해 효소, 담즙과 췌액 분비를 촉진, 미생물에 의해 비타민 K와 비타민 B 복합체 등을 장내 합성, 강한 연동
직장	• 배변, 강한 연동

🍀 부속 기관

소화계의 부속 기관에는 간, 담낭, 췌장이 있다.

간	• 담즙을 만들며, 포도당을 글리코겐으로 저장하는 소화 기관 • 글루코겐을 글리코겐으로 저장과 분해 • 단백질 합성과 저장 및 방출 • 혈액 응고기전에 관여, 방어 및 해독 작용, 혈액량 조절과 저장
담낭	• 담즙의 분비로 지방을 유화시켜 지방의 분해 • 지용성 비타민의 흡수 촉진, 철과 칼슘의 흡수 촉진 • 장관내 부패 방지, 담즙 색소와 약물, 독물 등의 배설 작용
췌장	• 내·외 분비 작용을 겸한 복막 후 장기로 체액이 분비 • 체액에는 단백질 분해 효소인 트립신과 지방을 분해하여 지방과 글리세롤을 만드는 리파아제가 있다.

6-2 내분비계(Endocrine System)

내분비계는 조절계로 신경계와 같이 생체의 조절 기능을 한다. 내분비선은 각 신체 부위에 분포되어 있고 내분비선을 통한 분비물은 따로 배설관이 없어 혈관 속의 혈액과 함께 운반된다.

🍀 호르몬(Hormone)

호르몬은 내분비선에서 분비되는 물질이다. 내분비 기관에 속하는 장기에는 뇌에 부속되어 있는 뇌하수체, 송과체이며 경부에 있는 갑상선, 부갑상선이 있고 흉강내의 흉선, 복강과 골반강의 부신, 췌장, 난소, 음낭 내 고환 등이다.

🍀 호르몬의 생리적 특성

체내 내분비선에서 합성하며 미량이나 낮은 농도로도 영향을 주고 작용을 한다. 필수적인 조절이나 물질의 결핍증, 과다증을 나타내며 혈액에 의해 운반되고 혈관으로 직접 분비된다. 표적 장기에만 작용한다.

6-3 비뇨기계(Uuinary system, 배설계)

🍀 신장(Kidney)

적갈색의 콩 모양의 복막후장기, 척주 양측에 위치(제11흉추~제3요추)한다. 좌측 신장이 더 높게 위치하고 우측 신장은 간으로 인해 조근 낮게 위치한다. 신장의 상단에는 부신(내분비기관)이 있다.

❋ 신장의 구조

신문, 신피질, 신수질, 신우로 구별되며 바깥쪽이 신피질, 삼각형의 구조물로 안쪽을 신수질이라 한다. 신문은 콩 모양의 신장에서 움푹 들어간 곳이며 요관, 신동과 정맥, 신경, 림프관의 출입구이다. 신우는 신장과 요관의 연결부로 깔때기 모양의 공간이다. 신장의 크기는 길이 11cm, 폭 6cm, 두께 3cm이다.

❋ 신장의 생리적 기능

체액의 항상성을 유지시켜주고 전해질 양 및 삼투압 농도를 조절, 산과 염기 평형을 유지하기도 하며 노폐물과 독소를 배출, 혈압을 조절하고 조혈 호르몬 분비로 생체 내부 환경의 항상성 역할을 한다.

화장품학

1. 화장품

1-1 화장품의 정의

"화장품이란 인체를 대상으로 사용하는 것으로서 인체를 청결, 미화하고 매력을 더하며 용모를 밝게 변화시키거나 피부 또는 모발의 건강을 유지 또는 증진하기 위하여 인체에 사용되는 물품"이라고 화장품법 제 1장 총칙 제 2조 1항에 법적으로 정의하고 있다. 인체에 대한 작용이 경미해야 하며 약사법 제 2조 제 4항의 의약품에 해당되는 물품은 제외한다. 화장품은 세정, 미용을 목적으로 하며 인체에 유해함이 없어야 한다. '향장품'이란 향료와 화장품을 총칭하는 것으로 향료 제품은 향취의 발산이 주목적이고 화장품은 피부에의 살균 작용과 수렴 작용, 피부 보호 및 미화를 주목적으로 한다.

❀ 화장품의 4대 요건

- 안전성 : 피부에 자극, 독성, 알러지 반응이 없을 것
- 안정성 : 보관시 변질이나 변색, 변취 및 미생물 오염이 없을 것
- 사용성 : 사용감이 좋고 잘 스며들 것
- 유효성 : 적절한 보습, 노화 억제, 미백, 자외선 차단, 세정, 색채 효과를 부여할 것

❀ 화장품과 의약부외품 및 의약품의 비교

구분	화장품	의약부외품	의약품
대상	정상	정상	환자
목적	세정과 미용	위생과 미화	치료, 예방, 진단
범위	전신	특정 부위	특정 부위
기간	지속적, 장기간	단속적, 장기간	일정 기간
효능	제한	효과, 효능의 범위 일정	제한 없음
부작용	없어야 함	없어야 함	있을 수 있음

1-2 비누

비누의 원료
수산화나트륨(NaOH)과 수산화칼륨(KOH)이 있다. 수산화나트륨은 알코올에 녹는다.

화장비누의 구비 조건
- **안전성** : 습하거나 건조한 조건에서도 형태와 질이 변하지 않아야 한다.
- **자극성** : 피부를 자극시키지 않아야 한다.
- **용해성** : 냉수와 온수 모든 곳에 잘 용해되어야 한다.
- **기포성** : 거품에 의해 피부가 닿는 면이 부드러우며 세정력이 있어야 한다.

1-3 계면 활성제의 성질

친유성기 (소수성기) | 친수성기

계면 활성제의 종류와 특징
- 둥근 머리 모양이 친수성기이고 막대 모양이 소수성기(친유성기)이다.
- 한 분자내에 친수성기와 친유성기가 함께 있는 물질로 물과 기름의 경계면인 계면의 성질을 변화시킬 수 있는 특성이 있다.
- 자극의 세기는 양이온성 > 음이온성 > 양쪽성 > 비이온성 계면 활성제이다.

종류	특징
양이온성 계면 활성제	살균, 소독 작용이 크고 정전기 발생 억제 작용이 있어 헤어 린스, 헤어 트리트먼트에 사용된다.
음이온성 계면 활성제	세정 작용, 기포 형성 작용이 우수하며 비누, 클렌징폼, 샴푸 등에 사용한다.
양쪽성 계면 활성제	세정 작용이 있고 피부 자극이 적어 베이비 샴푸, 저자극 샴푸에 사용한다 (저자극 제품과 유아용 제품).
비이온성 계면 활성제	피부 자극이 가장 적어 화장수의 가용화제나 크림의 유화제, 클렌징 크림의 세정제 등에 사용한다.

- 양쪽성 계면 활성제는 물에 용해될 때, 친수성기에 양이온과 음이온을 동시에 갖는 계면 활성제를 말한다.
- 비이온 계면 활성제는 물에 용해 시 이온으로 해리하지 않는 수산기, 에테르 결합, 에스테르를 분자 중에 갖고 있는 계면 활성제이다.

- 음이온 계면 활성제는 물에 용해 시 친수성기 부분이 음이온으로 해리된다.
- 양이온 계면 활성제는 물에 용해될 때, 친수성기 부분이 양이온으로 해리된다.

🌸 계면 활성제의 분류와 작용 원리

유화제	물과 기름에 잘 섞이게 하는 것
가용화제	기름(소량)을 물에 투명하게 녹이는 것
세정제	오염 물질을 제거해 주는 것
분산제	고체입자를 물에 균등하게 분산시키는 것

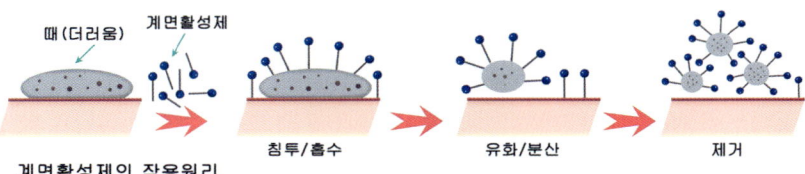

계면활성제의 작용원리

🌸 유화(Emulsion)

- 유화 제품은 물에 오일 성분이 계면 활성제에 의해 우유빛색으로 백탁화 된 상태의 제품이다.
- 섞여있는 오일의 크기가 미셀에 비해 크기 때문에 빛을 통과하지 못하고 반사하게 되어 뿌옇게 보인다.
- 물에 오일 성분이 섞여있는 O/W형 에멀젼(수중유형 유화)과 오일에 물이 섞여있는 W/O형 에멀젼(유중수 유화)이 있다.
- 단상 에멀젼 O/W형의 경우는 수분 베이스에 오일 입자를 분산시켜 제조한 것으로 피부에 효과적인 수용성 물질을 함유하고 있다. 오일 입자는 외부 윤활제로 표면을 보호하고 부드럽게 하며 유화 상태의 수분량은 내적인 윤활제로 작용하고 물에 의해 쉽게 제거된다.
- 대표적 유화 제품으로는 크림과 로션이다.

🌸 가용화(Solublilization)

- 가용화 제품은 소량의 오일 성분이 계면 활성제에 의해 물에 투명하게 용해되어 있는 상태의 제품이다.
- 미셀의 크기가 작아 빛을 통과하므로 투명한 상태를 나타낸다.
- 가용화 현상은 난용성, 불용성의 물질이 계면 활성제의 수용액에서 투명하게 용해하는 현상이며 가용화 작용의 계면 활성제를 가용화제라고 한다.
- 가용화 제품으로는 화장수, 투명 에멀젼, 에센스, 립스틱, 네일 에나멜, 헤어 리퀴드, 포마드, 헤어 토닉, 향수 등이 있다.

❀ 분산(Dispersion)

- 분산 제품은 미세한 고체 입자가 계면 활성제에 의해 물이나 오일 성분에 균일하게 혼합된 상태의 제품이다.
- 분산 제품으로는 고체-액체 분산제로 립스틱, 아이 라이너, 마스카라 아이 섀도, 네일 에나멜 등이며 크림 파운데이션과 같은 고체-액체-액체 분산제도 있다.
- 분산의 경우 고체 상태의 안료가 이용되며 안료는 색채를 줄 목적으로 사용되고 있다.

화장품의 분류

2-1 기초 화장품

기초적인 화장품을 말하며 세안제와 화장수, 크림, 팩 등이 있다.

❀ 기초 화장품의 정의

- 기초 화장품은 피부의 청결과 보호, 건강을 유지시키기 위한 목적으로 사용되는 제품이다. 즉, 피부의 정상적인 기능 수행을 도와주는 제품이다.

❀ 기초 화장품의 목적

- 기초 화장품의 사용 목적은 세안, 피부 보호, 피부 정돈이다.

세안	피부 표면에 먼지나 노폐물의 제거로 피부 청결
피부 보호	피부 표면의 건조 방지, 피부를 부드럽게 함
피부 정돈	비누 세안에 의해 손상된 산성막의 pH를 정상적인 상태로 되돌림

- 피부를 청결히 하고 피부의 수분 밸런스를 유지한다.
- 피부의 신진대사를 촉진시키며 피부에 유해한 환경인자(먼지, 공해, 자외선, 미생물 등)로부터 보호한다.

2-2 세안 화장품

- 세안제(Cleanser)는 얼굴의 노폐물 및 화장을 지워 피부를 청결하게 유지, 보습 및 유연효과를 위해 사용하는 것으로 비누와 클렌징제(리퀴드, 로션, 크림, 폼, 젤 등)로 분류된다.
- 세안의 목적과 기능은 피부 표면층에 붙어있는 오물을 씻어 내는 세정과 주름, 처짐의 개선이다.
- 세안 화장품은 피부의 상태와 물의 온도 등이 고려되어야 하며 여드름 피부의 경우 멸균된 물(끓여서 식힌 물)을 사용하는 것이 좋다.

- 따뜻한 물은 각질을 부풀리고 혈액 순환을 촉진시키고 물의 세정력이 좋아 지성 피부에 좋으나 뜨거운 물의 경우는 건성 피부나 모세혈관 확장 피부, 민감성 피부에 사용하지 않는 것이 좋다.
- 차가운 물은 자극을 진정, 혈관을 수렴하기 때문에 건성과 민감성 피부에 좋으나 따뜻한 물에 비해 세정력은 떨어진다.

계면 활성제와 용제형 세안 화장품의 작용 원리

- 세안 화장품에는 계면 활성제 세안 화장품(주로 씻어내는 타입)을 이용한 것과 용제 및 유성 성분이 함유된 크림의 용해 작용을 이용한 용제형 세안 화장품(닦아내는 타입)이 있다.

화장 비누(Soap)

- 비누는 거품을 잘 나게 하며 잘 헹구어져 뽀득한 느낌을 주지만 피부의 pH를 알칼리성으로 만든다. 경수에서는 거품이 잘 생성되지 않으며 사용 후 피부 당김을 준다.

클렌징 폼(Cleansing foam)

- 주성분은 지방산 비누와 중성세제를 주성분으로 하고 있는 계면 활성제형의 세안 화장품으로 비누의 우수한 세정력 및 크렌징 크림의 피부 보호 기능을 겸한 부드러운 반고체상이다. 탈지를 막기 위해 보습과 유분을 배합하고 있다.
- 비누 세안 후 느끼는 당김이 적으며 촉촉한 느낌을 유지시켜준다.
- 비누와 중성세제의 일종인 비이온 계면 활성제의 적절한 배합이 되도록 하는 것이 좋다.

페이셜 스크럽(Facial scrub)

- 클렌징 폼에 스크럽이 함유된 것을 페이셜 스크럽이라고 한다.
- 스크럽이 함유된 클렌징 폼의 뛰어난 세정은 필링 효과를 가져온다.

스크럽의 효능과 효과	
세안 효과	세균, 피부의 노폐물, 메이크업 잔여물을 제거
마사지 효과	진피 및 피하 조직에 분포된 혈관과 신경을 자극하여 혈액 순환 촉진과 건강한 피부를 유지
필링 효과	각화된 각질 제거 효과로 각질층이 두꺼워지는 것을 막고 세포의 재생을 촉진

클렌징 젤(Cleansing gel)

- 젤 타입으로 대부분 중성, 지성, 여드름 피부용으로 사용 가능한 오일 프리(Oil free) 타입이며 건성용 오일프리 타입도 있다.
- 클렌징 젤은 피부에 촉촉하고 매끄럽게 작용하기 때문에 옅은 화장을 지우기에 적합하며 단점으로는 세정력이 다소 떨어진다는 것이다.

🍀 클렌징 크림(Cleansing cream)

- 크림 타입은 피지와 기름때 등의 노폐물과 결합하여 오일 성분을 녹이므로 두터운 메이크업에 적당하다.
- O/W(수중유)형은 물에 잘 용해되지만 유성 메이크업에 대한 친화성이 적고 사용감이 무겁다.
- W/O(유중수)형은 유성의 메이크업에 빠른 침투와 용해, 분산의 효과를 가지지만 물에는 잘 용해되지 않아 워시 오프(Wash-off) 타입보다는 티슈 오프(Tissue-off) 타입의 개발이 이루어지고 있다.

🍀 클렌징 로션(Cleansing lotion)

- 피부 자극이 적은 계면 활성제와 알코올, 보습제를 함유하고 있어 피부에 부담이 적어 가벼운 메이크업을 지우는데 효과적이며 민감성 피부에 좋다.
- 클렌징 크림보다 가벼운 클렌징이다.

🍀 클렌징 오일(Cleansing oil)

- 클렌징 크림의 세정력에 클렌징 폼의 물 세안의 효과를 동시에 갖고 있다.
- 오일 성분에 소량의 계면 활성제, 에탄올이 함유되어 있고 세정력이 우수하다.

🍀 클렌징 워터(Cleansing lotion)

- 세정용 화장수로 가벼운 메이크업의 제거와 피부의 노폐물 제거를 목적으로 사용된다.
- 솔비톨 등 폴리올 및 용제로서 에탄올이 사용된다.

2-3 화장수(Skin Lotion)

🍀 화장수의 목적과 기능

- 세안 후에도 지워지지 않는 성분의 제거를 위해 사용되며 세안제의 알칼리성 성분과 피부에 남아있는 잔여물이 피부 표면을 약알칼리성이나 중성으로 만들게 되는데 이때 유연 화장수는 피부 표면을 약산성으로 만들어 정상화시킨다.
- 수렴 화장수의 경우는 각질층에 수분을 공급하므로 발한과 피지 분비의 속도를 제한하며 모공을 수축시켜 피부결을 정리한다.
- 정상 피부와 건성 피부의 경우 유연 화장수가 적합하며 지성과 여드름 피부의 경우 수렴화장수가 적합하다.
- 화장수의 기본적인 기능은 각질층의 수분 공급으로 보습의 효과 외에도 유연과 수렴의 목적에 따라 성분을 배합한다.

화장수 원료
- 알코올(에탄올)과 글리세린, 붕산, 과산화수소가 있다.
- 화장수에 함유된 알코올(에탄올)은 10% 전·후 이다.

화장수의 주요 성분

구분	성분 예	주요 기능
정제수	물(Water)	수분 공급, 용해
알코올	에탄올(Ethanol)	청량감, 소독, 용해
보습제	폴리올(글리세린-Glycerine, 솔비톨-Sorbitol, 프로필렌 글리콜-Propylene glycol, 부틸렌 글리콜-Butylene glycol), PEG, 수용성 고분자(Sodium hyaluronate)	보습, 용해 보조
유연제	실리콘 오일(Phenyl siloxane)	유연, 보습 유지
수렴제	식물 추출물(Witch hazel extract)	긴장감 부여
계면 활성제	POE(12)nonyl phenyl ether	유분, 향료 용해
향료	퍼퓸(Perfume)	향취 부여
방부제	메틸 파라벤(Methyl paraben), 프로필 파라벤(Propyl paraben)	세균 증식 억제
pH 조절제	유기산(Citric acid, lactic acid)	pH 조절
기타	Dye, Disodium EDTA, 이-Panthenol, Allantoin	색소, 킬레이트제, 비타민, 활성 성분

화장수 종류
- **유연 화장수** : 크린싱 사용 후에 크림을 닦아내듯이 사용하는 화장수로 거친 피부용이자 알칼리성 화장수이다.
- **수렴 화장수** : 아스트리젠트 등의 모공을 수축시키는 화장수로 지성 피부에 적당하며 산성 화장수이다. 산성 화장수에는 스킨 로션, 스킨 토닉, 아스트리젠트가 있다.
- **세정 화장수** : 맨살의 세안료로도 사용되며 가벼운 색조 화장을 지우거나 오염을 제거하고 피부의 청결과 세정 효과를 위해 보습제, 에탄올, 계면 활성제를 많이 배합한다.
- **알칼리성 화장수** : pH7 이상의 화장수로 피부 흡수나 청정 작용이 우수하며 벨쯔수라고도 한다.
- **다층식 화장수** : 층을 이루는 화장수로 대체로 유층/수층 및 수층/분말의 2층의 형태로 구성되며 사용시에는 흔들어서 사용한다. 유액상과 분말분산상의 특이한 사용성을 나타낸다.

2-4 유액(로션, Lotion)

유액의 목적과 기능
- 화장수와 크림의 중간적 성질을 지니고 있으며 유분량은 적은 유동성이 있는 유화제이다.
- 피부의 모이스춰 밸런스를 유지시키는 유효한 보습제로 수분, 유분을 지니고 있어 피부의 보습과 유연 기능이 있다.

유액의 종류

보습과 유연	에몰리엔트 로션
혈행 촉진과 유연	마사지 로션
세정과 화장제거	클렌징 로션
자외선 방지	선프로텍트 로션

- 정상 피부용은 유분과 보습제를 적절히 함유하고 있으며 건성 피부용은 유분과 보습제를 많이 함유하고 있고 지성 피부용은 유분을 적게 함유하고 알코올의 함량이 조금 높다.
- 복합성 피부용의 경우 유분과 보습제를 적절히 하면서 피지 분비를 조절할 수 있는 피지흡착 컨트롤 파우더와 천연물 등을 배합한다.
- 민감성 피부용은 저자극성 성분을 사용하며 알코올, 향, 색소, 방부제의 첨가를 억제한다.

유액의 주요 성분
- 유성 성분으로 사용되는 것은 탄화수소, 유지, 왁스(고급 지방산에 고급 알코올이 결합된 에스테르) 등이 있다.
- 수성 성분으로는 정제수, 다가 알코올, 에탄올, 수용성 고분자 등이 있다.
- 다른 성분으로는 약제, 방부제, 자외선 흡수제, 킬레이트제, 분산제, 산화 방지제, 퇴색 방지제, 색제, 완충제, 향료 등이 있다.

유분 함유량	로션의 종류
3~8%	화장수에 가까운 로션
10~20%	모이스춰 로션, 밀크 로션
20~30%	에몰리엔트 로션, 클렌징 로션

2-5 크림(Creeam)

🍀 크림의 목적과 기능

- 섞이기 힘든 물과 기름을 유화 상태를 만들어 피부에 흡착하기 쉽게 하여 수분과 유분을 공급하며 피부를 매끄럽고 유연하게 하는 것이 목적이다.
- 반 고체상으로 유동성이 적고 안정성이 있어 수분, 유분, 보습제 등을 다량 배합 할 수 있다.
- 계면 활성제의 개발은 다양한 크림의 제조를 돕는다. 크림의 경우 혼합되지 않는 물과 기름을 한쪽의 액체는 분산상으로 하고 다른 한쪽은 연속상으로 한 안정된 상태의 혼합을 만든 에멀젼의 일종이다.

🍀 유화의 형태에 따른 크림의 특성

유화의 형태	크림의 특성
O/W형 에멀젼	• 수중유의 형태로 W/O형 보다 수분 증발이 빠르고 시원하고 촉촉하다.
W/O형 에멀젼	• 유중수의 형태로 O/W형 보다 지속성이 있으며 시원함이 적고 퍼짐성이 낮다. • 겨울철에 스포츠용 제품에 사용하면 살이 트는 것을 방지한다.
W/O/W형 에멀젼	• 3층을 형성하는 것으로 영양 물질과 활성 물질의 안정한 상태의 보존이 가능하다. • 각종 영양 크림과 보습 크림의 제조에 이용된다.

🍀 크림의 종류

- 크림의 종류에는 모이스춰 크림, 클렌징 크림, 메이크업 베이스 크림, 자외선 차단 크림, 마사지 크림, 헤어 크림 등이 있다.
- 모이스춰 크림은 영양 크림과 나리싱 크림이라고도 하며 피부에 영양을 주며 유분이 많고 사용 목적에 따라 유분과 보습량을 다르게 한다.
- 클렌징 크림은 피부 청결을 목적으로 모공 속에 남아 있는 먼지나 때, 메이크업 잔여물 등의 오염을 제거하는데 사용한다.
- 메이크업 베이스 크림의 경우는 밑화장용으로 피부를 보호한다.
- 자외선 차단 크림은 피부를 자외선으로부터 보호하는 기능을 갖는다.
- 마사지 크림은 피부의 혈행 자극으로 마사지 효과를 가져오고 콜드 크림(마사지 크림)의 경우 유성이 많아 피부에 대한 친화력이 강하며 거친 피부에 유분과 수분을 공급하여 윤기를 준다.
- 바니싱 크림의 원료는 스테아린산이며 산뜻한 느낌이 있어 지방성 피부가 거칠어 졌을 경우에 적당하다.
- 헤어 크림은 모발의 정발(모발의 정돈)과 보호 효과가 있다.

🍀 크림의 유분 함량에 따른 분류
- 약유성 크림은 10~30%의 유분 함유로 사용감이 가볍고 지성 피부에 사용하면 효과적이다.
- 중유성 크림은 30~50%의 유분 함유로 O/W이 대부분이며 유성 크림보다 사용감이 가볍다.
- 유성 크림은 50% 이상의 유분 함유로 O/W, W/O형이 있으며 건성 피부에 효과적이다.

🍀 좋은 크림으로서의 조건
- 유화 상태가 양호하도록 입자가 균일해야 한다.
- 사용 후 상쾌한 감촉이 남아야 한다.
- 자극적인 냄새와 피부에 자극성이 없어야 한다.
- 온도의 변화에 상태 변화가 없어야 한다.

2-6 에센스(Essence)
- 보습 작용과 노화 억제 작용이 있는 고농축 성분을 함유하여 보습 효과와 피부에 영양 물질을 공급하는 역할을 한다.
- 보습과 피부 보호, 영양 공급이 주요 효과이다.
- 쎄럼이라고도 하며 피부 보습, 노화 억제 효과를 주는 고농축으로 함유된 영양 물질이다.
- 스킨 타입, 로션 타입, 크림 타입, 젤 타입이 있으며 스킨 타입이 주로 사용된다.

2-7 색조 화장용 제품(메이크업 화장품)
피부에 색상을 부여하는 것으로 메이크업 베이스, 파운데이션, 파우더, 립스틱, 립글로스, 브로셔, 아이 브로우, 아이 섀도, 아이 라이너, 마스카라가 있다.

🍀 메이크업 베이스(Make-up Base)
- 파운데이션을 바르기 전 사용되는 것으로 파운데이션 등이 피부에 직접적으로 흡수되는 것을 방지한다.
- 파운데이션의 밀착감, 퍼짐성을 좋게하여 화장의 지속성을 높여준다.
- 화장을 잘 박게 하며 화장이 들뜨는 것을 방지, 파운데이션 색소 침착을 방지하며 인공 피지막의 형성으로 피부를 보호한다.
- 초록색, 보라, 핑크색, 푸른색, 브론즈색 등의 다양한 색상이 있다.

🍀 파운데이션(Foundation)
- 파운데이션은 O/W형(리퀴드 파운데이션, 크림 파운데이션)과 W/O형(크림 파운데이션)의 유

화형, 분산형(스킨 커버, 스틱 파운데이션, 컨실러), 파우더형(파우더 파운데이션, 트윈케이크)이 있다.
- 베이스 컬러라고도 하며 얼굴색의 변화와 피부의 결점을 보완하기 위해 사용한다.
- 파운데이션의 종류

리퀴드 파운데이션 (Liruid foundation)	• 부드럽고 퍼짐성이 우수하며 건성 피부인 경우에 사용하면 좋은 O/W형 유화 타입으로 투명감 있게 마무리가 가능하다. • 피부 결점이 별로 없는 피부, 건성 피부에 사용하는 것이 좋다.
크림 파운데이션 (Cream foundation)	• O/W형은 W/O형의 유화 타입이다. • O/W형은 W/O형에 비해 사용감이 가볍고 퍼짐성이 좋다. • W/O형은 피부 부착성이 우수하여 잡티나 결점 커버에 좋고 땀이나 물에 잘 지워지지 않는다.
파우더 파운데이션 (Powder foundation)	• 파우더와 트윈 케이크의 중간형으로 얇게 발라지며 가벼운 느낌이다. • 쉽고 가볍게 피부 표현, 번들거림 없이 매트(Mat)한 느낌이 난다.
트윈 케이크 (Twin cake)	• 친유 처리한 안료가 배합되어 사용 시 뭉침이 없다. • 땀에 의해 쉽게 지워지지 않는다.
스킨 커버 (Skin cover)	• 안료를 오일과 왁스에 혼합 분산한다. • 크림 파운데이션 보다 커버력, 밀착감이 우수하다. • 커버스틱, 컨실러 등도 유사 기능 • 기미, 여드름 자국, 잡티를 커버한다. • 사진 촬영, 무대 분장 등에 사용한다. • 사용감이 부드럽지 않다.

🌸 파우더(Powder)

- 피부에 색조 효과를 주며 피부 결함을 감추고 땀이나 화장(수분, 오일 성분)으로 번들거리는 것을 감추어 준다.
- 피부 보호를 위해 사용되며 파우더 상이다.

🌸 립스틱(Lipstick)

- 연지, 루즈라고도 하며 입술에 색상을 주는 것으로 안전성에 유의해야 한다.
- 유분의 종류에 따라 글로즈나 매트 타입이 있다.
- 먹었을 때에도 인체에 해가 없고 불쾌한 냄새와 맛이 없어야 하고 번짐이 없어야 한다.
- 부러짐이 없고 매끄럽고 부드럽게 발리는 것이 좋다.
- 크림, 스틱, 펜슬상의 립스틱이 있다.
- 립글로스(Lip gloss)는 입술 보호와 입술에 윤기를 주는 것으로 성분은 립스틱과 유사하지만 광택과 점성이 좋은 고분자 물질의 사용으로 반투명성을 나타낸다.

🍀 블로셔(Blusher, Cheek color)

- 볼에 색조 효과를 주어 얼굴색을 밝고 건강하게 보이게 하며 음영과 윤곽을 주어 입체감을 나타낸다.
- 파운데이션과의 친화성이 좋아야 하며 광택성, 부착성, 적절한 커버력이 있어야 하며 피부 염착이 없게 제거가 용이해야 한다.
- 치크컬러, 볼터치라고도 하며 리퀴드, 스틱, 케이크, 로션, 크림상이 있다.

🍀 아이브로우 펜슬(Eyebrow pencil)

- 눈썹 모양을 그리고 눈썹의 색 조정을 위해 사용된다.
- 피부에 균일하게 그려지고 지속성이 높으며 안전성이 좋고 발한과 발분이 없으며 섬세하게 그려지는 것이 좋다.
- 부러짐이 없고 흐트러짐이 없이 부드러운 감촉으로 섬세한 선이 그려지는 것이 좋다.

🍀 아이 섀도(Eye shadow)

- 눈과 눈썹 사이의 부위에 색채와 음영을 주어 입체감을 나타내는 것으로 눈의 아름다움을 강조하기 위해 사용한다.
- 눈매의 표정을 연출, 눈의 단점을 보완하며 개성을 연출한다.
- 밀착감이 있고 색상의 변화가 없으며 안전성이 좋고 번지지 않는 것이 좋다.

🍀 아이 라이너(Eye liner)

- 눈매를 또렷하고 선명하게 하고 눈의 모양을 조정, 개성적 눈매 연출을 한다.
- 안전성이 매우 중요하며 건조가 빠르고 벗겨짐이 없이 피막이 유연한 것이 좋고 리퀴드, 펜슬, 케이크 상이 있다.

🍀 마스카라(Mascara)

- 속눈썹을 길고 짙게 보이게 하기 위해 사용하며 눈의 인상을 부드럽고 매력적으로 보이게 한다.
- 균일한 도포와 신속한 건조, 컬링이 잘 되는 것이 좋으며 안전성이 좋아야 한다.

2-8 모발 화장품

🍀 샴푸(Shampoo)

- 오염 물질을 제거하는 제품으로 미셀 형성의 가용화 현상으로 오염 물질이 제거된다.
- 세정력이 우수하고 거품이 섬세하며 풍부한 지속성이 있어야 한다.
- 마찰에 의한 손상이 적고 세정 후에도 부드럽고 다루기 쉬워야 한다.
- 두피나 피부, 눈에 대한 자극이 없어야 한다.

🍀 린스
- 모발 표면을 부드럽고 매끈하게 하며 빗질을 용이하게 하는 제품이다.
- 정전기를 방지하며 모발의 표면을 보호하고 샴푸 후 남은 알칼리성을 중화시킨다.

🍀 헤어 트리트먼트
- 트리트먼트는 치유라는 의미로 손상된 모발이나 두피에 영양을 공급해 줌으로 모발을 정상화 시키는 제품이다.

🍀 두발용 화장품
- 두발용 화장품에는 헤어 컨디셔너, 헤어 토닉, 헤어 드레싱(로션, 크림, 젤), 헤어 오일, 포마드, 헤어 스프레이, 헤어 무스, 헤어 스트레이트너, 헤어 컬러 스프레이가 있다.

헤어 컨디셔너	두피의 혈행 촉진, 모발 보호
헤어 토닉	청량감, 모발과 두피 건강을 유지
헤어 드레싱	유분, 광택, 유연성, 정발의 효과
헤어 오일 및 헤어 리퀴드	유분, 광택, 유연성
포마드	윤기와 정발
헤어 스프레이	모발의 형태 고정, 윤기
헤어 무스	형태와 윤기
헤어 스트레이트너	곱슬머리를 펴는 데 이용
헤어 컬러 스프레이	일시적 착색

🍀 육모제
- 두피 기능을 정상화시키며 혈액 순환을 촉진하여 모포의 기능을 높여주여 주는 제품이다.

2-9 전신 관리용 화장품

🍀 비누
- 세정과 함께 물리적인 힘에 의해 오염물을 제거시키는 것으로 화장 비누와 약용 비누가 있다.

🍀 바디 샴푸(Body shampoo, 액체 바디 세정료)
- 샤워할 때 사용하는 제품으로 전신 피부의 생리 기능에 나쁜 영향을 미치지 않고 오염을 제거해야 한다.

- 종류로는 투명, 불투명 타입과 중성, 알칼리성, 약산성 타입이 있다.
- 바디 샴푸의 기능으로는 높은 기포성, 매끄럽고 치밀한 기포의 질, 기포의 지속성, 세포간지질의 보호가 있다.
- 바디 샴푸는 피부 생리 기능에 해를 주지 않고 오염만을 잘 제거하는 정도가 좋다.

목욕용 제품
- 목욕시 사용되는 제품으로 세정, 경수연화, 향취를 목적으로 사용되는 파우더, 젤, 과립상, 리퀴드상의 제품이 있다.

방취제
- 데오도란트 제품은 방취 화장품으로 피부상재균의 증식을 억제, 체취를 억제하는 기능이 있다.
- 데오도란트 로션, 파우더, 스프레이, 데오도란트 스틱이 있다.

2-10 네일 화장품

네일 에나멜
- 손톱에 색채를 주는 제품으로 손톱을 아름답게 보이게 할 목적으로 사용된다.
- 에나멜은 접착력이 좋으며 적당한 점도와 건조가 빠른 것이 좋고 일정 색조와 광택이 유지되어야 한다.
- 에나멜 리무버에 의해 쉽게 제거되어야 하며 독성이 없어야 한다.

2-11 향수(방향용 제품)

향수의 요건과 기능
- 향수는 향기나는 물질로 향이 부드럽고 오래 지속되는 것이 좋으며 기분을 좋게하고 즐거움을 줄 수 있는 것이 좋다.
- 향의 특징이 있어야 하며 향의 확산성이 좋고, 향의 조화가 잘 이루어진 것이 좋다. 또한 시대에 부합되는 향(시대에 따른 선호 향)이 좋다.
- 조합 향료의 휘발성에 따라 탑 노트(시트러스, 그린), 미들 노트(플로럴, 프루티), 베이스 노트(무스크, 우디)가 있다.

향수의 구분

유형	부향률	용도와 특징
퍼퓸	15~30%	향이 풍부하고 고가이다.
오데퍼퓸	9~12%	퍼퓸과 오데토일렛의 중간 타입이다.
오데토일렛	6~8%	지속성과 가벼움이 동시에 있다.
오데코롱	3~5%	상쾌한 향취, 과일향이 많다.
샤워코롱	1~3%	바디용 방향 화장품이다.

🍀 부향률의 순서는 퍼퓸〉오데퍼퓸〉오데토일렛〉오데코롱〉샤워코롱의 순이다.

3 화장품 성분과 종류

3-1 화장품 성분

화장품에 사용되는 성분은 정제수, 알코올(에탄올), 오일, 왁스, 계면 활성제, 보습제, 방부제, 색소 등이다. 화장품의 성분은 크게 수성 성분(물에 녹는 것)과 유성 성분(기름에 녹는 것)으로 나눌 수 있다. 화장품 성분 중 수성 성분의 대표적인 것은 글리세린으로 보습제의 기능을 갖는다. 유성 성분은 오일과 왁스가 있으며 화장품은 수성과 유성 성분의 적절한 배합이라고 할 수 있다.

정제수

정제수는 세균과 금속 이온이 제거된 물로 수분 공급과 용해의 기능으로 피부를 촉촉하게 하는 작용을 한다. 화장수, 크림, 로션의 기초 물질이다.

에탄올(Ethanol)

에탄올은 에틸 알코올(Ethyl alcohol)이라고 하며 휘발성이 있고 청량감과 살균·소독 작용, 수렴 효과가 있다. 화장수, 아스트리젠트, 향수, 헤어토닉 등에 많이 사용된다. 에탄올의 배합량이 높아지면 살균·소독 작용도 나타낸다.

보습성 원료(보습제)

보습제는 피부에 도포하여 건조한 피부의 증상을 완화하는 물질로 적절 흡습력, 흡습성의 지속성, 다른 성분과의 상용성이 좋고 응고점이 낮을수록 좋다. 보습제가 갖추어야 하는 조건에는 적당한 점성, 우수한 감촉, 피부와의 친화성이 있고 무색, 무취, 무미한 것으로 안전성이 있어야 한다. 수분을 흡수하는 효과만 이용하였다.

글리세린	• 포도당 종류, 흡착력 강, 물과 희석해서 사용한다. • 지방의 분해와 합성에 의해 얻어진 무색의 지방 성분으로 글리세롤에서 만들어진다. • 용해, 유화제, 습윤제, 희석제로 사용한다.
프로필렌 글리콜	• 파운데이션의 보습제로 사용한다.
솔비톨	• 조미료, 설탕 제조 과정 중에 추출한다. • 보습 효과가 가장 우수하다.
P.C.A 염, 젖산염	• 천연 보습 인자(NMF)의 일종이다.

식물성 원료

오이, 레몬, 알로에, 수세미, 아줄렌, 카렌듀라, 호프, 쑥, 카밀레, 로즈마리 등이 있다.

유성 원료(오일과 왁스)

유연성과 윤활성을 부여, 용매 효과에 의한 청결 작업을 한다. 피부 표면에 친유성 막을 형성하여 보호 및 유해 물질의 침투를 방지하며 수분 증발을 막는 지용성 용매로 작용한다. 올리브유, 피마자유, 월견초유, 마카다미아너트유, 해바라기유, 포도씨유, 동백유, 호호바오일, 윗점오일, 난황유, 밍크유, 카르나우바 왁스, 칼레릴라 왁스, 밀납, 라놀린, 유동 파라핀, 스쿠알란, 라우린산, 스테아르산, 팔미트산, 미르스틴산 등이 있다.

첨가 원료

첨가 원료는 식물성 추출물, 비타민, 아미노산성 원료, 알란토인, 로열 젤리로 나뉜다. 식물성 추출물은 오이, 레몬, 알로에, 수세미, 아줄렌, 카렌듀라, 호프, 쑥 등에서 추출한다. 아미노산 원료에는 단백질의 일종인 콜라겐, 트릴라겐, 엘라스틴이 있으며 닭벼슬에서 추출한 히아루론산, 누에고치에서 추출한 프로테인이 있다. 비타민은 각종 비타민류가 있으며 소량으로도 생리 기능과 대사 기능을 정상화 시키며 비타민 결핍에 의한 피부 질환을 예방한다.

방부제

- 화장품에 함유된 영양분이 공기에 노출되거나 다른 이둘질이 침투되면 미생물에 의해 부패가 일어나게 되는데 이때 부패를 억제시키는 물질이 방부제이다. 방부제의 배합량이 많아지면 피부에 트러블이 유발된다.
- 피부 안전성이 확인된 것으로 화장품에 사용되는 방부지는 파라옥시 안식향산메칠, 파라옥시 안식향산프로필, 이미다졸리디닐 우레아 등이 있다. 산화 방지제 및 pH 조절제로는 EDTA, BHT, BHA, 시트리스 계열 암모늄 카보나이트가 있다.

🍀 색소
염료와 안료로 구분하며 염료는 물에 녹는 염료를 수용성 염료, 오일에 녹는 염료를 유용성 염료라고 한다. 안료는 물과 오일에 녹지 않는 것이며 무기질로 된 것은 무기 안료, 유기질로 된 것은 유기 안료라고 한다.

🍀 계면 활성제
수성 원료와 유성 원료의 배합이 잘 되도록 한다.

3-2 자외선 차단제(SPF)
SPF는 자외선 차단지수 UV-B 방어 효과를 나타내는 지수이다. 자외선 차단제의 차단 구성성분은 자외선 흡수제와 자외선 산란제로 구분된다.

🍀 자외선 산란제
자외선 산란제는 물리적인 산란 작용을 이용한 제품이다. 산란제는 차단 작용이 우수하며 접촉성 피부염 등의 부작용은 없으나 불투명하다(크림, 로션에 많이 배합).

🍀 자외선 흡수제
자외선 흡수제는 화학적인 흡수 작용을 이용한 제품이다. 흡수제는 투명하기에 보기는 좋으나 배합시 접촉성 피부염을 일으킬 수 있다.

🍀 SPF의 사용법
자외선 차단제는 일광 노출 전에 바르며 시간의 경과시 덧바르고 병변이 있는 부위의 사용은 피한다. 민감한 피부에는 차단지수가 높지 않는 것이 좋다.

4 기능성 화장품

4-1 기능성 화장품
기능성 화장품의 범위는 화장품 시행규칙 제 2조에 '피부에 멜라닌 색소가 침착하는 것을 방지하여 기미, 주근깨 등의 생성을 억제함으로써 피부의 미백에 도움을 주는 기능을 가진 화장품, 피부에 침착된 멜라닌 색소의 색을 엷게 하여 피부에 도움을 주는 기능을 가진 화장품, 피부에 탄력을 주어 피부의 주름을 완화 또는 개선하는 기능을 가진 화장품, 강한 햇볕을 방지하여 피부를 곱게 태워 주는 기능을 가진 화장품, 자외선 흡수 또는 산란시켜 자외선으로부터 피부를 보호하는 기능을 가진 화장품'을 말하며 그 범위를 규정하고 있다. 자외선에 의해 피부가 그을리거나 노출에 의해 일광화상이 생기는 것을 지연시킨다.

🍀 미백 화장품

- 인체의 자연적 기능으로 생성되는 기미, 주근깨의 원인인 갈색의 색소인 멜라닌은 자외선에 심하게 노출되었을 때 멜라닌 생성 증가로 색소 침착이 발생된다(멜라닌 세포속에 흡수된 아미노산의 일종인 티로신이 티로시나아제의 작용으로 산화되어 멜라닌을 만든다).
- 미백 화장품은 이러한 피부의 결점이 생기는 것을 미리 방지하는 것을 목적으로 한다.
- 피부의 미백을 위한 미백 화장품의 메커니즘은 멜라닌 생성 단계의 차단으로 자외선 차단, 도파 산화 억제, 티로시나제 저해제, 멜라닌 합성 저해이다.
- 미백을 위한 성분에는 알부틴, 코직산, 비타민C, 아하, 하이드로퀴논, 옥틸디메틸 파바, 이산화티탄 등이 사용되고 있다.

🍀 자외선 차단용 화장품

- 유해 자외선의 침투를 방지할 목적으로 주로 여름철에 사용된다.
- 선스크린이나 선블록으로도 불려지고 있고 로션이나 크림 형태이다.
- 자외선 차단제는 산란제와 흡수제로 나누어 지며 산란제에는 이산화티탄, 산화아연이 있으며 자외선 흡수제에는 올틸디메틸 파바(PABA), 옥틸메톡시 신나메이트가 있다.
- 자외선 산란제는 무기물질을 이용한 물리적 산란 작용으르 자외선의 피부속 침투를 막고 자외선 흡수제는 유기 물질을 이용하여 화학적인 방법에 의해 자외선을 흡수와 소멸시키는 것이다.
- 자외선 차단 제품(선스크린 크림, 선블록 크림)에는 자외선을 산란하는 물질, 자외선을 흡수하는 물질이 배합되어 있다.
- 차단 제품은 한 번에 두껍게 바르기 보다는 일조량에 따른 시간별 바르기로 덧발라 주는 것이 피부의 부담을 적게 한다.

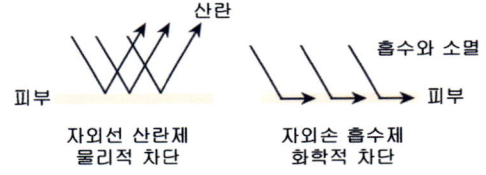

🍀 각질 제거용 화장품

- 클렌징이나 딥클렌징시 죽은 각질을 제거하는 것으로 물리적, 화학적인 방법, 효소를 이용하는 방법이 있으며 이중 효소를 이용하는 방법과 알파-히드록시산(AHA)을 사용하는 방법이 있다.
- 죽은 각질을 제거하고 건강한 세포로 하여금 피부를 자극하게 도와주는 성분은 알파-히드록시산(AHA)이다.

- AHA로 인한 표면의 죽은 각질의 제거는 거친 피부 표면을 매끄럽게 하고 잔주름도 깊이 자리 잡지 않게 하며 지성 피부 모공의 더러움 제거로 피지 분비를 조절하여 개선해 준다.
- AHA 성분이 피부에 따끔거림이나 햇빛에 민감하게 작용하는 등의 부작용을 일으킬 수 있어 pH의 농도를 3.5~10% 이하로 사용하며 각질 효과는 AHA보다 약한 BHA의 사용으로 안전성을 좋게 한다.
- 발바닥의 굳은살, 각질 등은 풋 크림(Foot cream)이 개발되어 사용되는데 풋 크림에는 AHA에 효소가 배합되어 흡수 촉진과 보습 효과를 있게 한다.

선탠 화장품

- 피부 상태의 손상이 없이 멜라닌 색소의 생산량을 늘려 피부를 그을리게하는 화장품이다.
- 디히드록시아세톤(DHA)은 피부의 아미노산을 갈색의 색소로 만들어준다.
- 셀프 태닝(Self tanning) 제품의 경우 자외선에 대한 피부 손상이 없고 디히드록시아세톤은 피부의 각질층 윗부분만 작용되어 멜라닌 색소를 만드는 기저층의 영향은 없어 색소 침착의 우려도 없다. 지속력은 3~4일 정도로 원하는 부위만 선택적으로 사용하며 바르는 횟수에 따라 색상 조절이 가능하다.

5 오일

5-1 에센셜(아로마) 오일

식물의 꽃이나 줄기, 잎, 열매, 뿌리 등 다양한 부위에서 추출한 것으로 휘발성이나 인화성이 있는 물질이다. 분자량이 작아 침투력이 강하며 독성은 오일에 따라 강한 것과 약한 것이 있다. 마사지에 적용되는 아로마 오일은 피부에 서서히 스며들어 각질층을 통하여 림프관, 혈관 속으로 침투된다.

에센셜 오일의 사용법

공기와 빛에 의해 쉽게 분해되므로 표면 처리된 알미늄 용기, 갈색 유리병에 넣고 밀봉해야 한다. 아로마 오일을 사용하기 전에 안전성 확보를 위하여 패취 테스트를 실시하여야 한다(팔의 안쪽에 오일을 떨어뜨려 15분 정도 경과 후에 자극 반응을 관찰). 아로마 오일은 희석해서 사용하며 점막이나 점액 부위의 직접 사용은 피해야 한다. 아로마 오일을 희석하기 위해 사용되는 것은 캐리어 오일(Carrier oil)이다.

향취의 표현 방법

향취의 느낌을 '노트(Note)'라고 하며 휘발성의 정도를 나타내기도 한다. 향취는 공기 중에 휘발되는 속도에 따라 변화하며 변화에 따른 향취를 일반즈으로 탑(Top), 미들(Middle), 베이스(Base) 노트로 분류한다.

탑 노트(Top note)는 휘발성이 높아 향취가 빨리 사라지는 것이다. 미들 노트(Middle note)는 보통의 휘발성으로 전체 향취를 조화롭게 한다. 베이스 노트(Base note)는 잔향이 오래 가는 것으로 휘발성이 매우 낮으며 향취를 오래 유지하게 하는 역할이 있어 탑 노트와 베이스 노트의 혼합 시 탑 노트의 향취를 좀더 머무르게 할 수 있다.

5-2 캐리어 오일

베이스 오일이라고도 하며 아로마 오일을 효과적으로 피부에 침투시키기 위해 사용되는 식물성 오일이다. 캐리어 오일도 오일의 점도, 색상, 효능이 달라 사용 목적에 맞게 선택되어야 한다. 화학적으로 지방유(Fat oil)라고도 하며 식물성 오일은 액체 상태의 불포화 지방산으로 이루어져 있어 장시간 공기에 노출되면 산패가 일어나므로 보관 시 잘 밀봉하여 냉장보관해야 한다.

호호바 오일	• 피부의 피지와 지방산의 조성이 비슷하여 피부 친화성이 좋다. 흡수도 좋고 쉽게 산화되지 않아 보존 안정성이 높다. • 노폐물의 배출을 용이하게 하여 지성 피부, 여드름 피부에 효과적이다.
달맞이유 (월견초유)	• 항알러지 효과가 있어 아토피성 피부염에 좋고 항혈전 작용, 항염증 작용이 있다. • 공기 중에 쉽게 산화되고 악취가 발생한다(밀봉 보관). • 붓거나 여드름, 습진의 치료에도 효과적이다.
아몬드 오일	• 스위트 아몬드와 아미그달린이 있다. • 유연 작용이 좋아 크림, 마사지 오일로 사용한다. • 가려움증, 건성 피부에 효과적이다.
살구씨 오일	• 행인이라 불린다. • 끈적임이 적고 유연성 좋다. 사용감이 가볍다. • 노화 피부, 민감성 피부에 적합하다.
아보카도 오일	• 비타민 A, 프로비타민 A, 비타민 B 복합체, 비타민 E, 레시틴, 피토스테롤을 함유한다. • 쉽게 산폐하고 저온에서 점성과 혼탁(변질 아님) • 민감성 피부의 진정, 노화 피부에도 효과적이다.
보리지 오일	• 뿌리에 시코닌 성분 함유 • 쉽게 산화되고 밀봉 후 냉암소에 보관한다. • 피부 재생, 세포 활성 증가, 신진대사 향상 기능이 있다. • 노화 억제에 효과적, 민감성, 알러지 피부에도 효과가 있다.
피마자유	• 아주까리로 불려진다. • 왁스의 대체품이나 계면 활성제 원료로 쓰인다.

마카다미아 너트 오일	• 가장 잘 흡수되는 오일 중의 하나이다. • 빠른 흡수로 바니싱 오일이라고도 한다.
올리브 오일	• 감람유라고도 하며 자외선을 20% 정도 차단한다. • 선탠 오일로 사용, 유연 효과(에몰리언트 효과)
맥아 오일	• 화장품 분야에 널리 사용한다. • 민감 피부는 주의가 필요하다.

🍊 호호바 오일은 100% 식물성 오일로 피지와 매우 유사한 구조의 오일이며 자체가 피부에 바로 흡수되지는 않지만 에센셜 오일을 희석하여 확산시켜 피부 흡수를 용이하게 한다. 보습력이 우수하고 쉽게 산화되지 않아 보존성이 높으며 피부염, 여드름, 습진, 건선 피부에 안심하고 사용 가능하다.

Section 05
미용 법규

1. 공중위생법의 정의 및 위생교육

1-1 공중위생법의 정의

공중위생영업이란 다수인을 대상으로 위생관리 서비스를 제공하는 영업으로서 숙박업, 목욕장업, 이용업, 미용업, 세탁업, 위생관리 용역업을 말한다.
미용업이란 손님의 얼굴, 머리, 피부 등을 손질하여 손님의 외모를 아름답게 꾸미는 영업을 말한다.

1-2 공중위생법의 목적

공중이 이용하는 영업과 시설의 위생관리 등에 관한 사항을 규정함으로써 위생 수준을 향상시켜 국민의 건강 증진에 기여하는 것을 목적으로 한다.

1-3 영업소의 승계

공중위생업자의 지위를 승계한 자는 1월 이내에 보건복지부령이 정하는 바에 따라 시장·군수·구청장에게 신고하여야 하며 영업자 지위 승계는 이·미용은 면허 소지자이어야 한다.
또한 법 절차에 따라 공중위생 영업의 승계는 지위를 계승한 지 1개월 이내에 신고하여야 하며 지위 승계 시 갖추어야 할 구비 서류는 영업자 지위승계 신고서, 양도·양수 또는 상속인임을 증명하는 서류이며 시장·군수·구청장에게 신고 및 서류를 제출한다.

1-4 위생교육

개설 신고를 하고자 하는 자(공중위생업자)는 매년 3시간의 위생교육을 받아야 하며 위생교육의 방법, 절차 등 필요한 사항은 보건복지부령으로 정한다.
또한 위생영업소를 개설하기 전에 위생교육을 받아야 하며 규정에 의한 위생교육은 시장·군수·구청장이 실시한다.
시장·군수·구청장이 필요하다고 인정하는 경우 관련 단체나 전문기관에 위임할 수 있고 위임

받은 단체나 기관은 교육에 맞는 교재를 대상자에게 제공하여야 하며 교육실시 결과를 1월 이내에 관할 시장·군수·구청장에게 보고하여야 한다.

영업 신고 전에 위생교육을 받을 수 없다고 인정하는 경우 통지 후 6월 이내에 위생교육을 받게 할 수 있으며 위생교육의 참석이 어렵다고 시장·군수·구청장이 인정하는 곳(도서, 벽지)에 사는 영업자는 교육 교재를 숙지, 활용함으로 교육을 대신할 수 있다.

1-5 위생서비스 수준의 평가

보건복지부 장관은 공중위생 영업소의 위생관리 수준 향상을 위해 위생서비스 평가 계획을 수립하며 시장·군수·구청장은 평가 계획에 따라 세부 평가 계획을 수립한 후 위생서비스수준을 평가한다. 시장·군수·구청장은 필요한 경우 관련 기관 및 단체에게 위생서비스 평가를 실시하게 할 수 있고 위생서비스의 평가의 주기, 방법, 등급의 기준 및 기타 평가사항은 보건복지부령으로 정한다.

❀ 위생관리 등급

보건복지부령이 정하는 바에 의해 시·도지사, 시장·군수·구청장은 위생관리 등급을 공중위생 영업자에게 통보하며 위생서비스 평가는 2년마다 실시한다. 필요한 경우 위생관리 등급별로 평가 주기를 달리할 수 있다.

등급 판정의 세부 항목, 결정 절차 등의 구체적인 사항은 보건복지부 장관이 정하여 고시한다.

❀ 위생관리 등급의 구분

위생관리 등급은 최우수 업소는 녹색 등급, 우수 업소는 황색 등급, 일반관리 대상업소는 백색 등급이다.

1-6 청문

청문을 실시할 수 있는 경우는 취소 및 정지, 명령 등의 처분을 하고자 할 때이며 행정처분 시 경미한 위법 사항에 대해서는 청문을 실시하지 않는다.

::청문을 실시할 수 있는 경우::

미용사의 면허취소
면허정지 및 영업정지, 시설사용 중지
영업폐쇄명령

2 영업 신고 및 개설

2-1 영업소의 신고

① **영업 신고** : 공중위생 영업을 하고자 하는 자는 보건복지부령이 정하는 시설 및 설비를 갖추고 시장·군수·구청장에게 신고하여야 하며 주요 사항을 변경하고자 할 경우에도 이와 같다.
② **영업폐업 신고** : 공중위생 영업의 신고를 한 자는 폐업한 날로부터 20일 이내에 시장·군수·구청장에게 신고하여야 한다.
③ 영업 신고의 방법 및 절차 등에 관한 사항은 보건복지부령으로 정한다.
④ 영업을 신고하고자 하는 경우 필요한 첨부 서류에는 영업시설 및 설비개요서, 교육필증, 면허증 원본이 있어야 한다.

2-2 이·미용업 개설 시 필요 서류

① 영업 신고 시 첨부 서류는 영업시설 및 설비개요서, 교육필증, 면허증원본이다.
② 변고 신고 시 필요 서류는 영업신고증, 변경된 사항을 증명하는 서류이다.
 변경 신고를 해야 할 경우 영업소의 명칭 및 상호 또는 영업장 면적의 3분의 1 이상을 변경한 때(법 제3조 제1항), 영업소의 소재지 변경, 대표자의 성명 변경(단, 법인에 한함)일 때이다.
③ 이·미용업의 개업 신고 및 자격은 면허증 소지자만이 할 수 있다. 즉, 이·미용사 면허증이 있을 때 개설할 수 있는 자격이 있다.
④ 이·미용업소 개설시 게시해야 할 것은 영업 신고증, 요금표, 면허증 원본이다.

3 위생관리 의무 및 기준

3-1 위생관리 의무(시행령에 따른)

공중위생 영업자는 그 이용자에게 건강상 위해 요인이 발생하지 아니하도록 영업 관련 시설 및 설비를 안전하고 위생적으로 관리해야 한다. 영업자가 준수해야 하는 사항은 보건복지부령으로 정한다.

🍀 미용업자의 준수 사항

- 의료기구와 의약품을 사용하지 아니하는 순수한 화장 또는 피부 미용을 할 것
- 미용기구는 소독을 한 기구와 소독을 하지 아니한 기구로 분리하여 보관하고 면도기는 1회용 면도날만을 손님 1인에 한하여 사용할 것

- 🧡 미용사 면허증을 영업소 안에 게시할 것
  (업소 내에 미용업 신고증, 개설자의 면허증 원본, 미용 요금표를 게시하여야 한다.)

🍀 위생관리 의무 권한

미용업 영업소에 대하여 위생관리 의무 이행검사 권한을 행사할 수 있는 자는 특별시·광역시 소속, 도소속, 시·군·구 소속 공무원이다.

3-2 위생관리 기준(시행 규칙에 따른)

공중위생 영업자가 준수하여야 할 위생관리 기준은 보건복지가족부령으로 정한다.

🍀 미용업자의 준수해야 할 위생관리 기준

- 🧡 영업장 안의 조명도는 75룩스 이상이 되도록 유지한다.
- 🧡 미용기구 중 소독을 한 기구와 소독을 아니한 기구는 각각 다른 용기에 넣어 보관하며 1회용 면도날은 손님 1인에 한하여 사용해야 한다(소독 기준과 방법은 보건복지부령으로 정한다).
- 🧡 점빼기, 귓불뚫기, 쌍꺼풀 수술, 문신, 박피술 기타 이와 유사한 의료 행위를 하여서는 아니 된다.
- 🧡 피부 미용을 위하여 약사법 규정에 의한 의료기구 또는 의약품을 사용하여서는 아니된다.

3-3 미용업 시설 및 설비기준

미용기구는 소독을 한 기구와 소독을 하지 아니한 기구를 구분하여 보관할 수 있는 용기에 비치해야 한다. 소독기, 자외선 살균기 등 미용기구 소독용 장비를 갖추어야 한다. 응접 장소와 작업 장소 또는 의자와 의자를 구획하는 커트, 칸막이 기타 이와 유사한 장애물을 설치하여서는 안되며 피부 미용 업무를 행하는 동안 베드와 베드 사이는 120cm 이하의 이동 칸막이는 사용할 수 있다. 영업소 안에는 별실 기타 이와 유사한 시설을 설치하여서는 안 된다.

3-4 미용기구의 소독 기준 및 방법 기준

🍀 일반 기준

자외선 소독	$1cm^2$ 당 85μW 이상의 자외선을 20분 이상 쐬어준다.
열탕 소독	섭씨 100℃ 이상의 물 속에 10분 이상 끓여준다.
건열 멸균 소독	섭씨 100℃ 이상의 건조한 열에 20분이상 쐬어준다.

증기 소독	섭씨 100°C 이상의 습한 열에 20분 이상 쬐어준다.
석탄산수 소독	석탄산수(석탄산 3%, 물 97%의 수용액을 말한다)에 10분 이상 담가둔다.
크레졸 소독	크레졸수(크레졸 3%, 물 97%의 수용액을 말한다)에 1분 이상 담가둔다.
에탄올 소독	에탄올 수용액(에탄올 70%인 수용액을 말한다)에 10분 이상 담가 두거나 에탄올 수용액을 머금은 면 또는 거즈로 기구의 표면을 닦아준다.

개별 기준

미용기구의 종류 및 재질, 용도에 따른 구체적인 소독 기준 및 방법은 보건복지부 장관이 정하여 고시한다.

4 공중위생 감시원 출입 및 검사, 영업소 폐쇄

4-1 공중위생 감시원

공중위생 감시원

특별시, 광역시·도 및 시·군·구에 관계 공무원의 업무를 위해 공중위생 감시원을 둔다.

공중위생 감시원의 자격 및 임명

공중위생 감시원의 자격과 임명·업무에 대한 사항은 대통령령으로 정한다.

공중위생 감시원의 업무 범위

- 시설 및 설비의 확인과 위생 상태 확인 검사
- 위생관리 의무 이행 여부 확인
- 공중위생 업소의 위생 지도

4-2 출입 및 검사

출입·검사를 인정하는 자

특별시장, 광역시장, 도지사 또는 시장, 군수, 구청장은 소속 공무원을 출입하게 하여 검사나 서류를 열람하게 할 수 있다.

❀ 출입·검사자

관계 공무원은 권한을 표시하는 증표를 지니고 있어야 하며 관계인에게 이를 내보여야 한다. 출입·검사를 실시한 공무원은 당해 업소가 비치한 출입, 검사기록부에 그 결과를 기록하여야 한다.

4-3 영업소의 폐쇄

법에 의한 명령 위반, 풍속 영업의 규제에 관한 법률, 청소년 보호법, 의료법에 위반하여 관계 행정기관장의 요청이 있을 때는 6월 이내를 정하여 영업정지, 일부 시설의 사용중지, 영업소 폐쇄 등을 시장, 군수, 구청장이 명할 수 있다.

영업정지, 시설사용 중지, 영업소폐쇄 명령 등의 세부 기준은 보건복지부령으로 정한다. 영업소 폐쇄 명령을 받은 후 6월이 지나지 아니한 경우 동일한 장소에서 폐쇄 명령을 받은 영업과 같은 종류의 영업을 할 수 없다.

❀ 관계 공무원이 위반 영업소를 폐쇄하기 위해 할 수 있는 조치

영업소의 간판, 영업 표지물 제거
위법 영업소임을 알리는 게시물 부착
영업에 사용되는 기구 및 시설물의 봉인

5 미용사 면허와 업무

5-1 미용사의 면허

이·미용사가 되고자 하는 자는 보건복지부령이 정하는 바에 의하여 시장·군수·구청장의 면허를 받아야 한다.

❀ 면허를 받을 수 있는 경우

- 전문대학에서 미용에 관한 학과를 졸업한 자
- 고등학교 또는 이와 동등의 학력이 있다고 교육인적자원부 장관이 인정하는 학교에서 미용에 관한 학과를 졸업한 자
- 교육인적자원부 장관이 인정하는 고등기술학교에서 1년 이상 이용 또는 이용에 관한 소정의 과정을 이수한 자
- 국가기술 자격법에 의한 이용사 또는 미용사의 자격을 취득한 자.

🍀 면허를 받을 수 없는 경우

- 금치산자(정상적인 판단 능력이 없는 사람)
- 정신질환 또는 간질병자
- 공중의 위생에 영향을 미칠 수 있는 감염병 환자(비감염성인 경우는 제외)
- 마약이나 기타 대통령령으로 정하는 약물 중독자
- 공중위생 관리법 규정에 의한 명령에 위반하거나 면허증을 다른 사람에게 대여한 경우의 사유로 면허가 취소된지 1년이 경과되지 아니한 자

🍀 면허증의 재교부

- 면허증의 재교부를 하고자 하는 자는 서식의 신청서를 가지고 시장, 군수, 구청장에게 제출하여야 한다.
- 면허증을 잃어버려 재교부를 받은 경우 잃어버린 면허증을 찾은 때에는 지체없이 시장, 군수, 구청장에게 이를 반납하여야 한다.
- 구비 서류

면허증 원본(기재 사항이 변경, 헐어 못쓰게 된 경우)
분실 사유서 1부(잃어버린 경우)
최근 6월 이내에 찍은 가로 3, 세로 4센티미터의 탈모 정면 상반신 사진 1매

🍀 미용사의 면허취소

면허증을 다른 사람에게 대여한 때에는 면허를 취소하거나 6월 이내의 기간을 정하여 면허정지 명할 수 있다. 면허취소와 정지 처분의 세부 기준은 보건복지부령으로 정한다. 이·미용사의 면허가 취소되었을 경우 1년(12개월)이 경과 되어야 또 다시 그 면허를 받을 수 있다. 이·미용사의 면허 취소는 시장·군수·구청장이 명할 수 있다.

🍀 면허정지

법의 규정에 의한 명령에 위반한 때, 면허증을 다른 사람에게 대여한 때에 시장·군수·구청장은 6개월 이내의 기간을 정하여 면허정지를 명할 수 있다.

🍀 면허증의 반납

면허취소, 면허정지 명령을 받은 자는 지체없이 시장, 군수, 구청장에게 이를 반납하여야 한다.

🍀 면허 수수료

미용사 면허를 받고자 하는 자는 대통령이 정하는 바에 따라 수수료를 납부하여야 한다.

5-2 이·미용사의 업무 범위

이·미용사의 면허를 받은 자가 아니면 미용업을 개설하거나 그 업무에 종사할 수 없다(다만, 미용사의 감독을 받아 미용 업무의 보조를 할 경우에는 종사할 수 있다). 이·미용사의 업무범위에 관하여 필요한 사항은 보건복지부령으로 정한다. 이·미용의 업무는 영업소 외의 장소에서 행할 수 없다(다만, 보건복지부령이 정하는 특별한 사유가 경우에는 행할 수 있다).

6 벌칙과 과태료 및 행정 처분

6-1 개선 기간

공중위생 영업자 및 공중이용 시설에 대해 위반한 사항에 개선을 명하고자 할 때에는 개선에 소요되는 시간을 고려하여 즉시나 6월의 기간 내에 개선을 명할 수 있다.

🍀 개선을 명하는 경우의 위반 사항

보건복지부령이 정하는 시설 및 설비를 갖추고 이를 유지·관리해야 한다. 실내 공기는 보건복지부령이 정하는 위생관리 기준에 적합하도록 유지하며 영업소, 화장실 기타 공중이용 시설 안에서 시설 이용자의 건강을 해할 우려가 있는 오염 물질이 발생되지 아니하도록 할 것. 이 경우 오염 물질의 종류와 오염 허용 기준을 보건복지부령이 정한다. 미용사 면허증을 영업소 안에 게시해야 하며 의료기구와 의약품을 사용하지 아니하는 순수한 화장 또는 피부 미용을 해야 한다. 미용기구는 소독을 한 기구와 소독을 하지 아니한 기구로 분리하여 보관하고 면도기는 1회 사용 면도날만을 손님 1인에 한하여 사용할 것, 이 경우 미용기구의 소독 기준 및 방법은 보건복지부령으로 정한다.

🍀 개선 기간의 연장 신청

6월의 개선 기간 내에서 개선 기간을 연장 신청할 수 있다.

🍀 개선 명령시 명시 사항

위생관리 기준, 오염 물질의 종류, 오염 허용 기준 초과 정도, 개선 기간이 명시되어야 한다.

6-2 벌칙

🍀 1년 이하의 징역 또는 1천만원 이하의 벌금

- 영업 신고를 하지 않은 자

- 영업소 폐쇄 명령을 받고도 계속해서 영업을 한 자
- 영업정지, 일부 시설의 사용 중지 명령을 받고도 그 기간중에 영업을 하거나 그 시설을 사용한 자

6개월 이하의 징역 또는 500만원 이하의 벌금

- 변경 신고를 하지 않은 자
- 지위를 승계한 자로서 신고(1월 이내)를 아니한 자
- 건전한 영업 질서를 위하여 준수해야할 사항을 준수하지 아니한 공중위생 영업자

300만원 이하의 벌금

- 개선 명령을 위반한 자(위생관리 기준이나 오염 허용 기준을 지키지 않은 경우)
- 면허취소 후에도 계속 업무를 행한 자
- 면허정지 기간중에 업무를 행한 자
- 면허증이 없는 자가 업소 개설이나 업무에 종사한 경우(미용사의 감독을 받은 미용 보조 업무는 제외)

6-3 과태료

- 과태료 처분권자는 당해 위반 행위나 동기를 고려하여 해당 금액의 2분의 1의 범위에서 가감할 수 있다(가중 처분의 경우에도 과태료 부과 한도액은 넘을 수 없다).

개별 기준

관계 공무원의 출입, 검사 기타 조치를 거부, 방해, 기피한 자	100만원
개선 명령에 위반한자(시설 및 설비 기준을 위반하거나 위생관리 의무를 위반한 경우)	100만원
영업소 외의 장소에서 미용 업무를 행한 자	70만원
미용업소의 위생관리 의무(면허증 게시, 의약품 사용 불가, 1회용 면도 1인 사용)를 지키지 않은 자	50만원
위생교육을 받지 않은 자	30만원

과태료의 부과

과태료는 대통령이 정하는 바에 따라 보건복지부 장관이나 관할 시장, 군수, 구청장이 부과한다. 과태료를 부과하고자 할 때에는 10일 이상의 기간을 정하여 대상자에게 구술 또는 서면에 의한 의견 진술의 기회가 제공되어야 한다.

과태료 처분의 이의 제기

과태료 처분에 불복하는 자는 처분을 고지 받은 날부터 30일 이내에 처분권자에게 이의를 제기할 수 있다. 이의제기를 한 경우 처분권자는 지체없이 관할 법원에 사실을 통보해야 하며 이의제기없이 납부를 기피한 경우 지방세 체납 처분의 예에 따라 징수한다.

과징금 부과

과징금을 부과하는 위반 행위의 종별이나 정도, 과징금 금액에 관한 필요 사항은 대통령령으로 정한다. 영업정지에 갈음한 과징금 부과의 기준이 되는 매출 금액은 당해 업소의 처분일이 속한 연도의 전년도의 1년간 총매출액이다.

7 행정 처분 기준

이·미용업에 있어 위반 행위의 차수에 따른 행정 처분 기준은 최근 1년 동안 같은 위반 행위로 행정 처분을 받은 경우에 적용된다. 면허취소, 정지 처분의 세부적인 기준은 처분의 사유와 위반 정도 등을 감안하여 "보건복지부령"으로 정한다.

7-1 영업장 폐쇄

1차에 영업장 폐쇄 명령

행정 처분 기준			
1차 위반	2차 위반	3차 위반	4차 위반
영업장 폐쇄명령			

- 신고를 하지 아니하고 영업소의 소재지를 변경한 때(법 제3조 제1항)
- 영업정지처분을 받고 그 영업정지기간 중 영업을 한 때(법 제11조 제1항)

3차에 영업장 폐쇄명령(2월 - 3월 - 폐쇄)

행정 처분 기준			
1차 위반	2차 위반	3차 위반	4차 위반
영업정지 2월	영업정지 3월	영업장 폐쇄명령	

- 손님에게 윤락행위 또는 음란행위를 하게하거나 이를 알선 또는 제공 한 때(법 제11조 제1항)

- 피부 미용을 위하여 약사법규정에 의한 의약품 또는 의료용구를 사용하거나 보관하고 있는 때(법 제4조 제7항)
- 점빼기, 귓불뚫기, 쌍꺼풀수술, 문신, 박피술 그 밖에 이와 유사한 의료행위를 한 때(법 제4조 제7항)

🍀 3차에 영업장 폐쇄명령(1월 – 2월 – 폐쇄)

행정 처분 기준			
1차 위반	2차 위반	3차 위반	4차 위반
영업정지 1월	영업정지 2월	영업장 폐쇄명령	

- 영업소 외의 장소에서 업무를 행한 때(법 제8조 제2항)
- 미용업소 안에 별실 그 밖에 이와 유사한 시설을 설치한 때(법 제3조 제1항)
- 손님에게 도박 그 밖에 사행행위를 하게 한 때(법 제11조 제1항)
- 무자격안마사로 하여금 안마사의 업무에 관한 행위를 하게 한 때(법 제11조 제1항)

🍀 4차에 영업장 폐쇄명령 (10일 – 20일 – 1월 – 폐쇄명령)

- 보건복지부장관, 시·도지사, 시장·군수·구청장이 하도록 한 필요한 보고를 하지 아니하거나 거짓으로 보고한 때 또는 관계공무원의 출입·검사를 거부·기피하거나 방해한 때(법 제9조 제1항)

🍀 4차에 영업장 폐쇄명령(개선 – 15일 – 1월 – 폐쇄명령)

행정 처분 기준			
1차 위반	2차 위반	3차 위반	4차 위반
개선	영업정지 15일	영업정지 1월	영업장 폐쇄명령

- 음란한 물건을 관람·열람하게 하거나 진열 또는 보관한 때(법 제11조 제1항)
- 응접장소와 작업장소 또는 의자와 의자를 구획하는 커튼·칸막이 그 밖에 이와 유사한 장애물을 설치한 때(법 제3조 제1항)
- 그 밖에 시설 및 설비가 기준에 미달한 때(법 제3조 제1항)
- 신고를 하지 아니하고 영업소의 명칭 및 상호 또는 영업장 면적의 3분의 1 이상을 변경한 때(법 제3조 제1항):1차에 경고 또는 개선

❀ 4차에 영업장 폐쇄명령(경고 - 10일 - 1월 - 폐쇄명령)

행정 처분 기준			
1차 위반	2차 위반	3차 위반	4차 위반
경고	영업정지 10일	영업정지 1월	영업장 폐쇄명령

- 영업자의 지위를 승계한 후 1월 이내에 신고하지 아니한 때(법 제3조 제4항):개선-10일-1월-폐쇄
- 보건복지부장관, 시·도지사, 시장·군수·구청장의 개선명령을 이행하지 아니한 때(법 제10조):경고-10일-1월-폐쇄

❀ 4차에 영업장 폐쇄명령 (경고 - 5일 - 10일 - 폐쇄명령)

행정 처분 기준			
1차 위반	2차 위반	3차 위반	4차 위반
경고	영업정지 5일	영업정지 10일	영업장 폐쇄명령

- 소독을 한 기구와 소독을 하지 아니한 기구를 각각 다른 용기에 넣어 보관하지 아니하거나 1회용 면도날을 2인 이상의 손님에게 사용한 때(법 제4조 제3항)
- 위생교육을 받지 아니한 때(법 제17조)
- 미용업신고증, 면허증원본 및 미용요금표를 게시하지 아니하거나 업소내 조명도를 준수하지 아니한 때(법 제4조 제3항): 1차에 경고 또는 개선
- 영업소 안에 출입·검사 등의 기록부를 비치하지 아니한 때(법 제4조 제3항)

7-2 면허취소

❀ 1차에 면허취소(법 제7조 제1항)

행정 처분 기준			
1차 위반	2차 위반	3차 위반	4차 위반
면허취소			

- 국가기술자격법에 따라 미용사자격이 취소된 때
- 법 제6조 제2항 제1호 내지 제4호의 결격사유에 해당한 때
- 면허정지처분을 받고 그 정지기간 중 업무를 행한 때
- 이중으로 면허를 취득한 때(나중에 발급받은 면허가 취소된다.)

🍀 1차에 자격정지

- 국가기술자격법에 따라 미용사자격정지처분을 받은 때(국가기술자격법에 의한 자격정지처분 기간에 한한다.)

🍀 3차에 면허취소

행정 처분 기준			
1차 위반	2차 위반	3차 위반	4차 위반
면허정지 3월	면허정지 6월	면허취소	

- 면허증을 다른 사람에게 대여한 때

🍀 3차에 면허취소

행정 처분 기준			
1차 위반	2차 위반	3차 위반	4차 위반
면허정지 2월	면허정지 3월	면허취소	

- 손님에게 윤락행위 또는 음란행위를 하게 하거나 이를 알선 또는 제공한 때(미용사-업주)

제9장

미용 경영

SECTION 01	미용과 성공
SECTION 02	미용 고객 상담과 서비스
SECTION 03	미용서비스와 고객만족
SECTION 04	미용과 경영
SECTION 05	미용 경영 관리 부문
SECTION 06	미용 경영 업무 부문
SECTION 07	미용 인테리어
SECTION 08	미용창업

Section 01
미용과 성공

1 미용인의 성공 자세

1-1 성공

성공이란 목적한 바를 이루는 것을 말한다. 누구나 성공을 위해 노력하며 살아간다. 성공은 한 가지로 국한되는 것이 아니라 그 의미는 다양하다. 금전적 가치를 성공으로 생각하는 사람, 명예를 성공으로 생각하는 사람, 장래 희망의 실현을 성공으로 생각하는 사람, 남들에게는 갖추어져 있지만 자신에게는 없는 건강을 목표로 살아가는 사람 등 그 사람에 따라 목적하는 바가 다르다. 그러나 일반적인 성공의 개념은 금전적인 성공에 더 치우쳐 있는 것이 사실이다. 경영적인 면에서 성공을 다루어야 하는 것도 이 때문이다.

1-2 미용 성공인이 갖추어야 할 요소

① 건강해야 한다.
② 창의적인 기술력이 있어야 한다.
③ 서비스의 체질화가 되어야 한다.
④ 전문 지식을 충분히 갖추어야 한다.
⑤ 구체적이고 뚜렷한 목표를 가져야 한다.
⑥ 자기 자신에 대한 확신을 가져야 한다.
⑦ 인내심이 강해야 한다.
⑧ 정보의 입수력과 정보 활용 능력이 뛰어나야 한다.
⑨ 배려심을 갖추어야 한다.
⑩ 안목을 갖추어야 한다.

1-3 개척자의 자세

새로운 길을 열 수 있는 사람은 성공할 가능성이 높은 사람이다. 개척은 작은 일에서부터 큰 사업에 이르기까지 개척하려는 자세가 필요하다.

1-4 성공인의 마음 자세

성공인의 마음 자세는 스스로 행동하는 자율인의 자세, 변화를 주도하는 혁신인의 자세, 미래를 개척하는 창조적인 자세, 배움을 추구하는 학습인의 자세, 성과를 지향하는 현장인의 자세, 최고를 지향하는 세계인의 자세, 품성을 개발하는 인격인의 자세가 되어 있어야 한다.

2 성공의 차이

2-1 성공하는 사람의 마음가짐

성공하는 사람의 가장 기본적인 마음가짐은 부정적이고 소극적인 면을 없애고 긍정적이며 적극적인 면을 강조하는 마음가짐을 가지는 것이다.

2-2 성공하는 자의 습관

성공하는 습관을 기르는 것은 성공으로의 길을 보다 쉽게 갈 수 있게 하는 것이다. 성공한 사람들을 살펴보면 나름의 습관화된 특징을 갖고 있다. 예를 들어 아침부터 일찍 일을 시작한다거나 늘 책을 옆에 두고 있다거나 꼭 자기의 손을 걸쳐서 일이 마무리되게 해야 한다거나 등 여러 가지가 있다.

이러한 행동들 외에도 성공하는 습관으로는 적극적인 태도로 생활하고 두 번 생각하고 한 번 행동하며 우선 순위를 정해 일을 계획하고 서로가 득이 되는 방법을 모색하며 상대를 이해하는 마음을 갖고 해결에서 보다 나은 방안을 찾고 항상 자기 자신을 관리하는 습관을 가져야 한다. 또한 사소한 습관으로 즐거운 마음가짐, 좋은 생각, 매력적인 음성, 감정 조절, 향기나는 사람, 감사의 마음, 밝은 표정, 자신을 아름답게 연출하는 습관 등이 성공을 하기 좋은 습관이다.

3 미용인의 성공 경영

성공적인 미용 경영인이 되는 기준은 규모의 확장에 의한 알려짐이나 금전적인 면에서의 두드러진 두각이 될 것이다. 현 시점에서 성공한 미용인으로 꼽히는 사람은 여러 명 있을 것이다. 그러나 조금 더 전 세대의 성공한 미용인을 떠올려 보면 누가 성공한 미용인인지 기억하는 사람은 별로 없다. 왜일까? 그것은 마케팅이라는 개념이 들어가 있지 않아서 일 것이다. 미용 경영에서 성공 경영을 위한 바탕에는 경영이 있어야 하는 까닭이 여기에 있다. 미용실에서 미용 기업이나 미용 산업이라는 말이 나오고 미용실 주인이나 마담에서 미용실 원장으로 이끌어내고 낮은 학력에서 높은 학력으로 발전 할 수 있는 것 또한 경영이라는 요체가 들어가 있기 때문이다.

3-1 성공 경영을 위한 노력

성공적인 경영이 되게 하기 위해서는 첫째는 나의 역량을 파악해야 한다. 둘째는 나의 자본을 살펴보아야 한다. 셋째는 정확한 계획적 목표가 있어야 한다. 넷째는 가치 기준이 확립되어 있어야 한다.

3-2 성공에 필요한 경영 지식

경영이라는 지식에 필요한 것은 사소한 것에서부터 큰 것까지 다양할 것이다. 작은 부품이나 작업자의 가족 사항이나 경제력 파악을 비롯해 크게는 시장 흐름 파악의 지식이나 어떤 상황에서 대처하는 능력까지 모두 경영에 필요한 지식들이다.

어떤 지식을 어떻게 활용하고 어디에 어느 만큼의 가치를 가질 것인가를 파악하고 운영해 나가는 지식 또한 경영에서는 꼭 필요하다 할 것이다.

3-3 시대에 따른 성공 미용인의 기준 변화

성공이라는 말을 떠올렸을 때 명예를 갖춘 사람을 떠올리기도 하고 인격을 갖춘 사람을 떠올리기도 하며 대기업의 총수나 발전적인 중소기업의 오너들로 성공한 사람을 떠올린다. 어떤 시대냐에 따라 명예를 우선시 한 시대라면 성공인으로는 명예를 중시한 사람이 될 것이고 인격적인 완성을 최우선으로 하는 시대라면 인격을 갖춘 사람이 성공한 사람이 될 것이다. 금전적인 가치를 중요시 하는 시대에는 큰 부를 축적하고 그 경영 능력까지 인정받는 사람이 성공한 사람이 된다. 성공 미용인의 기준 또한 시대가 가치를 어디에 두고 있는가에 따라 기준의 변화는 있을 것이다.

4 성공 경영을 위한 자기 관리

성공 경영을 위해서는 경영자나 구성원들의 자기 관리를 위한 노력이 필요하다. 유능하고 뛰어난 사람도 말이나 행동에서 자기 관리를 못해 돌이킬 수 없는 길로 가는 경우를 보더라도 구성원 개개인의 관리에서부터 최고 경영자의 자기 관리는 성공 경영을 위해 반드시 필요한 부분이라 할 것이다.

자기 관리는 내면적인 관리와 외면적인 관리가 있다. 내면적인 관리는 도덕성, 양심, 가치관, 배려 등이 자신의 내면 생각에서부터 시작되는 관리이며 외면적인 관리는 표정 관리, 패션 감각, 매너좋은 사람, 목소리가 좋은 사람, 의사 소통의 능력이 뛰어난 사람, 카메라에 준비된 사람 등이 되려는 자기 관리이다.

4-1 내면적 관리

자기 관리를 위한 노력으로 순수 잠재력에서 오는 무한한 창조력을 발휘 할 수 있게 하는 명상, 책임지려는 자세, 누구와 접촉하든 상대를 생각하고 주는 것에 감사할 수 있는 자세, 내가 선택한 결과는 무엇인가를 생각하고 내가 선택한 것이 나와 내 주변 사람에게 행복을 가져다 줄 수 있는지를 생각할 수 있는 마음, 미래를 의도하는 삶, 나의 재능을 나뿐아니라 남도 위해 쓸 수 있는 기꺼운 마음 등을 통해 내면적인 관리가 이루어 질 것이다.

4-2 외면적 관리

표정 관리	미소를 띠우는 얼굴을 만들어라. 무표정한 얼굴도는 타인의 마음을 열게 할 수 없다.
패션 감각	상황과 위치에 맞게 옷을 갖춰 입을 수 있어야 한다.
매너	세련된 매너를 연출하는 것은 그 사람을 더욱더 매력적이게 한다.
목소리	품격 있는 목소리나 신뢰감 있는 목소리. 맑은 목소리를 위한 노력도 필요하다.
의사 소통의 능력	상황과 상대에 맞추어 의사 전달이 정확하게 되게 하는 능력을 갖추어야 한다.
카메라	자신의 홍보에 낯설어 하지 말아야 하며 찾아온 행운에 늘 준비되어 있어야 한다.

미용 고객 상담과 서비스

1 미용 고객과 상담

1-1 고객의 정의

고객이란 창출된 재화와 용역을 구매하는 구매자이다. 보통은 물건이나 원하는 것을 구매하기 위해 일정 금액을 지급하는 사람이다. 미용실에서의 고객은 서비스나 디자인 시술, 제품을 구매하는 사람으로 시술이나 서비스, 제품에 정해진 금액을 지불하는 사람이다.

1-2 고객의 분류

미용실을 한번이라도 이용한 사람은 기존 고객, 앞으로 이용 가능성이 있는 고객을 잠재 고객이라고 일반적으로 말한다. 고객을 집단으로 나누고 좀 더 구체적이고 세분화된 고객의 분류를 파악하는 경영을 하는 것이 미용실의 발전에 도움을 줄 것이다.

기존 고객	과거 고객 – 과거에 1번 이상 미용실을 이용한 적이 있는 고객이다.
	현재 고객 – 현재 미용실을 이용하고 있는 고객이다.
잠재 고객	앞으로 미용실을 이용할 가능성이 있는 고객으로 미용실 상권내에 살고 있는 고객, 미용실 앞을 지나다니는 고객, 기존 고객과 관련이 있는 고객 등이 있다.

1-3 고객의 특성

고객의 특성을 살펴보면 고객은 이동성이 있고 시간을 투자하여 방문하며 실용성과 미적인 만족감을 얻기 위해 방문한다. 또한 미용실을 홍보해 주는 역할까지 하는 특성이 있다.

이동성	고객에게는 더 나은 미용 환경을 찾아 이동 할 권리가 있다.
패션 감각	가까운 거리나 먼 거리나 미용실을 내방하기 위해서는 작게는 5분 길게는 2~3시간을 들여 찾아오기도 한다.
미적 욕구 만족 추구	아름다워짐으로 인한 칭찬과 자기 만족의 미적 욕구를 만족시키기 위해 미용실을 내방한다.
홍보	고객 자체와 고객의 미용실에 대한 감정이 주변의 잠재 고객에게 홍보가 된다.

1-4 고객 관리

고객 관리란 고객을 계속적으로 유지하기 위해 관리한다는 의미이다. 고객 관리의 필요성은 신규 고객의 증가와 고정 고객의 관리로 인한 원가 절감 효과, 미용실의 좋은 이미지 관리, 경쟁 미용실로부터의 우위 차지, 매출 이익의 증가 등이 있다.

1-5 고객 관리 전략

고객은 내부 고객과 외부 고객으로도 나누어 살펴볼 수 있다. 내부 고객은 내부의 직원들이며 외부 고객은 미용실을 찾는 손님이다.

내부 고객의 관리	• 꿈과 비전을 제시해 주어야 한다. • 경영자의 사고가 변화하기를 바란다. • 적당한 임금을 보장받기를 원한다. • 체계화된 교육과 지도를 원한다.
외부 고객의 관리	• 진실한 마음으로 대해야 한다. • 좋은 이미지의 미용실로 인식시켜야 한다. • 전문가를 신뢰할 수 있도록 신뢰감을 줄 수 있어야 한다.

1-6 세분화 고객 분류 기준과 관리

고객 분류	범위 설정	혜택적 관리
최우수 고객	잦은 이용과 매출 상승 기여에 따른 상위 30위	기념품 및 최고 우대권 발급
우수 고객	잦은 이용과 매출 상승 기여에 따른 31~100위	서비스 및 우대권 발급
애용 고객	적당한 이용과 매출 상승 기여에 따른 100~1000위	특별 유대 강화 및 일시적 서비스 혜택
신규 고객	첫 방문 후 이용횟수가 1~4회 이내인 고객	신규 고객에 맞는 신규 우대권 발급
이탈 고객	최근 1년 이내에 한 번도 이용한 적이 없는 고객	절기에 따른 가벼운 의례적 인사를 통해 다시금 내방 기회 마련

미용 상담과 절차

2-1 상담

상담은 전문적인 지식과 기능을 가진 상담자가 내담자의 입장과 처한 환경을 이해하고 현실적이고 합리적이며 효과적인 의사 결정을 돕는 활동이다. 다양한 산업에서 고객과 전문가와의 대화를 통해 조언을 얻는 과정이라고 할 수 있다. 미용실에서 상담은 고객의 스타일이나 시술 등을 질문하고 모발 진단을 통해 시술에 필요한 것을 상호간 서로 이해하는 것이다. 상담은 대체로 처음 이루어지는 것이 일반적이며 시술 중이나 시술 후에 모발 관리에 대한 상담은 관리에 대한 이해를 높이기 위해 이루어 질수 있는 부분이다.

🍀 시술 전 상담

시술전 상담은 고객의 생각하는 바를 파악하기 위해 꼭 필요한 절차이다. 고객은 자신의 원하는 바를 구체화 시킬 수 있고 상담자는 구체화시킨 시술 내용을 적용할 시간 및 비용 등을 인지시켜주고 만족할 수 있는 시술이 되도록 한다.

🍀 시술 중 상담

기본적인 사항에 대한 상담이 아닌 시술 중에 고객의 의사 변동이나 고객의 불편 사항에 따라 시술 중에도 가끔은 상담이 이루어질 수 있다. 예를 들어 머리 형태의 변화나 피부의 이상 증상(가렵거나 따가움, 통증 등)으로 인한 시술 중 상담이 있을 수 있다.

🍀 시술 후 상담

고객의 만족이나 불만족은 시술 후에 가장 크게 나타난다. 또한 1일 이후에도 그 현상이 나타나기도 한다. 만족의 경우는 관리적인 부분만 강조하는 상담이 되면 될 것이지만 불만족의 경우에는 꾸준한 유지 관리 및 다시 시술하게 되는 데에 있어서의 장점과 단점까지 알려주어야 한다. 또한 재방문 날짜도 시술 후 상담에 들어가는 것이 일반적이다.

3 유형별 고객 분류에 따른 상담

고객 분류	고객 특징	상담 방법
신중 고객	시술에 대하여 질문이 많고 스타일 선정시 망설임이 많다.	질문에 대해 여유를 가지고 답하며 사례나 다른 고객의 반응을 예로 들어 망설임을 최소화 시키고 고객에게 생각할 여유시간을 준다.
성격 급한 고객	재촉이 심하고 미리 시술 의자에 앉아 본인의 의사대로 요구하는 편이다. 스타일에 대한 요구사항도 많고 결정이 빠르지만 번복의 가능성도 높다.	정중함보다 신속한 말과 행동을 보여준다. 빨리 처리해 드리겠다는 표현을 해야하며 시술의 지연 시 미리 사유와 함께 알려준다. 시술 내용에 대해 추가 설명을 하여 재확인 한다.
의심 고객	알고 있는 내용도 질문을 통해 확인하고 비교하기를 좋아하며 불편하면 바로 오겠다는 경우가 많다. 지나친 친절에 의심을 표하기도 한다.	짜증을 내거나 찡그리지 말고 이론적인 근거 제시와 시술에 대한 차분한 설명으로 신뢰를 쌓는다. 자신감 있게 시술에 대한 장점을 설명한다.

신경질적 고객	예민한 성격으로 신경질적인 어투가 있고 짧은 언어로 사용한다. 짜증이 많고 사소한 일에도 민감한 반응을 보인다.	인내심을 가지고 응대해야 하며 말과 태도에 주의를 하며 불필요한 대화를 하지 않고 필요한 요점 사항만 파악한 후 신속히 시술한다.
거만 고객	전문가의 설명이나 조언에 부정적 반응도 보이며 자기 자랑이 심하고 금액에 연연하지 않으며 본인 위주로 모든 것이 이루어지길 원한다. 직원보다는 원장에게 시술받기를 원한다.	정중하게 대하며 칭찬을 통해 만족감을 주고 자랑에 대한 욕구가 충족되게 호응해 주며 고객의 의견에 빠르게 공감해준다.
온순, 얌전 고객	정중하고 조심스러운 태도로 말이 별로 없고 불만이 있어도 들어내려하지 않으며 혼자서 오해도 많이 한다.	예의 바른 응대를 하며 말씨나 표현에 주의하고 시술에 착오가 없도록 해야 하며 추가적인 서비스도 제공할 수 있도록 한다. 작은 소리에도 귀를 기울여주고 시술 정보를 미리미리 알려주며 간간히 시선을 마주쳐준다.
아동 동반 고객	아동에 대하는 태도를 자신에게 대하는 태도로 여긴다. 아동에 대한 걱정이 시술 중에 계속 있다.	아동의 특징을 잘 파악해서 아동에게 적절한 칭찬을 해 주고 어린이를 아끼는 마음을 잘 표현해 준다.

미용서비스와 고객만족

1 미용실의 서비스

서비스의 어원은 14세기부터 시작되었으며 라틴어의 세르부스 'Servus, 노예'라는 뜻에서 시작되었다. 미용실에서의 서비스는 기능적인 미용 기술을 제공하므로 기본적인 서비스업을 행한 것이며 다음으로는 고객의 편리를 돕는 서비스에서 환경적인 서비스까지 다양하게 이루어 질 수 있다. 기능적인 면의 서비스에도 다양화가 이루어 질 수 있지만 기술외적인 부분의 고객 응대 서비스는 경쟁력을 더 높게 하므로 적절한 서비스를 활용해야 할 것이다.

종류	대가	서비스 내용
기술적 서비스	직접적 대가	커트, 퍼머, 드라이, 피부 관리, 메이크업, 네일 등
환경적 서비스	간접적 대가	시설, 접대, 고객 관리 등

1-1 미용 서비스의 특성

① 물건 판매가 아닌 사람의 신체 일부의 변화에 의한 대가 지불이다.
② 전문성이 있어야 한다.
③ 환불 요건이 충족되는데 어려움이 따른다.
④ 서비스 제공이 일정하지 않다.

1-2 미용실 서비스의 속성

① 서비스는 형태가 없으며 고객에 의해 평가되는 주관적인 속성이 있다.
② 서비스는 시술과 동시에 고객에게는 소비가 된다.
③ 서비스는 시간과 공간의 제약을 많이 받는다.
④ 서비스는 소멸성을 가진다.

2 고객 만족

고객 만족은 경쟁화와 정보화 시대에 있어 중추적인 개념이 되고 있다. 고객 만족, 고객 감동이라는 용어는 일반인에게도 친숙한 용어가 되어가고 있다. 고객이 만족하는 정도를 나타내는 개념으로 서비스나 제품에 대해 구매 후 지각하는 성과가 구매 전에 기대했던 것과 비교하여 느껴지는 상태를 의미한다. 이처럼 어떤 목적이 성취되어서 감정적으로 채워지는 것을 말한다. 만족은 주관적인 개념이기 때문에 같은 것에 대해 만족하는 고객과 그렇지 않은 고객이 있다. 또한 기대한 기대치에 근접하면 대체적으로 만족하고 기대치에 못 미치면 불만을 나타내게 된다. 기대치를 결정짓는 것은 이전의 경험이 바탕이 된다.

2-1 고객 만족의 요건

미용실에서 제공하는 기술 서비스, 안락한 분위기, 직원들의 친절 등은 고객 만족의 요건이 될 것이다. 그러나 고객이 무엇에 더 가치를 두느냐에 따라 만족의 정도는 달라질 수 있다. 고객은 지불하는 비용에 비해 높은 가치를 얻을 때 만족하게 된다.

고객 만족 요건에는 미용실의 외관, 미용실의 실내 환경, 실내 인테리어, 미용실의 첫인상, 미용실의 접객 수준, 전화 응대, 상담자의 자세, 정보 제공, 기술 서비스의 수준, 주변의 정리 정돈, 요금 등이 있다. 이중에서도 미용의 고객 만족에 가장 영향을 미치는 것은 기술 서비스의 수준과 요금이 될 것이다.

미용실 고객의 3대 만족	
기술 서비스	우수한 기술, 차별화된 기술, 창의적 기술
미용실	좋은 이미지, 편안함, 신뢰성
사람	친절, 긍정적, 웃음과 활력, 적극적

2-2 고객 만족을 위한 노력

고객을 만족시키기 위한 노력으로는 고객을 좀더 세밀히 관리해 주며 고객 응대 기법을 개발하고 고객의 심리를 파악하는 것이다. 고객 만족을 위한 몇 가지를 살펴보면 다음과 같다.
① 특별한 대우를 받고 있다
② 맞춤형 기술력이 적용된다.
③ 고객을 소중히 여기는 마음이 전달된다.
④ 편안한 분위기이다.
⑤ 심리를 고려한 스타일의 완성이다.

미용과 경영

1. 미용 기업

1-1 미용 기업의 개념

미용 기업은 일반적인 기업과 마찬가지로 이윤 추구를 목적으로 제품이나 서비스를 생산하고 판매하는 조직이다. 즉, 기업은 자연 자원이나 노동력, 자본과 같은 생산 요소가 결합되어 재화나 서비스를 생산하고 이러한 것들을 필요로 하는 자에게 제공해주는 조직을 말한다. 또한 기업은 조직의 이익을 추구하며 창출한 이익을 다시 분배, 재투자하여 계속적으로 활동을 해 나가는 조직으로 조직 구성원의 소득 원천이 된다.

1-2 미용 기업의 유형

일반적인 기업은 사기업과 공기업, 공사공동 기업으로 나누며 사기업은 개인 기업과 공동 기업으로 나눌 수 있고 공동 기업은 소수나 다수 공동 기업으로 분류하고 합명회사, 합자회사, 유한회사, 주식회사로도 분류되며 그 형태만큼이나 특징도 다르다.
미용 기업은 일반적인 기업의 의미로는 가장 기본적인 기업의 형태인 개인이 단독으로 소유하여 운영되는 개인 기업의 형태가 대부분이다.

1-3 기업의 환경

기업의 환경은 조직의 경계를 기점으로 내부 환경과 외부 환경으로 분류한다.

🍀 내부 환경

내부 환경은 기업이 가지는 독특한 분위기나 기업 문화, 자원 등과 같은 조직의 내적 요인들이다.

🍀 외부 환경

외부 환경은 조직 외부에서 기업의 의사 결정 및 전체적인 기업 경영 활동에 기회와 위협 요인을 제공하는 세력을 의미한다. 외부 환경은 일반 환경과 과업 환경으로 구분되며 일반 환경은 일반적으로 조직에 미치는 영향으로 범위가 넓어 거시적 환경이라고도 하며 기업에 간접적으로 영향을 미치는 환경이다. 과업 환경은 특정한 기업에 직접적인 영향을 미치는 환경으로 미시적 환경이라고도 한다.

기업의 환경	내부 환경		기업 문화, 기업 자원 등
	외부 환경	일반 환경	경제적 환경, 정치·법적 환경, 사회·문화적 환경, 기술적 환경, 자연적 환경, 국제적 환경 등
		과업 환경	경쟁자, 공급자, 소비자, 노동조합, 주주, 지역사회, 정부 등

1-4 기업의 목적

기업의 목적은 이윤의 극대화라는 초기의 단순한 논리에서부터 고객 창조, 기업 가치의 극대화, 사회참여 극대화, 부가가치 극대화 등 다양하지만 가장 근본적인 것은 기업의 생존과 발전에 있다.

① **경제적 목적** : 기업 본연의 기능으로 사회가 필요로 하는 제품과 서비스를 생산, 공급하여 이윤을 추구하는 것이다(이윤 극대화).
② **사회적 목적** : 사회적 책임 또한 중요시 되어 기업 활동으로 발생되는 부정적인 영향의 최소화 노력으로 사회가 기대하는 역할(기업 윤리, 사회적 책임, 사회적 반응, 사회 봉사 등)을 수행함으로 달성된다.

2 일반적 경영

2-1 경영의 개념

경영(Management)이란 기업이 설정한 목표를 달성하기 위해 필요한 활동들을 계획, 실행하고 평가하는 과정으로 타인과 함께 타인을 통해서 효율적, 효과적으로 일이 이루어지게끔 하는 과정이다. 여기에서 효율이란 투입과 산출과의 관계를 말하며, 효과는 조직의 목표 달성을 의미하고 과정은 경영자가 수행하는 기본적인 활동(경영 기능)이다. 또 다른 개념으로는 경영자를 의미하는 경우와 경영학을 의미하는 경우가 있다. 경영은 이윤 추구를 위한 수단으로 주변 환경 내에서 이루어지고 급변하는 환경 속에서 이루어지므로 동태적이다.

2-2 경영 기능

경영 기능이란 경영학적인 용어로 경영자가 수행하는 가장 기본적인 활동을 의미한다.
경영의 기능에는 계획, 조직화, 지휘, 통제의 네가지인 관리 기능(Management function)과 업무의 성격에 따라 요구되는 업무 기능(Operation function)으로 나눌 수 있으며 조직의 목표 달성을 위해 수행되는 과정들이다.

2-3 기업과 경영

예전의 가내 수공업에 의한 재화와 용역의 공급이 산업혁명 이후 보다 복잡해지고 대량 생산과 경쟁 사회로 발전되므로 사회에 필요한 재화와 용역을 기업이 공급하게 되었으며 기업의 효율성을 높이기 위해 경영이 이루어지게 되었다.

기업의 목적인 이윤의 극대화를 위한 수단으로 경영이 이루어진다. 즉, 기업은 이익의 극대화를 추구하기 위해 효율적이고 합리적인 방법을 모색하는 경영을 한다. 또한 기업은 법률적으로 갖추어진 실체이며 경영은 이를 운영하는 과정이다.

기업은 경영의 한 형태이며 경영은 기업을 포함한 형태의 영리 조직이나 비영리 조직을 나타내는 보편적이며 보다 폭넓은 개념이다.

경영 관리학	경영학 총론	계획화(Planning)
		조직화(Organizing)
		지휘화(Leading)
		통제화(Controlling)
	경영학 각론	생산 및 운영 관리(Production and operations management)
		인적 자원 관리(Human resources management)
		마케팅 관리(Marketing management)
		재무 관리(Financial management)

3 미용 경영의 정의

미용 기업의 목표 달성을 위해 모든 자원을 활용하여 경영 과정을 통해 효율적으로 운영할 수 있게 하는 실천 학문이다.

미용 경영은 이론 학문이 아닌 실제 경영자가 변화하고 구성원들이 변화하며 서비스를 이용하는 많은 고객들이 변화되는 과정에서 마음자세와 실천적인 행동의 변화를 요구하는 실천 학문이다.

4 미용 기업의 경영적인 변수 요인

(1) 지역이나 장소의 특수성
(2) 업소의 크기와 구성원의 수
(3) 고객 관리
(4) 인적 자원 관리
(5) 마케팅 관리
(6) 인성 교육 및 접객 서비스

(7) 기술 개발 및 교육 관리 (8) 경영 철학과 구성원의 직업 윤리
(9) 시설과 인테리어 (10) 제품 판매 관리
(11) 재무 관리 (12) 가격 관리
(13) 광고와 판촉 (14) 미용 상담 심리
(15) 정보 및 인터넷

5 미용의 경영 환경

미용에서의 경영 환경은 경영에 직접적으로 영향을 주는 과업적 환경과 직접적인 영향을 미치지는 않지만 경영 활동에 영향을 주는 간접적 환경으로 구분된다. 과업적 환경은 다시 내부 이해자 집단과 외부 이해자 집단으로 구분되며 간접적 환경 요인으로는 사회적, 경제적, 정치적, 기술적 환경으로 구분된다.

과업적 환경	내부 이해자 집단	종사자, 디자이너들의 업무
	외부 이해자 집단	고객, 재료 유통업, 미용협회, 경정업소, 언론, 금융기관
간접적 환경	사회적 요인	인구 특성, 사회적 태도, 가치, 신념, 규범, 행동 등
	경제적 요인	인건비, 경쟁업소의 가격, 정부의 가격 정책, 시장 상황 등
	정치적 요인	정부의 정책(허가제, 신고제, 통보제)에 따른 팽창
	기술적 요인	기술의 개발, 기술 시장의 축소와 확대, 사용기구, 프로그램

6 미용 경영 필요 환경

경영의 활성화 방안을 위한 환경에는 인적 자원, 재무적 자원, 물적 자원이 필요하며 이를 3M이라 한다. 3M은 Man, Money, Material이며 그 외에도 기술적인 자원이 필요하다.

인적 자원(Man)	원장, 경영자, 관리자, 시술자, 고객, 재료 공급자, 경영 컨설턴트 등
재무적 자원(Money)	자본, 자금, 현금, 카드 등
물적 자원(Material)	토지, 건물, 설비, 시설, 원재료, 미용기구 및 용구, 미용 재료, 인테리어, 미용 상품 등
기술적 자원(Technic)	기능, 기기 사용법, 작품 디자인, 연구 개발 등

7 미용 경영자적 위치

미용 경영자는 경영 철학과 경영 이념을 갖고 구성원들이 만족할 만한 근무 조건과 고객만족을 통해 기업의 기본적인 목표인 이윤 창출을 위해 전반적인 활동을 하는 자를 말한다. 또한 미용 기업을 운영하기 위해 지도력과 타 미용 기업과의 경쟁력을 갖춘 경영자를 말하며 경영의 측면에서는 고용 경영자와 소유 경영자로 구분할 수 있다.

7-1 고용 경영자(Employed manager)

미용실의 대형화로 인해 자본과 경영의 분리로 고용된 경영자를 말하며 자본의 출자 유무에 관계없이 실질적 경영권을 행사한다.

7-2 소유 경영자(Owner manager)

자본과 경영이 일치된 경우로 경영자나 원장이 일선의 업무 기능을 담당하는 경영자를 말한다. 헤어 디자이너 출신의 경영자로 경영자 자신이 직접 운영 계획을 세우고 전반적인 업무를 지시, 관리하며 자본을 출자하고 경영권을 행사한다.

8 경영자의 역할

경영자는 기업의 목표 달성을 위해 필요한 경영 활동을 직접 수행하는 과정에서 의사 결정을 행하고 구성원의 활동을 지휘 및 조정하는 권한과 책임을 지닌 주체자로 기업의 경영을 위해 필요한 제반 사항을 파악하여 조직 구성원에게 이를 전달하고 그들의 활동을 지시, 감독하는 자를 말한다. 예를 들어 기업의 회장이나 이사장, 교회의 목사, 조합장 등을 들 수 있으며 이들은 하위 경영자와 일선 종업원들 감독하게 된다.

경영자는 최고 경영자, 중간 경영자, 하위 경영자로 나눌 수 있다. 최고 경영자는 조직 전체를 지휘하는 사람이며 중간 경영자는 중간 단계의 조직을 관리하는 사람이고 하위 경영자는 가장 낮은 단계의 조직(일선 종업원)을 감독하는 사람이다.

경영자와 종업원의 차이는 경영자이면서 업무를 직접 수행하는 경우도 있지만 본인에게 보고하는 종업원이 있을 경우 경영자이며 자신이 직접 업무 수행을 하는 경우는 종업원으로 볼 수 있다.

경영자의 유형	해당 직책	수행하는 경영 기능
최고 경영자	회장, 사장, 부사장, 이사 등	계획, 조직
중간 경영자	부장, 차장, 과장 등	계획, 조직, 지휘, 통제의 기능을 고르게 수행
하위 경영자	대리, 직장, 반장 등	지휘, 통제

Section 05
미용 경영 관리 부문

1 미용실 경영 계획

경영에서의 계획화(Planning)는 조직의 발전을 위해 목표를 정하고 목표 달성을 위해 어떻게 할 것인가를 결정하는 과정이다. 미용 기업은 공통의 목표를 추구하는 사람들이 모인 체계적인 조직이라고 할 수 있다. 경영자의 과업 중 하나는 미용 기업의 목표와 목표를 달성하는 방법을 모든 미용실 직원들이 이해할 수 있도록 하는 일이다.

계획이란 이러한 미용 기업의 목표를 규정하고 목표를 달성하기 위한 방법 및 과업을 결정하는 과정이다. 누가, 무엇을, 언제, 어떻게, 왜 일의 과정을 수행해야 하는지에 대하여 사전에 결정하는 과정이 계획이다. 경영 과정 중 가장 핵심적인 단계로서 다른 기능인 조직화, 지휘, 통제 기능과도 서로 연계되어 있다.

미용 기업의 목표 달성을 위해 미용 기업의 제반 활동을 효율적으로 조정해야 하며 외부 환경이 불확실한 상황 하에서는 공통의 목표를 두고 원장과 직원들 상호간의 모든 활동을 통합, 조정하기 위한 기능을 수행하는 것이 계획이다.

2 미용 경영 조직

조직화(Organizing)란 조직의 목표 달성을 위해 진행되는 과업을 위임하고 자원의 배분에서 이루어지는 과정을 말한다. 실행할 부서를 만들고 구체적인 임무를 부여하는 것이며 필요 자료를 지원하는 등의 활동이 조직 기능이다.

미용실의 목표를 달성하기 위한 선택된 전략들을 효과적으로 수행하려면 이에 따른 조직이 뒷받침되어야 한다. 목표 달성을 위해 미용실 내 직원들은 상호간의 직무나 서로의 관계를 규정하고 필요한 행동을 강구 할 수 있도록 해야 한다.

미용실에서의 조직화란 미용실의 계획을 달성하기 위해 과업을 구조화하는 기능으로 미용실 원장은 어떤 과업을 목표로 하며 누가 그 일을 맡을 것이그, 누가 의사 결정을 내릴 것인지를 결정해야만 한다. 이를 위해서 미용실의 조직은 효율적인 운영을 위해서 권한과 책임 관계를 명확하게 확립해야 하고 직원들 상호간의 원활한 커뮤니케이션 구축으로 변화하는 환경에 적절히 대처할 수 있도록 조직화되어야 한다.

2-1 조직 구조의 개념

조직 구조(Organizational structure)란 기업의 성장에 따른 필수적인 형태로 관계나 업무가 다양해짐에 따라 과업이나 업무, 권한 관계, 지휘 등의 필요성에 의해 조직에서 체계적으로 형성된 구조이다. 기업 조직의 경우는 많은 경영층과 관리자층, 종업원 등으로 복잡한 조직 구조가 형성된다.

2-2 조직 구조에 영향을 미치는 요인

조직 구조는 기계적 조직과 유기적 조직이 있으며 상황적 요인에 따라 조직 구조는 달라지게 되며 조직 구조에 영향을 미치는 요인으로는 전략, 규모, 기술, 환경 등을 들 수 있다.

기계적 조직(Mechanistic organization)은 전통적인 관료제 조직이다. 조직 설계의 원칙에 충실히 따르는 조직 구조로 명령 일원화의 원칙을 지지한다. 또한 엄격하고 안정적인 특징이 있으며 권한의 집중, 엄격한 위계 구조, 고정된 직무와 높은 공식화 및 공식적인 의사 소통 경로를 가지고 있다.

유기적 조직(Organic organization)은 유연하고 느슨한 특성이 있으며 표준화된 직무나 규정이 없고 필요에 의해 빠른 변화의 대처 능력이 있는 전문가들로 구성되어 있으며 수평적이고 수직적인 협조 관계의 형성, 낮은 공식화, 분권화된 의사 결정 권한, 비공식적 의사 소통, 개인적 방식이 특징이다.

① **전략** : 조직의 목표는 조직의 전반적인 전략에서 도출된다.
② **규모** : 조직의 규모가 확대되면 권한의 분산, 직무의 전문화가 되는 등 조직의 구조에 영향을 주게 된다.
③ **기술** : 투입된 물품을 산출할 수 있는 물품으로 전환시키려면 어떤 형태의 기술을 갖고 있어야 하며 일반적으로 전환에 필요한 장비나 재료, 지식과 기능 등을 포함하여 기술이라고 한다. 이러한 기술은 조직 구조에 영향을 미친다.
④ **환경** : 환경적인 변화에 따라 조직 구조도 영향을 받게 된다. 안정적인 환경에서는 기계적인 조직이 효과적이며 동태적인 환경에서는 유기적인 조직이 효과적이다.

2-3 조직 구조의 유형

조직 구조에는 라인 조직, 라인 스탭 조직과 기능별 조직, 사업부제 조직 및 트릭스 조직 등이 있다.

① **라인 조직**(Line organization) : 상위자의 지휘와 명령이 하위자에게 직접 전달되는 명령 일원화 원칙이 중심이 되는 조직 구조이다.
② **라인 스탭 조직**(Line and staff organization) : 라인 조직을 기반으로 스탭 조직을 보다 강화한 구조로 명령 일원화 원칙과 전문화 원칙을 조화시킨 조직 구조이다.
③ **기능별 조직**(Functional organization) : 영업부, 판매과, 경리과처럼 업무의 내용이 유사성을 갖고 관련 있는 것을 분류시켜 결합한 조직의 구조이다. 전문 지식과 기능을 지닌 상위 관

리자가 다른 부서의 직원에게도 직접적인 명령과 감독을 갖는 특징이 있으며 전문화의 극대화를 기할 수 있는 장점은 있으나 명령 통일의 원칙에 위배되는 조직 형태로 많이 이용되지는 않고 있다.

④ **사업부제 조직(Divisional organization)** : 분화의 원리에 따라 단위를 편성한 사업부에 대해 생산, 재무, 인사, 마케팅 등의 관리 권한을 독자적으로 부여하여 이익을 찾는 분권적 조직 구조이다. 제품별, 공정별, 고객별, 지역별 등의 단위로 분화해서 하나의 독립적인 사업으로 운영할 수 있도록 권한과 책임을 부여하는 조직 구조로 오늘날 많이 활용되고 있다.

⑤ **매트릭스 조직(Matrix organization)** : 조직에 중복적인 소속을 하게 되는 구조로 수직적 권한과 수평적인 권한을 결합한 조직 구조이다.

3 미용 경영 지휘

지휘화(Leading)는 조직의 목표 달성을 위해 경영자가 조직 및 부서의 구성원들에게 업무를 수행할 수 있도록 영향을 주는 과정이다. 경영자가 구성원에게 동기 부여, 지휘, 구성원과의 의사소통과 갈등을 해소하는 일을 말하는 것으로 표창, 격려 등을 지휘 기능이라고 한다. 목표를 달성하기 위해 계획을 수립, 수립된 계획을 집행하기 위한 조직의 편성이 이루어지면 미용실 원장은 지휘 기능을 수행해야 한다.

미용실의 경영 지휘란 직원들이 목표 달성에 최대한 기여하도록 미용실이 기대하는 노력과 결과 및 성과가 무엇인지를 직원들에게 인식시키고, 그 직원들을 지도하고 감독하며 그들에게 영향을 미치는 미용실 원장의 기능을 말한다.

4 미용 경영 통제

통제화(Controlling)는 조직의 성과를 평가하여 계획한 목표를 달성하였는가의 판단 여부를 확인하고 경우에 따라 수정을 가하는 기능이다. 통제는 관리 과정의 마지막 부분에 해당하며 실제로 발생한 결과와 사전에 목표되었던 계획의 기대치가 일치하는 가를 확인한 후 그 차이의 발생에 의한 필요 조치를 취하는 과정이라고 할 수 있다. 즉, 실제 결과와 계획 사이에 어떠한 차이가 발생하였을 때 먼저 설정되었던 계획에 도달할 수 있도록 필요한 조치를 취하는 일련의 과정이다. 그러므로 통제를 위해서는 계획이나 목표 설정이 전제되어야 한다. 쉽게 풀어보면 업무(일)를 잘 하고 있는지에 대한 평가와 그에 따른 시정 조치를 통제의 의미에 넣을 수 있다. 경영 과정을 계획-실행-통제로 볼 때 통제 과정은 계획을 전제로 하고 보았을 때 의미가 있는 것이다.

미용실의 통제 기능은 매월 말일 전체 매출이 지난 달보다 어떠했는지 살펴보고 목표한 액수에 미치지 못한 경우 매출 상황을 분석하여 이유를 살펴봄과 동시에 다시금 동기 부여를 하여서 다음에는 좀 더 나은 결과를 창출할 수 있도록 다방면에서 보완점을 찾도록 해야 한다.

Section 06 미용 경영 업무 부문

1 미용 인적 자원 관리

1-1 인적 자원 관리의 의의

모든 일의 근본은 사람과 관련이 되어 있다. 인사(Personnel)라는 말은 조직에 고용된 사람들과 관련된 문제를 다룬다는 의미를 가지고 있다. 이러한 인사를 관리하는 것을 인사 관리라고 하며 다시 인적 자원 관리라는 용어로도 그 개념을 같이 한다. 미용실의 인적 자원 관리는 유능한 인재를 확보하고 유지하는 것에서 시작한다. 유능한 인재를 모아 동기를 부여하고 잠재력을 발휘하게 하는 효과적인 인적 자원 관리 방안은 미용실의 또 다른 경쟁력이다. 미용실의 인적 자원 관리는 우수한 인재를 확보하고 각각의 구성원이 목표 달성을 위하여 개인이 지닌 능력, 잠재력, 창조성을 최대한 활용할 수 있도록 하는 과정이다.

최상의 인테리어 시설, 고품질의 제품, 기구나 장비를 갖추고 효과적인 운영 관리 시스템이 있다고 하더라도 그것을 활용할 수 있는 인재가 없다면 무용지물에 불과할 것이다.

현대의 인적 자원 관리는 직원들 개인의 목표와 조직 목표의 일치를 지향하는 성격을 가지고 있으며 사람을 자산으로서의 인적 자원으로 인식하고 개인의 능력 개발을 통한 인적 자원의 효과적인 활용을 도모하고 있다.

인적 자원 관리의 접근 방법은 인간은 가치를 고려하여 행동한다는 것과 현재나 미래에 대한 영향을 주는 의사 결정에 능동적인 반응을 보인다는 것과 사회 환경에 적응하며 생활한다는 것, 경험을 통해 항상 학습한다는 것에 주안점을 두면 될 것이다.

미용실의 인적 자원 관리에서 중요시되는 것은 구성원인 직원이 협동적이고 능동적으로 일할 수 있는 업무적 공정성과 기대할 수 있는 가치를 부여해 주어야 한다. 즉, 공정한 인사와 보상, 공정한 처우를 통한 인권의 존중, 안정적인 분위기, 창의력의 인정 및 단합을 위한 노력 등이 있어야 한다.

1-2 인적 자원 관리의 측면

서비스업에서 미용실의 직원은 단순한 서비스 측면과 기술적인 측면을 동시에 잘 소화할 수 있어야 하며 고객 접점에서는 마케터(Marketer)의 역할까지 해야 하는 관리자적인 측면도 가지고 있다.

① 수요 변화에 능동적으로 대처해야 한다.
② 유동적으로 업무를 수행해야 한다.
③ 무형적인 상품 관리 및 제공자이며 관리자이다.
④ 대상과의 심리적 접촉까지 유의해야 한다.

1-3 인적 자원 관리의 계획

인적 자원 관리의 계획은 미용의 경쟁적인 환경에 대응하기 위한 것으로 최적의 인원으로 알맞은 직무 배치를 통해 효과적인 일의 능률을 높이기 위한 활동이다.

미용실의 인적 자원 계획에서 고려해야 할 점으로는 첫째, 업무가 필요로 하는 전문적인 기술에 따른 노동력의 공급을 계획해야 하고 둘째, 현재 인원의 활용 가능성과 신규 인원의 보충 계획이며 셋째는 업무를 위한 상호 단합 활동으로 안정적인 직무 구축 계획이다. 넷째는 필요 인적 자원의 이직 방지를 위한 계획이다.

2 미용 마케팅 관리

마케팅이라는 용어는 뷰티 산업에서도 널리 사용되고 있으며 영업을 위한 홍보로 쉽게 인식되어져 있다. 마케팅의 어원은 시장에서 팔거나 산다는 market이며 거래의 교환 행위를 의미한다. 하지만 오늘날은 시장에서 교환이 원활하게 이루어지게 주도되는 의식적 활동을 의미한다. 즉, 마케팅은 어떤 목표를 충족시켜 주는 교환을 위한 아이디어나 서비스의 창안, 제품, 가격 결정, 촉진, 유통의 계획과 실행 과정이며 마케팅 활동은 생산자에게서 소비자에게로 서비스나 상품이 효율적으로 흐르게 하기 위한 기업의 활동이다.

2-1 미용실 마케팅의 특징

미용실의 마케팅에서 가장 중요한 특징으로는 미용 경영이 기술 중심에서 고객 중심으로 바뀌어 가고 있으므로 현재의 미용 마케팅은 고객 중심의 경영 방침을 의미한다고 할 수 있다.

기술 지향적 마케팅	고객 지향적 마케팅
• 개인적인 생각	• 고객 기준적 생각
• 고객 시장 좁음	• 고객 시장 좁음
• 기술 조사	• 시장 조사
• 원가 중심적 가격 책정	• 시장 중심적 가격 책정
• 기술 시술 장소	• 대출 수단의 장소
• 기술의 기능과 활용을 중시	• 고객의 욕구와 유행 흐름 중시

기술자 시장			소비자 시장
수요 > 공급	수요 = 공급		수요 < 공급
기술 전수의 시대	최고 기술 추구 시대		기술 보급, 기술 창작, 기술 주문
고객 창출 용이	고객 창출 필요		고객 창출 어려움

2-2 미용 마케팅의 환경 변화

마케팅의 환경에 영향을 미치는 요인은 내부적 환경과 외부적 환경으로 나누어 살펴볼 수 있다. 내부적 환경 요인으로는 기업이 고객에게 서비스나 제품으로 봉사할 수 있는 능력에 영향을 주는 행위자들로 기업, 고객, 경쟁사, 유통 관련 기관 등이 있으며 외부적 환경 요인에는 경제, 사회, 정치 및 문화, 기술, 법률 등이 있다.

3 미용 재무 관리

소규모 미용실이든 기업형 미용실이든 성공적인 경영을 위해서는 반드시 회계 관리를 이해하여야 하며 적절한 기능들을 갖추어야 한다. 재무 관리는 다른 업무 기능들이 충분히 제 기능을 발휘할 수 있도록 해주는 역할을 하며 미래의 불확실성에 효과적으로 대처하게 해주는 예측된 활동이다.

흑자 폐업의 경우 경영은 잘되고 있으나 자금 운영이 제때에 이루어지지 않아서 폐업에 이르는 경우가 있다. 이는 재무 관리 계획이나 대책의 미흡에 의해 발생될 수 있는 부분이다. 또 다른 측면은 자금 운영의 문제로 창업을 한지 얼마 되지 않아서 폐업을 하는 경우로 시장 규모와 고객의 선호도를 고려하지 않았을 경우 처음부터 지나친 인건비 지출에 의해 기본적인 영업에도 불구하고 일류 디자이너의 높은 급여 충당으로 이루어질 수도 있다. 이외에도 미용 재료의 원가 대비 수익의 발생에 대한 예산이나 운영에 들어가는 비용이 주먹구구식일 경우 올바른 계획 수립이 이루어 지지 않아 실제로는 적자이나 흑자 운영이 된다.

3-1 재무 관리의 목표

재무 관리는 자금의 조달을 효율적으로 하고 운용하여 미용실의 추구 목표를 달성하는 관리 기능이다. 대표적 자금 조달 방법은 소상공인 지원센터, 은행, 일반 금융기관 등이 있다.
① 이윤의 극대화
② 미용실 가치의 극대화

3-2 재무 계획의 수립

확실한 재무 계획의 수립은 자금이 필요한 시기와 필요 자금의 규모를 파악할 수 있게 하고 투자안이나 사전에 소요될 자금의 예측으로 여유있는 운영이 되게 한다. 또한 수입 예산과 지출 예산을 고려한 확실한 재무 관리로 인해 미래의 불확실성을 최소화해야 한다.

3-3 미용실에서의 수입과 지출 예산

미용실에서 예상되는 수입과 지출을 살펴보면 수입 예산에는 미용 시술, 제품 판매, 서비스 판매 등이 있을 수 있으며 지출 예산에는 임대료, 관리비, 임금, 공공요금, 재료비 등이 있다.

4 미용 생산 관리

생산 관리는 일반적으로 제품 관리나 공급 체인 관리 등을 말하는 것으로 고객의 요구에 맞는 서비스나 제품을 적절한 시기에 적당 가격으로 생산하고 공급하기 위한 시스템의 설계와 이러한 것들의 관리를 말한다. 생산 관리는 테일러(Taylor) 시대부터 과학적 관리법으로 알려져 대량 생산 방식의 기원이 되고 있다. 효과적인 제품 생산을 의한 관리들이 유기적으로 통합, 관리되어져야 하며 생산 운영 계획이 수립되어 실행에 들어가면 계획에 맞게 실행될 수 있게 통제해야 한다. 비용, 구매, 정비, 품질(서비스의 질) 등에 대한 통제가 있어야 한다. 미용 산업의 생산 관리는 서비스를 위주로 한 시스템을 말할 수 있다.

Section 07
미용 인테리어

1 인테리어의 특징

미용에서 인테리어라는 개념은 1992년 대외 시장의 개방으로부터 시작되었다. 대형업소와 프랜차이즈의 등장은 인테리어 시장을 더욱 확산시키는 계기가 되었으며 현재는 소규모와 대규모를 떠나 차별화를 통한 마케팅의 일환으로까지 확대되었다.

이러한 인테리어의 특징을 살펴보면 단순화와 독창주의, 실용주의로 구분지어 볼 수 있다. 어떠한 공간을 꾸밈에 있어 어떠한 형태에 초점을 둘 것인지에 따라 인테리어의 특징이 나타날 것이다. 현대는 문화 수준의 발달과 함께 스타일의 변화, 두발의 건강, 날씬한 몸매, 고운 피부, 예쁜 얼굴, 손톱, 발톱의 관리를 위해 여성뿐만 아니라 남성들까지 미용 문화를 즐기는 생활 공간에 있다. 미용 경영적 측면에서의 인테리어를 분석해 봄으로 고객 서비스측면은 물론 종업원의 사기와 경제적인 이윤까지 창출할 수 있게 해야할 것이다.

2 대상에 따른 인테리어

인테리어를 통해 경영자의 취향이나 색깔이 나타나는 것이 아니라 주고객이 누구인가에 따라 인테리어의 변화도 달라져야 한다. 남성 전용 미용실, 아동 전용 미용실이 그 대표적인 예일 것이다. 그 외에도 주로 이용하는 고객의 층을 고려한 인테리어가 되어야 한다. 대상에 따른 독창성과 실용성이 함께 어우러진다면 이상적인 인테리어가 될 것이다. 경우에 따라서는 오랜 시간 작업을 하는 작업자가 좋아하는 인테리어를 해야 한다고 할 수도 있으나 미용을 통한 경제 활동을 하고 있는 이상 효과적인 인테리어는 주고객이 선호하는 인테리어가 되어야 할 것이다. 고객들은 시술자의 편에서 분위기를 보는 것이 아니라 고객들의 주관적인 관점에서 미용실의 인테리어를 보는 것이다. 작업자의 편리성도 고려되어야 하지만 우선적인 것은 작업자가 편리한 공간보다 고객들이 즐겨 찾을 수 있는 인테리어가 되도록 하는 것이 먼저라는 것이다. 아직도 작업자의 동선 고려가 먼저라는 측면이 있지만 경쟁 미용 시장에서 오랜 시간 고객을 유치할 수 있어야 한다는 면에서는 고객의 편리성이 먼저이다. 물론 시술자가 귀한 시대에 처한다면 고객 유치의 필요성이 없으므로 시술자의 동선이 우선적으로 고려되어야 할 것이다.

3 분위기를 이용한 인테리어

고객은 어느 하나를 보고 분위기를 말하지는 않는다. 처음 들어섰을 때나 늘 익숙한 어떤 공간의 전체적인 분위기를 보고 미용실의 시설 상태를 평가한다. 또한 조화를 통한 공간의 활용은 또다른 분위기를 만들 수도 있다. 분위기를 만드는 것에는 조화로운 색깔, 가구, 문양, 디자인 등은 분위기를 이끄는 대표적인 요소이며 크기, 배치, 조도의 조명, 악세서리 등도 또다른 요소들이다. 이러한 요소들이 모여 분위기를 만들고 특징적 인테리어 감각을 넣으므로 전체 분위기를 고객들로부터 평가받게 된다. 경쟁 시대에 적합한 인테리어는 조화를 통한 차별화되고 공감가는 분위기의 인테리어가 되어야 한다. 고객들로부터 기억에 오래 남는 미용실의 이미지를 심어주는 것은 자연스러운 홍보 활동이다.

4 쾌적한 인테리어

쾌적한 인테리어란 기분좋은 감성적인 요소가 충족됨을 말하는 것으로 여유로운 공간, 음악, 향기, 깨끗한 주변 환경 등이 있다. 무리한 공간 활용은 공간의 쾌적성을 결여시킬 수 있으며 시끄러운 음악이나 불쾌한 냄새, 지저분한 환경 또한 불쾌한 인상을 심어줄 수 있다. 또한 동선을 계획함에 짧은 동선에 초점을 맞추는 것이 아니라 여유있는 편리한 동선이 쾌적함을 준다. 쾌적한 환경은 고객에게 기분을 좋게하고 그 기분이 시술자에게도 영향을 미칠 수 있다면 조금 더 걷는 것이 고객으로부터 스트레스를 받는 것 보다는 나을 수 있기 때문이다.
오래된 인테리어의 경우 쾌적함이 반감될 수 있으므로 계획에 맞추어 주기로 새롭게 단장하는 것이 좋다. 새롭게 단장할 경우 기본 분위기는 그대로 살리면서 금전적인 면이 고려된 인테리어가 되어야 할 것이다. 그러기 위해서는 우선 처음 인테리어 시 설계도면에 천장, 전기, 배수, 환기 공사는 철저히 해 놓은 상태가 좋으며 외관적인 새로운 변화를 모색하는 것이 바람직하다.

5 작업 공간 인테리어

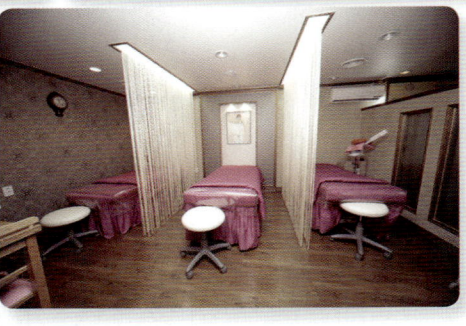

Section 08
미용 창업

1. 창업의 의의와 창업의 3요소

1-1 미용실 창업의 의의

창업이란 사업을 시작하여 그 기초를 세우는 것으로 미용실의 창업은 기존 미용실을 인수받아 새롭게 명의 변경에 의해 원장이 바뀌는 것과 입지 선정에 의해 처음으로 미용실의 간판을 걸고 영업을 시작할 수 있게 되는 것을 말한다. 규모에 있어서나 창업자에 따라 대형, 중형, 소형 업소로 나누어진다.

1-2 창업의 핵심 요소

🍀 인적 요소(창업자)

미용실의 창업자는 가장 중심적인 위치에서 미용실 설립에 필요한 제반 사항을 숙지하고 보다 나은 시스템을 만들고 미용실이 제 기능을 발휘하도록 관리하는 역할을 한다. 창업자의 능력과 가치관 등은 미용실의 성패와 효율성에도 막대한 영향력을 미치는 중요한 요소이다. 창업자의 특성을 살펴보면 독립심이 강하고 주도성, 적극성이 있으며 강한 책임 의식과 자기 일에 대한 신념이 있고 자신감이 있다. 또한 설득력과 문제 해결 능력, 자기 관리 능력과 돈에 대한 가치 인식, 미래 지향성이 강하다. 창업자의 자세는 일에 열정을 갖고 차별화를 모색하고 틈새시장 및 새로운 관점에서 보며 경쟁 조건을 파악하고 신기술 및 새로운 서비스를 개발한다. 또한 직원(내부 고객)의 업무 만족을 모색하고 객관성을 가져야 하며 발전에 대한 확신과 리더십을 가져야 한다.

창업자의 자질	
기술적 자질	경험, 교육을 통한 지식, 기술, 장비 등을 활용할 수 있는 능력
인간적 자질	구성원들과 함께 일하는데 있어서의 능력을 효과적인 리더십, 동기 부여의 원동력
개념적 자질	조직 전체의 명료한 파악과 대처, 구성원들의 활동이 조직 목표에 미치는 영향을 정확히 이해
개인적 자질	건강 상태, 책임감, 도덕성, 경영 윤리관, 추진력, 설득력, 기획력, 포용력, 결단력, 지구력 등

❀ 시술 요소(창업 아이디어)

창업을 통해 무엇을 할 것인가에 대한 사업 내용으로 미용 산업의 창업 아이디어는 미용 시장에서 경쟁성을 갖기 위해 고객의 새로운 욕구를 충족시키는 미용 분야의 차별화이다.
전체적인 시스템에서 어느 하나의 특성화된 부각인지 하나의 전문성만을 강조한 것인지를 구별되게 하고 특정 기술이나 서비스의 차별화를 생각하는 것이 미용 창업에서의 아이디어라 할 수 있다. 창업 아이디어는 충분한 시장 수요를 가져야 하며 고객이 부담하는 가격보다 더 큰 효용 가치가 있다면 성공적일 것이다.

❀ 물적 요소(창업 자본)

창업에 필요한 기본적인 자본, 건물, 미용기구, 인테리어, 미용재료 및 기타 경비를 말하는 것으로 자기 자본과 타인 자본이 있다. 규모와 위치에 따라서 1천만 원에서 크게는 3~5억원 이상의 창업 자본이 들기도 한다. 보통은 자기 자본금만으로 사업을 하는 것이 이상적이지만 금융기관이나 친인척의 도움을 받기도 한다. 이때 타인 자본은 총비용 중 30%가 넘지 않는 것이 바람직하다. 적어도 이자 부담이 운영에 장애 요소가 되어서는 안되기 때문이다. 처음으로 미용실을 창업하는 경우에는 창업 비용에 있어서 좀 더 신중성을 기하는 것이 좋다.

미용실의 예상 자금	
자금 준비	운영 자금 조달을 위한 사업 계획서의 작성
창업 자금	창업 자금 조달(창업자 자본, 융통 가능한 타인 자본)
초기 자금	고객 확보 단계(예상 매출을 채우지 못하는 시기 2~3개월)
발전 자금	인력의 보충, 세미나, 기술 개발비 등

2 상권 분석

상권이란 형성된 상가에서 고객을 동원할 수 있는 지역의 범위를 말하는 것으로 고객이 이용할 수 있는 곳에 위치한 상가의 조건을 말한다. 즉, 미용의 경영 활동이 이루어지는 장소를 의미한다. 미용실의 창업을 위해 우선적으로 중요한 사항은 창업 비용에 맞는 상권의 분석과 선정이다. 창업 자금에 알맞은 기본적인 위치 파악에서 중요시 되는 것은 유동 인구가 많은 지역, 인구 밀집형 아파트 지역, 대학교 앞이 좋다. 대학교 앞의 경우에는 인구가 빠지는 기간의 매출에 대한 계산이 필요한 부분이며 직장인이 많은 곳의 경우는 시간대의 파악이 필요하다 할 것이다. 아파트 상가를 택할 것인지 일반 주택가의 상가를 택할 것인지, 인근 미용실의 분포 정도는 어떤지, 가장 잘되는 미용실의 위치 및 규모는 어떠한지, 선택할 규모는 어느 정도가 가장 적합한지도 알아야 할 것이다. 또한 분석에 따라 채용할 직원의 숫자 및 연령대도 고려되어야 한다. 상권의 분석은 가장 기본이 되는 분석임과 동시에 다른 분석 조건에 영향을 미치는 중요한 요소가 되므로 사전에 충분한 분석이 필요하다.

상권 분석 시 파악해야 할 사항	
입지 지세 파악	고객 소비 형태의 행동 반경과 위치를 파악해야 한다. 어떻게 와서 어떠한 흐름으로 고객들이 이동하고 있는지를 미리 파악해야 하는 것으로 주변의 지세를 직접 고객의 입장에서 걸어보고 파악해야 한다.
고객 성향 파악	주 고객층을 파악하는 것이며 주 고객의 핵심적인 요소(이용의 종류와 서비스)가 무엇인지를 파악해야 한다.
데이터 파악	가장 기본적인 파악으로 주변 상권의 미용실 정보, 인구, 소비 형태(비용 및 횟수 등)를 수치적으로 파악해야 한다.
생활 스타일 파악	멋내기를 꼭 해야하는 경우도 있지만 외출할 필요가 없거나 멋을 낼 필요가 없는 경우의 사람도 있음을 파악해야 한다.
추구 욕구 파악	주 고객의 욕구 파악이며 금액적인 만족 욕구의 파악으로 그 지역의 일반적인 경제력과도 관련이 있는 부분이다.

 사업 계획 전략

3-1 사업 계획서

사업 계획서는 사업에 필요한 모든 항목을 일목 요연하게 정리한 서류이다. 사업의 미래를 예측할 수 있게 하는 문서로 사소한 일도 꼼꼼히 챙겨 문제의 소지를 없애며 사업 전반에 대해 지식을 쌓고 과욕이나 이상에서 벗어나 현실적인 안목을 갖게 하는 것으로, 본인이나 타인으로부터 검토를 받을 기회를 얻고 시행 착오를 줄이게 되며 사업 진행 과정을 통해 사업의 이정표를 정확히 한다. 또한 투자자로부터 자원 조달의 원천이 되게 하는 등 사업의 성공 여부를 파악하는 충분한 자료가 된다.

사업 계획서는 전문성과 독창성을 갖추어야 하며 보편적인 타당성을 가져야 한다.

사업 계획서			
사업 개요			
사업체명		영업개시일	
사업체 주소		사업장 규모(평)	
사업자명		사업자 연락처	
보유자격		최종학력(전공)	
주요경력			
자본의 규모	자기자본 :	타자본 :	
임대보증금		시설비	권리금

고용 계획			
월평균예상매출액		월평균예상수익	
마케팅전략		발전전망	
기 타			

3-2 사업 계획 절차

사업을 하기 위한 절차로 사업을 계획하고 준비하며 개업을 하기까지의 절차이다.

계획 단계	사업 형태의 결정 – 운영 형태의 결정 – 규모의 결정 – 상권 분석 및 입지의 선정 – 사업 계획서 작성
준비 단계	자금의 확보 – 점포의 계약 – 인테리어, 상호 및 로고 결정 – 인사 규정 및 경영 철학 결정 – 운영 관리 형태 결정
개업 단계	사업자 등록 – 기본 재료 및 비품 구입 – 개점 안내장 발송 – 구성팀 점검 및 재료 점검 – 개업 이벤트 및 기념품 준비 – 개업식

::참고 문헌::

교재	출판사	저자
미용사(일반)	아티오	김수진
신 미용경영학 개론	훈민사	윤수용
화장품학	수문사	하병조
소독 전염병학	수문사	한영숙, 추수경, 권콩숙, 강경희, 김순옥, 최정숙
종합미용이론	유신문화사	미용교재연구회
종합학과교본	유신문화사	미용교재연구회
경영학원론	형설출판사	어윤소, 정한경, 안웅, 한문성
최신 미용경영학	광문각	배영수 외
The Nail Art	예림	김영옥, 김신희, 정연자
현대 조직행동	삼영사	서병인, 정동섭
뷰티사업과 살롱경영	훈민사	윤천성, 최은집, 박영숙
서비스경영론	무역경영사	임종만, 윤천성, 임은진, 정미영
사회속의 기업? 기업속의 사회?	도서출판 청람	양성국
미용경영학	서우	김수진, 오경헌, 0 인희
네일아트	형설	김경란, 주선영
피부관리학	청구문화사	강수경, 김연주, 건현주
미용 세미나	수문사	김시찬, 한정아
노동시장론	형설	윤병일
인간관계론	교문사	조선화, 김혜진, 김현주, 이영나, 이지항, 정유진, 조유진, 허미선
메이크업총론	APC	강경화
뷰티코디네이션	국제	권영자, 이선화, 션정희
피부미용사	아티오	김수진

OK Pass 시리즈 + 기술 도서

무료 동영상 강좌 제공!

자격증 취득을 위한 최적의 교재

2016년 최신판 미용사 일반 필기
김수진 지음 | A4 변형 | 480쪽 | 23,000원

2016년 최신판 피부미용사 필기
김수진 지음 | A4 변형 | 424쪽 | 22,000원

2016년 최신판 네일 미용사 필기
김수진, 김명리 지음 | A4 변형 | 304쪽 | 20,000원

제과제빵 기능사 필기
변경환 지음 | B5 | 438쪽 | 20,000원

100% 합격을 위한 미용사 네일 필기
이계정 외 4인 지음 | B5 | 360쪽 | 25,000원